市場調查
——有效決策的最佳工具

沈武賢 著　方世榮 審閱

MARKET SURVEY

三民書局

國家圖書館出版品預行編目資料

市場調查：有效決策的最佳工具 / 沈武賢著;方世
榮審閱.——初版三刷.——臺北市：三民，2018
　面；　公分

ISBN 978–957–14–5934–9　（平裝）
　1.市場調查

496.3　　　　　　　　　　　　　　　103012303

ⓒ　市場調查
　　　　——有效決策的最佳工具

著 作 人	沈武賢
審 　 閱	方世榮
發 行 人	劉振強
著作財產權人	三民書局股份有限公司
發 行 所	三民書局股份有限公司
	地址　臺北市復興北路386號
	電話　(02)25006600
	郵撥帳號　0009998–5
門 市 部	(復北店) 臺北市復興北路386號
	(重南店) 臺北市重慶南路一段61號
出版日期	初版一刷　2014年8月
	初版三刷　2018年10月
編 　 號	S 493750

行政院新聞局登記證局版臺業字第○二○○號

有著作權・不准侵害

ISBN　978–957–14–5934–9　（平裝）

http://www.sanmin.com.tw　三民網路書店
※本書如有缺頁、破損或裝訂錯誤，請寄回本公司更換。

　　本書之內容，在使讀者瞭解市場調查的基本概念、原理及方法，並且熟悉市場調查對企業經營的重要性。除了詳細介紹市場調查的相關程序及作法外，並有清楚的範例，可以讓讀者在現實生活中靈活運用。對於從事市場企劃研究、市場開發以及行銷或通路管理的專業人員是很好的參考書籍；對於公司經營者、經理人、有心在商業方面發展的從業人員或對市場知識有興趣的學生，本書亦可作為有效的入門書籍。

　　本書的編寫，以簡要、清晰、深入淺出為依歸。編排上，要求架構分明、循序漸進，且以周延的內容為原則。對於一些較基礎的理論著重在觀念的瞭解，而對於一些較實務性的課題，則盡可能以實例說明，提高讀者的學習興趣。

　　本書每章後均附有摘要與習題，可使讀者對重要概念與原則更加瞭解，加強閱讀學習成效。本書編輯匆促，疏漏之處在所難免，尚祈各界先進不吝指正。

沈武賢　謹識

103 年 8 月 1 日

市場調查
—— 有效決策的最佳工具

目次 CONTENTS

序

Chapter 1 緒 論

Chapter 2 市場調查部門之組織

Chapter

3

市場調查之程序

Chapter

4

資料收集

Chapter

5

問卷之設計

第 1 章

緒 論

學習重點

1. 瞭解市場調查的意義與特性。
2. 瞭解市場調查的重要性。
3. 熟悉市場調查的範圍。
4. 認識市場調查的分類。
5. 瞭解市場調查的功能。

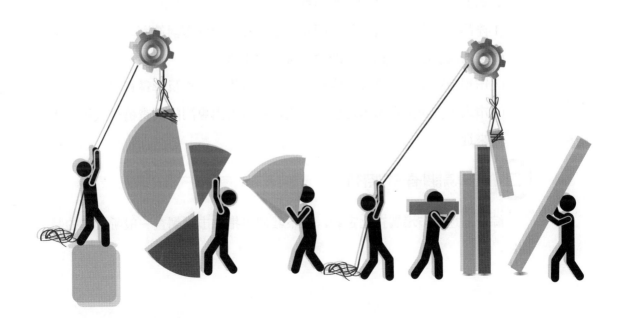

第一節　市場調查的意義與特性

 ## 一　市場調查的意義

　　何謂市場調查 (Market Survey)？從廣義來說，市場調查是泛指人們為了解決某種產品的行銷 (Marketing) 問題，對市場狀況有具體的瞭解，並進而認識行銷的活動與過程；從狹義來說，市場調查特指人們為了對某種產品的行銷問題制定決策，提供客觀的依據，而從事有系統地收集、整理、分析與處理資料的過程。無論從廣義或狹義的定義來理解，市場調查都是行銷活動所不可或缺的重要一環，它亦是成功地銷售產品之基本條件。

　　日本早稻田大學教授原田俊夫曾對市場調查作如下的定義：

　　「所謂市場調查就是商品、勞務或資金，由最初的供給者到需要者的過程中，許許多多交易之狀態、方法、內容等，由社會或經營者的立場加以調查，以期明瞭需要者的意向與供給者所持的態度之科學方法。」

　　另外，美國管理學會對市場調查所下的定義為：

　　「有系統地收集、記錄及分析與產品或勞務之行銷問題有關的各種資料。這種調查可由企業本身、或是專業調查機構、或者由第三者來進行，以解決行銷的問題。」

　　有關此一定義所強調的重點包括：

　(1)產品與勞務所面臨的行銷問題乃是市場調查的探討範圍。

　(2)市場調查必須依循一定的順序或步驟來實施。

　(3)市場調查是藉著客觀與完整的方式來收集、分析及解釋資料。

　(4)市場調查可由企業本身自行為之，抑或委由專門的調查機構或第三者來進行。

 ## 二　市場調查的特性

　　綜合上述對市場調查之定義，以下我們再指出市場調查一般所具備的特性：

▶ ㈠目的性

市場調查是一項有組織、有計畫且有步驟的資料收集工作，它具有特定的目的。每次進行市場調查，首先都要先預訂市場調查的範圍以及應努力達成的目標。如果沒有預訂市場調查的範圍與目標，則市場調查實際上乃是盲目的市場調查；而盲目的市場調查對於企業的行銷活動來說是毫無意義的。

▶ ㈡程序性

市場調查必須按一定的步驟來進行，如此所獲得的資料才具有符合「客觀性」與「完整性」的原則。市場調查不僅在於對資料的觀察與推算，而且採用科學方法，而這種系統化的程序性即強調科學方法的運用。至於科學方法與非科學方法的區別，雖未有明確的說法，但 L. O. Brown 曾提出下列的三個判別指標：

1. 不受感情、習慣或傳統的拘束。經常針對事實分析、批判，藉此能從中發現新的、創造性的科學構想。
2. 研究有一定的順序。例如，由調查計畫開始，資料的收集、分析結果的解釋、提示、選擇、執行等，這種順序隨著調查的目的與對象而異。
3. 在一定的假設下，根據科學方法。亦即基於歷史的、歸納的、演繹的、分析的或實驗的方法，使用統計學、社會學及其他的方法來進行研究。有關市場調查的程序，我們將於第三章再作詳細地介紹。

▶ ㈢範圍性

市場調查的範圍是以行銷問題為領域；亦即，以系統化及客觀的方式來收集、分析行銷活動所面臨的問題，並進而擬定問題解決對策，此乃市場調查的主要目的。所謂行銷 (Marketing) 是指在動態的環境下，有效地將產品或勞務，由生產者或銷售者轉移到使用者或消費者手中之一連串的有關交易活動，故行銷問題應以構成整個行銷系統之相互個體間的問題為範圍，亦即包括：市場問題、行銷組合問題、中間商問題、供應商問題以及外在環境問題等。

有關市場調查的範圍，我們將於本章第三節再作詳細說明。

▶ ㈣工具性

市場調查乃是行銷管理工具的一種。行銷管理是指行銷活動的規劃、執行與控制之過程 (Process)，其作業內容包括：行銷目標設定、行銷機會點與問題點的評估、市場區隔、目標市場界定、市場定位 (Market Positioning)、行銷組合擬定與設計、行銷活動之執行以及行銷績效之評估等。上述有關行銷管理作業的實施，皆須仰賴完整的行銷資訊系統，針對特定的行銷問題，適時提供有關的資料，以供行銷管理人員擬定行銷決策。市場調查即在提供這些必要的資料，因此市場調查成為行銷管理的重要工具。

第二節　市場調查的重要性

市場調查可比喻為企業行銷管理活動的「耳目」，主要因市場調查具有下列幾項重要的功用：

1.為管理階層提供制定決策的客觀依據。

2.有助於吸取其他競爭者之重要經驗與最新的研究成果，並進而改進企業的生產技術與管理的專業知識。

3.增強企業的競爭應變能力。

圖 1.1　過去由生產者主導的「賣方市場」轉向由消費者主導的「買方市場」

上述三項市場調查之功用，在現今的企業經營環境中更形重要。因為近代的工商社會裡，生產技術日益精進，各種商品的種類與數量均大為增加，而消費者的消費知識亦大為提升，故已有足夠的能力選擇適合本身需要的商品。因此，過去由生產者所主導的市場供需之「賣方市場」(Seller's Market) 已逐漸轉變為由消費者所主導的市場供需之「買方市場」(Buyer's Market)。目前生產者所面臨的問題，已經不是如何推銷自己的產品，而是如何事先瞭解消費者的需要，然後再配合這些需要從事生產

與推銷的活動。換句話說，現今的企業唯有遵循此項原則，方能立足於「買方市場」中。

　　然而，市場是由人口、購買力及購買習慣等三種因素所構成，也是一個中間過程；亦即，市場基本上是每一種產品在生產者與消費者中間的一環，它必須適應於各種產品之生產的特殊環境，而且還要適應消費者的因素。但由於消費者人數眾多，且散佈於全國，甚至於全世界各角落，因此要確切地掌握消費者隨時可能發生變化的需求，除非使用科學化的特殊調查方法，否則很難一蹴可幾。所以，現代之企業經營，在創辦企業製造產品之前，必須對潛在的市場作全盤的瞭解，然後生產與消費始能密切地配合。而欲瞭解潛在市場與消費者的需要，則必須以科學化的方式從事市場調查的工作。

　　目前企業經營已經由單純的「銷售時代」邁入「行銷時代」，因此企業的行銷部門所擔任的工作並不是單純的銷售工作，而是市場開發的工作。然而市場開發的出發點乃是「市場調查」，以及以市場調查為基礎的「商品計畫」。商品計畫完成之後，接著設計「銷售促進」(Sales Promotion) 方案，並確立「銷售通路政策」。在銷售促進方案中，要加強推銷員活動，同時必須重視廣告、售後服務以及公共關係等事項。另外，銷售通路政策乃涉及對經銷商（中間商）之支援及對銷售物之流通對策等，它對於企業的發展影響甚鉅。由此可知，市場調查、商品計畫、銷售促進及銷售通路政策等，乃是構成整體市場行銷活動的四大支柱（參見圖 1.2），其中尤以市場調查為出發點，故可知市場調查在整個企業經營中的重要性。

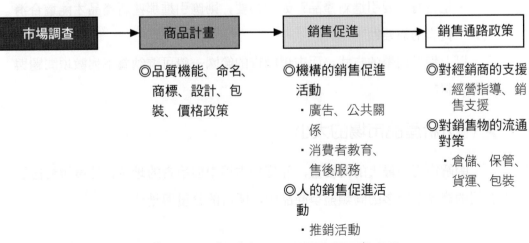

▲ 圖 1.2　市場調查與其他各項營運活動的關聯

綜合本節所述，我們彙總市場調查對於企業經營之所以重要的原因如下述幾點：

1. 生產只是方法，銷售才是目的。
2. 銷售需先有全盤的商品計畫、銷售促進計畫及銷售通路計畫等。
3. 上述的各項計畫必須依據市場的資訊。
4. 市場資訊的獲得需經過市場調查。
5. 因此，根據市場調查掌握市場資訊，即可掌握致勝先機。

 # 第三節　市場調查的範圍

市場調查的範圍指的是，在進行市場調查的時候，所要具體調查的問題有那些？或者應該收集那方面的資料？當然，要調查那些問題與收集那些資料，基本上皆與市場調查的目的有關；換句話說，市場調查範圍的決定乃視市場調查的目的而定。

市場調查所欲探討的問題與相關的資料，列舉如下列數項：

‧消費者會購買我們公司的產品嗎？

‧如何才能使公司產品的銷售量提高？

‧經過一段期間之後，公司產品的預期銷售量為何？

‧產品的銷售利潤水準為何？

‧應該採用何種推銷方法才能打開產品的銷路？所需的費用為何？

‧是否有必要引進新產品？如有必要，則應引進那些新產品才能適合消費者的需要？

以上僅是列舉的方式，而市場調查的範圍一般可歸納為下列數項問題與相關資料：

▶ ㈠分析產品市場的大小

瞭解市場中最大的需要量，並獲知市場中競爭者的地位，然後檢討自己公司的產品在眾多的同類競爭商品中，所占的分量與地位。

▶ ㈡分析不同區域中的銷售良機與潛力

此種研究係檢討公司在特定的銷售區域中，可能擴展的程度以及研究各區域相對市場的有利機會。

▶ ㈢分析特定市場的特徵

瞭解市場的特徵，對市場的銷售有很大的幫助。例如，將高所得者所使用的產品販售至低所得者的地區，必定無法符合當地消費者的需要。

▶ ㈣從經濟觀點探討影響銷售的各種因素

例如國民所得的高低，消費者信用情形與消費者利益等問題，均會影響產品的銷售。

▶ ㈤市場性質變化的研究

分析各區域市場相對性與重要性的變化，例如某市郊消費者生活型態的改變，所引起市場變化的問題等。

▶ ㈥研究各階層消費者對商品需求的變化

例如對高階層消費者而言，經由超級市場所銷售的商品，必須研究商品的包裝、色彩、商品服務及消費者需求心理等，以制定有效的銷售計畫。

第四節　市場調查的分類

市場調查涉及廣泛的範圍，為了便於說明起見，僅就各種不同的角度將市場調查作如下的分類：

一 就調查之內容而言

▶ ㈠需求調查

包括消費調查、市場潛力調查、品牌定位分析及銷售分析等。

▶ ㈡供給調查

包括價格調查、銷售組織與銷售活動分析、配銷通路分析及銷售調查等。

二 就調查偏重「量」或「質」而言

▶ ㈠量的市場調查

針對調查項目為可計數的 (Countable) 或可度量的 (Measurable)，又可分為計數的調查與計量的調查。量的市場調查僅針對計數或計量的資料項目來調查，對於「為什麼」、「如何」等無從計數或計量的項目則很少調查。

▶ ㈡質的市場調查

針對質的資料項目所進行的調查；一般而言，質的市場調查由於資料無法量化或分類不易，因此往往無法採用一般的統計方法進行分析。

三 調查是否於特定之時地實施

▶ ㈠靜態的市場調查

此種調查係在特定的時間或地點實施。

▶ ㈡動態的市場調查

此種調查係長期間持續地觀察整個調查項目之變化情況，因此實施上較為困難。

四　調查對象是否包括全體

▶ ㈠普　查

對於調查之母體實施百分之百的完全調查，其調查結果雖然非常正確，但實施上不易進行，對於時間、經費以及人力等，皆耗費龐大。

▶ ㈡抽樣調查

簡稱抽查，乃是應用統計抽樣理論，抽出適當的樣本進行調查。所調查得出的結果可能與實際有所出入（即誤差），但若誤差不大，仍可獲得相當程度的準確性，而且抽查比普查要經濟得多。

五　調查之地區在國內或國外

▶ ㈠國內的市場調查

此種調查的範圍限於本國內，因調查者對國內的環境較熟悉，資料的取得較方便，故較容易進行。

▶ ㈡國外的市場調查

此種調查的範圍為國外的市場與消費者等，因語言、生活習慣、社會風俗、法律政治等環境不同，在實施上較為困難。另外在調查之時間、費用方面，皆較國內的市場調查所需付出的代價為大。

六　調查的方法

▶ ㈠訪問法

利用人員訪問、電話訪問或郵寄問卷等方式，收集所需要的資料，此為市場調查最廣為採用的一種資料收集方法。許多行銷方面的資料，諸如消費者對商品的意見與需求，不容易或甚至無法採用觀察法或實驗法來收集資料，

此時便須採用訪問法。

▶ ㈡觀察法

觀察法係從旁觀察並記錄被調查者的行為，而不直接訪問受調查者。例如想要瞭解消費者偏好何種品牌的洗髮精，若採用觀察法，則可用各種觀察方式，例如人員直接觀察或儀器間接觀察，在不同的消費市場消費者購買各種品牌洗髮精的情形。

▶ ㈢實驗法

指在控制情況下操縱一個或一個以上的變數，以明確的方式測定某些變數之效果的調查程序。實驗法屬於科學實驗的求證方法，在市場調查中逐漸被廣泛地應用。

有關上述的各種收集資料之方法，將於第四章再做更詳細地介紹。

第五節　市場調查的功能

圖 1.3　市場調查提供公司制定決策的客觀依據

市場調查是企業經營活動中重要的工具，其主要功能在於提供管理當局制定決策時所必需具備的資訊。J. A. Howard 教授於其所著的《行銷管理》一書中，特別指出「區分可控制因素與不可控制因素乃行銷管理中決策過程的重要問題之一」。換句話說，決策者必須先瞭解自己所能控制的因素以及無法控制而必須去適應的因素。前者為企業的行銷管理活動，也就是企業藉以適應環境的手段；後者則為無法控制的環境。圖 1.4 為 Howard 教授所提出觀念的圖示。

圖 1.4 中，外圍的五個邊代表企業本身所無法控制的因素，包括競爭、消費者需要、非行銷成本 (Non-marketing Cost)、配銷結構 (Structure of

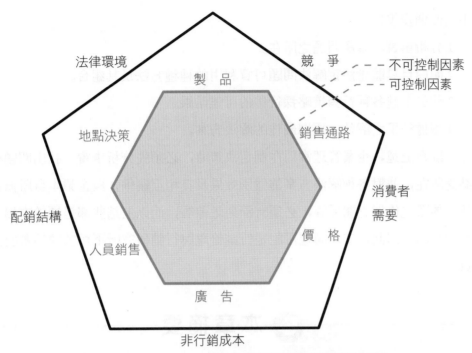

▲ 圖 1.4　Howard 之可控制與不可控制因素之圖示

Distribution)，及法律環境等。內圈的六個邊代表企業為適應外圍的環境所能利用的手段，包括製品、銷售通路、價格、廣告、人員銷售及地點決策等。因此，為使企業增加利潤，企業的行銷管理當局應該運用可控制的手段，以適應環境的變動。然而企業所處的環境是無時無刻不在變化，尤其是在今日「商場如戰場」，競爭日益激烈的時代，環境更是千變萬化。因此，為了要充分把握變動環境的資訊，利用有效的策略，以求商場上的勝利，必須積極地收集有效的資訊，以提供企業分析事實及制定策略之依據。

　　茲舉一例以說明市場調查之功能的涵義。假定某公司面臨其產品之市場占有率降低的問題，而企業決策當局為挽救此一現象之發生，於是從許多行銷管理的手段中，選擇最適宜的，或是從種種行銷組合 (Marketing Mix) 中挑選最有利的方法來補救。在此種情況下，企業的管理當局決定策略的過程大抵可分為

圖 1.5　夏季霜淇淋戰開打，商家要如何運用市場調查步步為贏呢?

下列四個步驟：

1.分析事實，確認問題之所在。

2.明白且具體地決定解決問題可資利用的種種方法及其組合。

3.估計上述各種行銷策略採行後的可能結果。

4.根據結果之評估，選擇最佳的解決方案。

　　綜合上述，企業管理當局在制定決策時，必須先分析事實，找出問題癥結之所在，並對各種解決方案的個別效果及其相互關係，與企業本身所無法控制的環境條件之關係等，必須有深刻地瞭解，而以上這些都是屬於市場調查的範疇。因此，市場調查可說是行銷管理與行銷研究所不可或缺的重要工具。

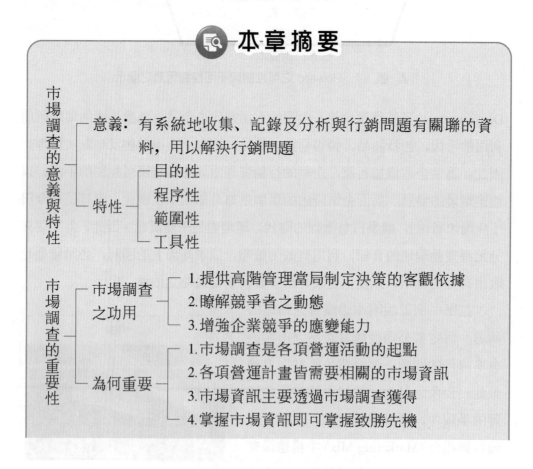

🔍 本章摘要

市場調查的意義與特性
- 意義：有系統地收集、記錄及分析與行銷問題有關聯的資料，用以解決行銷問題
- 特性
  - 目的性
  - 程序性
  - 範圍性
  - 工具性

市場調查的重要性
- 市場調查之功用
  - 1.提供高階管理當局制定決策的客觀依據
  - 2.瞭解競爭者之動態
  - 3.增強企業競爭的應變能力
- 為何重要
  - 1.市場調查是各項營運活動的起點
  - 2.各項營運計畫皆需要相關的市場資訊
  - 3.市場資訊主要透過市場調查獲得
  - 4.掌握市場資訊即可掌握致勝先機

市
場
調
查
的
範
圍
├─ 1.分析產品市場的大小
├─ 2.分析不同區域中的銷售良機與潛力
├─ 3.分析特定市場的特徵
├─ 4.探討影響銷售的各項因素
├─ 5.市場性質變化的研究
└─ 6.研究消費者對商品的需求

市
場
調
查
的
分
類
├─ 1.就內容而言 ─┬ 需求調查
│   └ 供給調查
├─ 2.就量或質而言 ─┬ 量的調查
│   └ 質的調查
├─ 3.就特定時地實施而言 ─┬ 靜態調查
│   └ 動態調查
├─ 4.就對象而言 ─┬ 普查
│   └ 抽查
├─ 5.就地區而言 ─┬ 國內調查
│   └ 國外調查
└─ 6.就調查的方法而言 ─┬ 訪問法
                     ├ 觀察法
                     └ 實驗法

✏ 習 題

一、選擇題

(　　) 1.下列營運活動：⑴市場調查；⑵銷售促進；⑶商品計畫；⑷銷售通路政策。這些活動之間的先後順序下列何者正確？　(A) 1234　(B) 1324　(C) 3124　(D) 3412

(　　) 2.下列何者非 Howard 教授所提到的不可控制因素？　(A)消費者需要　(B)銷售通路　(C)法律環境　(D)競爭

(　　) 3.下列何者為市場調查最普遍採用的方法？　(A)訪問法　(B)觀察法

　　　　　(C)實驗法　(D)混合法

(　) 4.下列敘述何者有誤？　(A)市場調查是任何一項行銷活動所不可或缺的重要一環　(B)市場調查是成功銷售產品之基本條件　(C)市場調查是為了解決某種產品的行銷問題　(D)市場調查依據主觀的意見，對某種產品制定行銷決策

(　) 5.就市場調查之內容而言，下列何者為供給調查？　(A)市場潛力調查　(B)銷售調查　(C)銷售分析　(D)品牌定位分析

(　) 6.市場調查的範圍中，瞭解市場中最大的需要量，並獲知市場中競爭者的定位是屬於下列何者？　(A)分析特定市場特徵　(B)分析產品市場大小　(C)分析市場銷售良機與潛力　(D)分析市場性質變化

(　) 7.下列那項非市場構成因素？　(A)購買力　(B)購買習慣　(C)人口　(D)經濟景氣

(　) 8.市場調查必須按一定的步驟進行，如此所獲得的資料才具有符合「客觀性」與下列那一項性質？　(A)可行性　(B)技術性　(C)完整性　(D)經濟性

(　) 9.市場開發的出發點為下列何者？　(A)商品計畫　(B)銷售促進　(C)市場調查　(D)銷售通路政策

(　) 10.企業管理當局決定策略的過程中，下列何者有誤？　(A)分析主觀意見，確認問題之所在　(B)明白且具體地決定解決問題可資利用的種種方法及其組合　(C)估計各種行銷策略採行後的可能結果　(D)根據結果之評估，選擇最佳的解決方案

(　) 11.下列何者為質的市場調查？　(A)產品市場占有率　(B)消費者對產品的需求量　(C)產品價格的滿意度調查　(D)消費者購買產品的原因

(　) 12.下列何者非市場調查對於企業經營之所以重要的原因？　(A)生產只是過程，銷售才是方法　(B)各項營運活動計畫必須依據市場調查所獲得的市場資訊制定　(C)根據市場調查可掌握致勝先機　(D)市場調查可瞭解市場特徵，對企業經營與銷售有很大的幫助

(　) 13.下列何者不是行銷管理的作業內容？　(A)市場定位　(B)行銷目標設定　(C)產品開發　(D)目標市場界定

（　）14.下列敘述何者有誤？　(A)市場調查的範圍是以行銷問題為領域　(B)市場調查必須由企業本身自行調查　(C)市場調查乃是行銷管理工具的一種　(D)探討影響銷售的因素亦是市場調查的範圍之一

（　）15.下列那項活動，其關注重點為加強推銷員活動，同時必須重視廣告、售後服務及公共關係等事項？　(A)銷售促進　(B)市場調查　(C)商品計畫　(D)銷售通路政策

二、填充題

1.市場調查的特性包括：(1)＿＿＿＿＿；(2)＿＿＿＿＿；(3)＿＿＿＿＿；(4)＿＿＿＿＿。

2.由生產者主導供需的市場稱為＿＿＿＿＿，而由消費者主導供需的市場稱為＿＿＿＿＿。

3.市場行銷活動的四大支柱為：＿＿＿＿＿、＿＿＿＿＿、＿＿＿＿＿、＿＿＿＿＿。

4.就調查的內容而言，市場調查可分為＿＿＿＿＿與＿＿＿＿＿。

5.就調查的對象是否為全體而言,市場調查可分為＿＿＿＿＿與＿＿＿＿＿。

6.就資料的收集方法而言，市場調查可分為＿＿＿＿＿、＿＿＿＿＿與＿＿＿＿＿。

7.Howard 教授所強調的企業之營運活動之可控制因素包括：(1)＿＿＿＿＿；(2)＿＿＿＿＿；(3)＿＿＿＿＿；(4)＿＿＿＿＿；(5)＿＿＿＿＿；(6)＿＿＿＿＿。

三、問答題

1.請說明市場調查的意義及其特性。

2.市場調查為何重要？請申論之。

3.一般而言，市場調查涵蓋那些範圍？

4.請簡述市場調查的分類。

5.請說明市場調查的功能。

6.請簡述 Howard 所指出的，企業的行銷活動有那些因素為企業本身所無法控制者？

MEMO

第 2 章
市場調查部門之組織

 學習重點

1. 瞭解市場調查部門之組織型態及其適用特性。
2. 認識國內的市場調查機構。
3. 清楚市場調查部門的作業流程。
4. 瞭解市場調查人員之選派與訓練重點。
5. 熟悉市場調查部門的職責。

第一節　市場調查部門之組織型態

市場調查部門的組織型態並無一定的成規可循，主要視各企業本身的人力與財力的條件及對市場資訊之需要的程度而定。由於各企業的實際情況不盡相同，因此各企業的市場調查部門之組織型態亦彼此有異。

一般而言，可將市場調查部門之組織型態分成下列四種：功能導向組織、產品導向組織、地區導向組織及顧客導向組織等。以下分別說明這四種組織型態：

一　功能導向的市場調查組織

在一個功能導向的市場調查組織中，各種行銷功能，如銷售、廣告、市場調查、顧客服務等，均由專人負責。在組織圖中（如圖 2.1 所示），市場調查部門與其他的行銷功能部門是平行的，負責發展、執行及督導一切與企業之市場機會和作業有關的調查工作。

如果企業的產品或產品線很少，各產品或產品線之間的差異不大，彼此的行銷問題大同小異，此時功能導向的組織型態最能發揮專業化的效果。然而在產品線多，各產品線之行銷問題差異性較大的場合，這種組織型態就比較不適用，因為它通常無法兼顧各種產品線與各種顧客類型的需要。

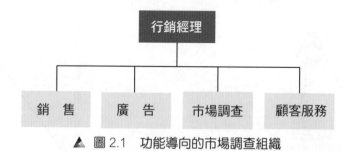

▲ 圖 2.1　功能導向的市場調查組織

二　產品導向的市場調查組織

如果廠商的產品線較多，各種產品線的行銷問題差異較大時，通常傾向於採取產品導向的組織型態，因為只有採取這種組織型態，才能使各產品線

都得到足夠的支援。

　　圖 2.2 表示產品導向的市場調查部門之組織型態，公司的行銷經理之下，設置與銷售、廣告、市場調查等行銷功能部門的地位平行的產品部門，負責某產品線的行銷工作。

　　在產品導向的市場調查組織中，市場調查部門的主要工作之一是在協助產品部門從事調查研究、資料收集及分析工作。由產品導向的市場調查部門可見，每一條產品線都有研究人員負責有關該產品線的市場調查工作，另有新產品市場研究人員負責新產品的市場調查工作。

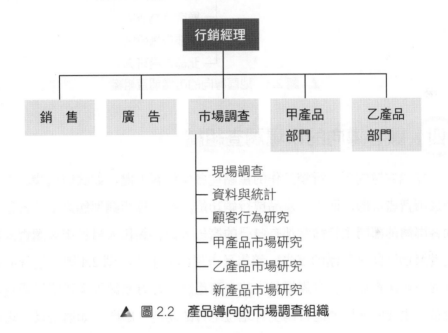

▲ 圖 2.2　產品導向的市場調查組織

三　地區導向的市場調查組織

　　如果公司的銷售地區遼闊，市場調查組織多少含有一點地區化的傾向，特別是在顧客與產品大同小異，而各地區的行銷問題差異較大時，這種地區化的傾向最為顯著。

　　圖 2.3 表示地區導向的市場調查組織型態，公司的行銷經理之下設置與各行銷功能部門平行的地區部門，負責某地區的所有行銷工作。

　　在地區導向的市場調查組織中，市場調查部門的主要工作是在收集與分

析各地區的市場資料，提供給各地區主管有關的行銷資訊。

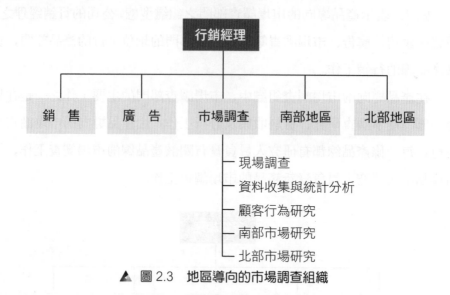

▲ 圖 2.3 地區導向的市場調查組織

四 顧客導向的市場調查組織

在顧客導向下，行銷工作的焦點在各個顧客群體，如政府機構、工業用戶及消費者群體，而不在產品或行銷功能。在這種組織型態之下，各種主要顧客群體的部門主管通常都有自己的廣告人員、銷售人員及市場調查人員，負責對個別顧客群體的廣告、銷售及市場調查工作，圖 2.4 即為這種顧客導向的市場調查組織。在規模較大的企業組織中，行銷經理下可能另設有與負責某一主要顧客群體之行銷主管地位平行的功能性部門，如廣告及市場調查部門。

當公司的行銷活動採取顧客導向時，最適宜利用顧客導向的市場調查組織型態。有時公司在銷售、廣告或其他行銷活動方面，因有某些限制，如顧客群體太小或地區過於分散，未能採取顧客導向的策略，亦可在市場調查功能方面採取顧客導向的方式，以收集各顧客群體的特殊資訊。

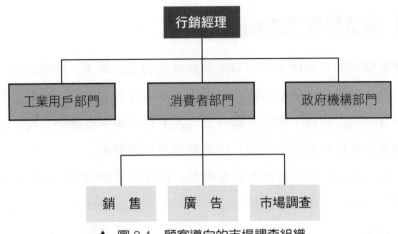

▲ 圖 2.4　顧客導向的市場調查組織

 ## 第二節　國內的市場調查機構

　　企業經營面臨市場的高度飽和與競爭，已由過去的產品導向轉為銷售導向，接著進入行銷導向時期，行銷導向的市場調查觀念已為許多企業所接受，企業也逐漸能體認到反映市場真正現況資訊的重要性，因此市場調查也日益受到企業的重視。

圖 2.5　行銷導向的市場調查能使產品與市場的需求緊密結合

　　如果企業組織龐大，且有市場調查這一方面的專才，則可由公司本身自行辦理調查工作。自己有市場調查部門的公司，其組織型態即如前一節所述者。然而，國內多屬於中小型的企業，大多無能力自行辦理市場調查的工作，因此往往委託外界的專門機構。此外，公司即使有能力自行辦理市場調查，但也會因為由第三者代為調查，而可獲得較客觀的結果，因此亦委託專門公司或機構辦理調查工作。

　　我國目前可以受託辦理市場調查的機構，約可分為下列五大類：

一　商業研究調查機構

商業研究調查機構是國內市場調查資訊的主要來源。目前國內有數家此類的公司，諸如：中華徵信所、尼爾森行銷研究顧問公司、台灣易普索市場調查研究公司、柏克市場研究顧問公司、上華市場研究顧問公司、蓋洛普行銷公司等，都具有相當的規模，也具有相當久的歷史。

國內最先設立的市場調查專業機構，首推中華徵信所，該公司成立於民國 50 年。民國 55 年中華徵信所成立市場研究部，辦理產業及產品的調查研究、消費者行為及意向研究、廣告效果測定、民意測驗及其他專題研究，歷年來亦曾接受政府機構與公民營企業的委託，完成多項市場調查研究專案。該公司也出版多種國內產業年報及國外市場調查報告。

二　廣告公司

市場調查雖屬廣告公司之附屬業務，但廣告公司對市場調查之推廣與研究技術之推廣，有甚大的貢獻。一般而言，廣告公司從事市場調查的主要項目，包括廣告文案研究、市場占有率分析、市場潛量衡量、市場特徵研究、新產品的接受情形與潛量、競爭性產品研究、包裝研究、廣告動機研究、廣告媒體研究、廣告效果研究、商店稽核、訂價研究等等。由此可看出，廣告公司進行市場調查主要以廣告主為對象，且其調查目的也偏重於收集將來廣告計畫有關的參考資料。目前較著名的有奧美廣告公司、李奧貝納公司、麥肯廣告公司、東方廣告公司等。

圖 2.6　準確的市場調查才能為廣告帶來良好的效益

三　財團法人研究機構

財團法人乃多數財產的集合，其成立基礎為財產，若無財產可供一定目的使用，即無財團法人可言。財團法人並無組成分子的個人，不能有自主的

意思，所以必須設立管理人，依捐助目的忠實管理財產，以維護不特定人的公益並確保受益人的權益，其基本上一律屬於公益性質。目前國內較著名的財團法人研究機構有中央研究院、中華經濟研究院、台灣經濟研究院、工業技術研究院、資訊策進委員會、外貿協會等。

此類研究機構大部分以較簡單的資料免費提供給其顧客，例如：台灣經濟研究院常接受政府與公民營企業的委託，從事有關市場預測、市場潛力調查及國外市場調查工作，按月編製發行《景氣動向調查月報》，此為市場調查研究人員瞭解短期的經濟景氣趨勢指標之重要的參考資料。

另外，外貿推廣機構，如外貿協會、紡拓會、進出口商業同業公會等，常出版有關外國市場資訊的期刊與刊物，或進行國際市場調查研究的工作。例如，外貿協會除設有市場研究處及駐外單位負責國外市場的調查研究外，並定期出版《國際商情》雙週刊、《貿易機會》專刊及《海外市場經貿》年報，提供有關國外市場的資訊。

四　大專院校相關科系

國內包括政治大學、輔仁大學、淡江大學、世新大學等大專院校，其統計、管理或傳播媒體等相關系所，也都有成立市場或民意調查小組或研究中心。例如世新大學民意調查研究中心在調查執行上，除接受各單位或私人委託進行各項民意調查研究案外，近年來更致力於選舉預測、媒體研究、市場調查、電話行銷等方面之業務擴展。而在內容方面則包括電話調查訪問工作執行；各項電話調查訪問工作支援、協助事項；其他與民意調查相關之工作事項；商用問卷、家戶調查訪問等工作之執行。

五　政府機關

除以上所列較專門性的公司機構以外，政府機關也均有定期地舉辦調查並出刊一些統計資料。政府機關經常出版有關國勢、經濟、產業及家計的統計或調查報告，提供大量的統計資料，可為市場調查研究人員參考與引用。例如，內政部的《統計年報》、財政部的《中華民國財政統計年報》、教育部的《中華民國教育統計》、經濟部的《中華民國工商及服務業普查報告》、《國內外經濟情勢分析月報》等。

第三節 市場調查部門的作業流程

　　一般市場調查機構，如果是一個企業的獨立部門，所有的工作人員直接隸屬於該部門的最高主管，它雖然需要與其他部門保持聯繫，但在調查作業上並不受其他單位的限制。然而，若為廣告公司的市場調查部門，則與營業單位有密切的關聯；如果彼此間的聯繫不夠，或配合不當，則經常在作業上發生困擾，因為廣告公司多以廣告主為服務對象，調查作業屬廣告作業的一部分，必須按照公司整個內部作業流程，按部就班，切實進行，才不致於發生作業上的困擾。茲將我國廣告公司調查部門之作業流程，繪示如圖 2.7。

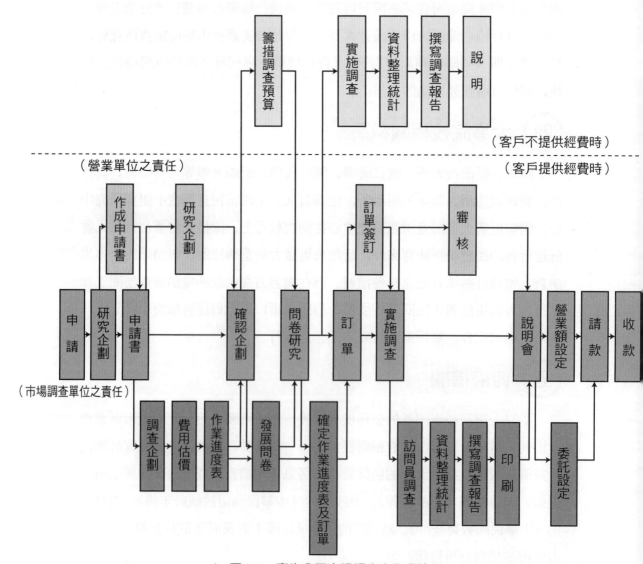

▲ 圖 2.7　廣告公司市場調查之作業流程

　　由圖 2.7 可看出廣告公司對客戶之企劃案，仍由營業單位主導與負責。市場調查部門之工作須配合企劃案之資料調查，透過調查企劃案之撰寫，乃至調查報告完成為止。

 # 第四節　市場調查人員之選派與訓練

　　市場調查人員素質之良莠，乃左右全部調查工作之成敗。因此，企業必須重視市場調查人員所具備的條件及其訓練的問題。以下我們分別針對人員之選派與人員之訓練作一簡要地說明：

 ## 一　市場調查人員之選派

　　市場調查人員之遴選時，必須瞭解到其所須具備的條件，這些條件列述如下：

▶ ㈠學識與經驗同等重要

　　調查人員至少須具備高中以上學歷，而性格須外向、穩重、柔和，善於與陌生人親近交談；此外，反應須靈敏且能隨機應變，刻苦耐勞及忠厚篤實。

▶ ㈡做事負責盡職

　　調查人員對於所交辦事務，絕對依照上級指示，絕不拖泥帶水，確實如期完成。

圖 2.8　市場調查人員的特質與經驗，是左右市場調查結果的關鍵因素

▶ ㈢具實填報資料不欺瞞

　　調查人員不論遭遇何種阻礙，絕對不作不實之填報而欺瞞主辦調查當局。

▶ ㈣具備商業知識

調查人員在專業知識方面，即使對於市場學沒有深刻的概念，但至少對於一般的商業知識應有很豐富的認識。

▶ ㈤具備多種方言能力

調查人員在語言方面，至少須精通國語、閩南語，否則在調查工作進行中，必定困難重重，不易和被調查者溝通。

二 市場調查人員之訓練

由於目前市場調查人員之學經歷俱佳的人才不多，要求每一位調查人員皆能符合上述各項條件，實有困難。因此，往往必須透過職前訓練或在職訓練，對招募或現有調查人員在某方面的缺點，特別加強訓練，或可彌補。唯督導或負責人員，包括領隊在內，必須有實際市場調查經驗。例如，雖非「市場調查」，但至少參加過「工商普查」、「戶口普查」、「民意調查」等調查工作者，亦得認定符合調查人員之條件。

目前國內各調查機構所採用的調查人員，皆非專職，而大部分是聘用各大專院校相關科系或高中職之在學學生擔任。按所調查的問卷份數，論件計酬。

在非專職的調查人員中，訓練工作更顯得格外地重要。至於訓練事宜，須由有市場調查經驗的人來負責主持，以便帶領調查人員。在實施調查之前，首先說明此次調查之有關規定、工作須知以及調查內容，並為接受調查訓練的人員解答疑難或備詢。

另外，在訓練實施過程中，應注意下列兩項工作：

▶ ㈠教導受訓人員「人與人之間成功的溝通技巧」

由於市場調查係調查消費者之傾向與意見，被調查者是否願意配合並忠實吐露心聲，關係到調查之資料與結果的正確性甚大。而此一境界之達成，則有賴調查人員之口才與溝通技巧，因為人與人之間存在很多微妙的應對關

係。主持訓練者，應該教導受訓人員「必須如此」以及「不可如此」等注意事項。如果聘用在學的學生充作調查人員，這項訓練更不可缺少，因為他們十分缺乏這方面的經驗。

▶ ㈡採用模擬訓練方式

市場調查工作看似簡單，其實不然。許多不可預知的狀況，往往讓調查人員不知所措。因此，調查經驗之有無，其結果差別極大。所以，在訓練課程中，應模擬各種可能狀況，要求調查人員作反應練習，以增加調查人員之應對技巧，使被調查者願意配合並吐露心聲。

最後，為確保調查結果之準確性，必須防範或設法克服因缺乏實際經驗可能產生各種不良影響及調查人員的心理挫折。因此，在尚未派出實地調查之前，多利用模擬訓練方式，使他們具有較多的經驗。至於這種訓練方法，可由有經驗的訓練者扮演被調查對象，由受訓人員調查訪問。在訓練訪問過程中，扮演被調查者應將可能產生之困難情況表現出來，以考驗受訓人員之應對技巧，並從中解說及糾正。透過此種演練，對未來可能遭遇之情況，方能迎刃而解。

第五節　市場調查部門之職責

一般稍具規模的企業或廣告公司都設有市場調查部門，其名稱則依編制之大小而有不同，例如市場調查處、市場資料課、市場企劃處等。然而，不論其名稱為何，其職責則大同小異，茲列述如下：

1. 市場調查部門負有提供相關的市場資訊，以為判斷或決定市場營運決策之參考。
2. 在擬定廣告計畫時，市場調查單位必須參與企劃小組，依據廣告客戶之市場營運方針，協同廣告媒體及創作人員，共同研商廣告計畫。

   至於在擬定廣告企劃時，必須具備下列的資料：

   ⑴確認商品特性（功能、價格、設計、品牌名稱、包裝）。

   ⑵確認市場占有率、普及率、生命週期、季節變動以及需要之情況。

(3)確定消費者對商品之使用習慣、購買動機等心理因素。

(4)確認商品通路狀況。

(5)對媒體選擇、媒體分配之必要的資料。

(6)為了擬定廣告策略，必須掌握重點。

(7)對廣告預算擬定及分配之必要的資料。

以上僅係舉例，實際上所必要的資料，不勝枚舉。收集這些資料並加以分析評價，協助營業部門為客戶擬定正確的廣告企劃，乃是廣告公司之市場調查部門的重要職責。

當廣告企劃確定之後，市場調查部門所要做的事更多，例如：

(1)廣告創意調查，亦即對廣告作品評價。

(2)廣告效果測定。

(3)銷售效果測定。

接著，市場調查部門應廣告主之要求，更從事與廣告企劃無直接關聯的市場調查，其主要者包括下列各項：

(1)為開發新產品的市場營運從事調查。

(2)產品試銷之企劃、實施及分析。

(3)市場規模及消費者結構之預測與分析。

(4)商品包裝、廣告作品之實驗。

(5)廣告商品的試用調查。

(6)消費者心理調查。

總之，市場調查部門從事廣告公司必備之資料的收集與管理，提供市場營運之相關的營運技術，協助廣告主之廣告活動。

本章摘要

市場調查部門之組織型態

功能導向：市場調查部門與其他行銷功能部門是平行的，適用於產品或產品線較少，且其間的行銷問題大同小異

產品導向：市場調查部門與各產品部門是平行的，適用於產品或產品線較多，且其間的行銷問題差異較大

地區導向：與產品導向類似，只是將產品部門改為地區部門，適用於銷售地區遼闊，且顧客與產品大同小異。

顧客導向：針對各個顧客群設置部門，且每一顧客群之下擁有專屬的市場調查單位，適用於採顧客導向的行銷管理之公司

國內的市場調查機構
1. 商業研究調查機構
2. 廣告公司
3. 財團法人研究機構
4. 大專院校相關科系
5. 政府機關

市場調查人員之選派與訓練

市場調查人員之選派
1. 學識與經驗同等重要
2. 做事負責盡職
3. 具實填報資料不欺瞞
4. 具備商業知識
5. 具備多種方言能力

市場調查人員之訓練
1. 教導受訓人員「人與人之間成功的溝通技巧」
2. 採用模擬訓練方式

市場調查部門之職責
1. 提供相關的市場資訊
2. 協助廣告企劃的擬定，以及提供企劃所必需的資訊

✍ 習 題

一、選擇題

( ) 1.當公司的產品線眾多，且其行銷問題的差異性較大時，適合採用下列那種形式的市場調查組織？ (A)功能導向 (B)產品導向 (C)地區導向 (D)顧客導向

( ) 2.下列敘述何者正確？ (A)在廣告公司內的市場調查部門，其與營業單位是相互獨立的 (B)廣告公司的調查作業，多以消費者為服務對象 (C)廣告公司之市場調查部門的重要職責為，協助營業部門為客戶擬定正確的廣告企劃 (D)廣告公司的主要業務是市場調查

( ) 3.下列敘述何者有誤？ (A)只要公司的規模相當大，則自行擁有市場調查部門必具有經濟效率，不須委託外面的市場調查機構 (B)國內最先設立市場調查專業機構為中華徵信所 (C)市場調查屬廣告公司之附屬業務 (D)外貿協會從事市場調查工作主要是針對國外的市場

( ) 4.如果公司的銷售地區遼闊，且顧客與產品的差異不大，則適合採用下列那種形式的市場調查組織？ (A)功能導向 (B)產品導向 (C)地區導向 (D)顧客導向

( ) 5.下列何者非財團法人？ (A)外貿協會 (B)台灣經濟研究院 (C)中華徵信所 (D)中華經濟研究院

( ) 6.訓練市場調查人員大都採用下列那種訓練方式？ (A)操作方式 (B)演講方式 (C)報告方式 (D)模擬方式

( ) 7.當公司行銷工作的焦點在各個顧客群體，如政府機構、工業用戶及消費者群體，而不在產品或行銷功能時，則適合採用下列那種形式的市場調查組織？ (A)功能導向 (B)產品導向 (C)地區導向 (D)顧客導向

( ) 8.下列敘述何者有誤？ (A)訓練市場調查人員的督導或負責人員，包括領隊在內，必須具有實際市場調查經驗 (B)市場調查人員訓練實施過程中，教導受訓人員人與人之間成功的溝通技巧是不可缺少的

課程 (C)市場調查人員在專業知識方面，必須具備市場學的專業 (D)市場調查人員在語言方面至少須精通國語、閩南語，才容易與被調查者溝通

( ) 9.如果企業的產品或產品線很少，且各產品或產品線之間的差異不大時，適合採用下列那種形式的市場調查組織？ (A)功能導向 (B)產品導向 (C)地區導向 (D)顧客導向

( ) 10.廣告公司對客戶之企劃案是由那個單位主導與負責？ (A)市場調查單位 (B)營業單位 (C)製作設計單位 (D)公關單位

( ) 11.市場調查部門與其他的行銷功能部門是平行的，負責發展、執行及督導一切與企業之市場機會和作業有關的調查工作，屬於下列那種形式的市場調查組織？ (A)功能導向 (B)產品導向 (C)地區導向 (D)顧客導向

( ) 12.下列何者非廣告公司從事市場調查的主要項目？ (A)競爭性產品研究 (B)包裝研究 (C)廣告效果研究 (D)消費者滿意度調查

( ) 13.市場調查部門的主要工作之一是在協助產品部門從事調查研究、資料收集及分析工作，屬於下列那種形式的市場調查組織？ (A)功能導向 (B)產品導向 (C)地區導向 (D)顧客導向

( ) 14.下列何者非市場調查人員所須具備的條件？ (A)具備有多種方言的能力 (B)具備商業知識 (C)個性內向、善於與熟人親近交談 (D)反應須靈敏且能隨機應變

( ) 15.《財政統計年報》是那個機構所出版的？ (A)政府機關 (B)外貿協會 (C)台灣經濟研究院 (D)中華經濟研究院

二、填充題

1.市場調查部門之組織型態，一般可分為那四種類型？ (1)＿＿＿＿＿；(2)＿＿＿＿＿；(3)＿＿＿＿＿；(4)＿＿＿＿＿。

2.在產品線眾多，各產品線之行銷問題差異性較大的情況，適合採用＿＿＿＿＿的市場調查組織。

3.當公司的行銷活動採取顧客導向時，最適合採用＿＿＿＿＿的市場調查組織。

4.國內最先設立的市場調查專業機構，首推_____。

5.市場調查人員的遴選條件之一是_____與_____同等重要。

6.市場調查人員一般須具備多種_____的能力。

7.市場調查人員的訓練，必須教導受訓人員「人與人之間成功的_____技巧」。

8.我國目前可受託辦理市場調查的機構有：(1)_____；(2)_____；(3)_____；(4)_____；(5)_____。

三、問答題

1.試比較功能導向與產品導向之市場調查部門組織型態的差異。

2.顧客導向的市場調查組織，適用場合為何？

3.市場調查人員應具備那些條件？請簡述之。

4.市場調查人員之訓練，必須注意那二點？請說明之。

5.市場調查部門的職責為何？請簡述之。

第 3 章

市場調查之程序

學習重點

1. 清楚瞭解完整的市場調查之程序。
2. 學習如何確定問題與假設。
3. 瞭解情勢分析所需調查的資料。
4. 學習擬定調查計畫的步驟架構。
5. 瞭解整理與分析資料的基本步驟。

市場調查係應用科學的方法，有系統性地去收集與分析有關的資料。所謂「科學的方法」，有人將之定義為：「為建立和結合事件的一般法則以及為預測未知事件而設定的一套規定的程序」，因此在進行市場調查時，自應儘可能地依據一定的程序。本章乃針對市場調查如何作有系統的設計以達成企業的目標，而就市場調查之程序予以詳細地說明。另外，本章再舉一實例提供讀者參考。

第一節　市場調查之程序

市場調查因對象與目的之不同而有種種之設計，但不管採用何種市場調查的設計，均有其一定的程序。一般而言，市場調查的程序包括下列幾個步驟（參見圖 3.1）：(1)確定問題與假設；(2)擬定調查計畫；(3)收集資料；(4)整理與分析資料；(5)提出調查報告。茲依據說明如下：

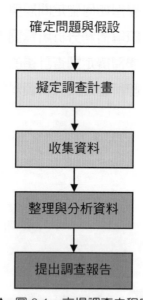
▲ 圖 3.1　市場調查之程序

一　確定問題與假設

市場調查的首要步驟便是清楚地界定所欲調查的問題與範圍，並確定調

查的用途與假設前提。如果對問題的說明含混不清，或對所要研究的問題做了錯誤的界定，則調查所得到的結果將無法協助企業主管訂定正確的決策。因此，在開始進行調查之前，應先確定調查的目的。

▶ (一)調查目的

此即調查的主題，但有些調查是屬於多目的的，亦即偏向廣泛性的市場調查。例如，某一服飾公司擬推出設計較為新穎的服飾，除了需要調查一般對象的式樣喜好程度與購買潛力外，同時希望瞭解該服飾之配飾設計是否理想，則此項調查目的（主題）包含了多層意義在內，而必須在整體的計畫中列入考慮。

▶ (二)調查範圍

問題及調查目的的確定，基本亦決定了調查的範圍。就調查的內容而言，調查範圍即指調查項目；而就調查方法而言，調查範圍則指抽樣範圍或調查對象。此處所指的調查範圍係為廣義的，亦即包括調查的項目以及母體大小等。

▶ (三)問題假設的設定

在問題確定之後，市場調查人員往往必須針對某些問題點尋求其假設因素，以便由這些假設因素中找出影響問題癥結的特定因素，作為設定調查主題的依據。上述這些步驟即可構成問題假設的設定，茲舉一例以說明之。

假定某公司的銷售額，經由預計與實際比較結果，發現銷售額日益減少。為瞭解此一問題的產生，市場調查人員尋找造成此問題的假設因素，包括消費者因素、競爭因素、廣告因素以及經濟因素等。接著針對這些假設因素加以檢討與分析，結果可能發現廣告因素才是影響銷售額的重要因素，於是再設定各種可能影響廣告效果的假設因素，並將這些假設因素分別一一地再加以分析，尋求具體的影響因素，以供市場調查人員去求證這些因素與銷售額之間的關係，作為設定假設的問題之依據。就本例而言，影響廣告效果的假設因素可能有下列幾項：廣告文案因素、廣告時機、廣告媒體因素及廣告費

用因素等。

前面已分別提及調查主題（目的）、調查項目及問題假設；然此三者的關係相當密切，茲以表 3.1 摘述之。

▼ 表 3.1　問題假設、調查主題及調查項目三者之間的關係

問題假設	假設提高廣告效果，則可提高銷售額
調查主題	廣告效果調查
調查項目	(1)廣告接觸的程度 (2)廣告認知的程度 (3)廣告偏好的程度 (4)廣告記憶的程度

▶ ㈣情勢分析

前述在界定所欲研究的問題時，往往必須進行情勢分析 (Situational Analysis) 或稱為初步分析 (Primary Analysis)。在市場調查的過程中，觀察市場環境，發掘問題癥兆所實施的步驟稱之為情勢分析，它一方面收集與分析企業內部的記錄以及各種有關的次級資料，一方面訪問企業內外對有關問題有豐富知識與經驗的人士。情勢分析通常可提供足夠的資訊，協助調查研究人員與企業主管共同界定所欲研究的問題。情勢分析的結果有時甚至會指出原先所認定的問題其實並沒有問題，或根本是另外的問題。

基本上，情勢分析所需要調查（收集）的資料，主要類型包括下列各項：

1.公司內部資料

包括(1)創立年限、規模及歷史背景；(2)公司的組織結構與行政系統；(3)公司的競爭地位；(4)公司的財務狀況；(5)公司的股東與經營方式；(6)公司的產品系列、生產設備及產能。

2.同業競爭者資料

包括(1)各競爭對手的銷售現況與未來趨勢；(2)競爭者的生產方式與產能；(3)競爭者的產品類別與替代品的情況；(4)價格、品質、服務等項的比較分析；(5)成本結構、原材料來源及配銷通路；(6)競爭者的規模、歷史背景及財務狀況。

3.市　場

包括(1)消費者的層次；(2)購買者是否為直接使用者；(3)產品的特殊用途為何？引起購買的動機為何？(4)品牌的偏好；(5)廣告效果的測定；(6)需求特性（如需求彈性、消費季節性等）。

4.配銷通路

包括(1)公司與競爭者所擁有的中間商類型；(2)配銷通路的涵蓋範圍；(3)通路策略（開放式、專屬式、選擇式）；(4)零售機構的類型；(5)對中間商的輔助程度；(6)中間商的反應。

5.廣告與推廣方法

包括(1)人員推銷的類型；(2)人員推銷的成本；(3)廣告媒體與費用；(4)推銷及廣告的訴求重點；(5)銷售促進的方法；(6)公共關係。

6.包　裝

包括(1)包裝對購買選擇的影響；(2)包裝的必要性與功用；(3)包裝類型的選定；(4)包裝材料、顏色、容量、商標及材質等。

7.產　品

包括(1)產品屬性；(2)製造方法；(3)生產能力；(4)被替代的可能性；(5)替代產品的特性；(6)產品所具備的主要競爭能力；(7)新產品開發能力。

上列各項的情勢分析，在實務上往往因急於做正式調查而被忽視。然而為了解決問題提供適切假設、明確調查重點及應注意之事項，或避免既有資料重複收集等情況，切實地執行情勢分析是非常有必要的。尤其在市場調查機構接受企業的委託時，情勢分析更是不可或缺。

但是，也有人認為此種情勢分析會使調查與分析受到先入為主的影響，因此為得到較佳的結果，宜委請外界人士提供適當的意見。然而只要是依據科學方法去分析，可能就不需有此種顧慮。相反的，若省略情勢分析便直接進行調查，則有如「閉門造車」而不切實際。

綜結上述，我們指出情勢分析的目的有三：

1.避免重複過去之研究工作，浪費人力與財力。

2.協助研究者瞭解問題之癥結，發掘研究調查的項目。

3.防止研究者在作結果分析與提出結論時，發生嚴重的謬誤。

▶ ㈤非正式調查

　　非正式調查乃指為情勢分析與正式調查之間，所做的各種調查措施。非正式調查的目的在於研究由情勢分析結果所提出的問題假設，加以求證是否能在實施時一一地實現；簡言之，即在從事問題假設的求證。

　　非正式調查為正式調查的前哨。在處理非正式調查時，首先擬用調查報表，與各有關調查的記錄表應填寫清楚。非正式調查為了獲得正確性與廣泛性的答案結果，一方面與情勢分析的結果相對照，一方面可與消費者、零售業者、批發業者等直接面談，聽聽他們對產品與市場動態的看法。這些被訪問者之選擇，不必依統計上嚴謹的抽樣條件，可先由較少者開始，逐漸擴增至可獲得滿意之結果即可。由於此種調查為非正式的，通常不用正式的問卷，也不準備錄音設備，儘量使被訪問者無拘無束，自由自在地發表意見。也因為如此，非正式調查通常不易將調查結果列成表格或據此而提出一份統計報告，而事實上亦無此必要。另外，如果有好幾個人一起參與非正式調查工作，則每個人可就訪問結果提出簡單的報告並互相討論。

　　在進行非正式調查時，有時亦將企業內部相關的主管、銷售人員或廣告代理業者等，列入面談的對象。如果這種探索性的研究已足夠行銷決策的需要，則研究調查工作可到此為止，無需再做進一步的調查。

圖 3.2　市調人員在進行非正式調查時，可以詢問零售商或批發商那一品牌的銷售量最好

二　擬定調查計畫

　　擬定調查計畫乃在問題與假設確定之後接著所要進行的階段，且亦為整個市場調查過程中最重要的階段，因此必須儘可能按部就班地執行，才能確保整個調查工作的順利進行，且所獲得的結果才可能具有準確性。

　　一般而言，完整的調查計畫內容必須包含下列的項目：⑴確定最後調查

之特定目的與範圍；⑵確定所需資料的種類；⑶確認資料的來源；⑷準備收集資料的表格；⑸確定所需的調查人員；⑹確定所需的費用；⑺確定所需的時間與日程；⑻說明抽樣計畫。

至於調查計畫的實施步驟，一般可依如下的程序：⑴確定調查的目的；⑵決定資料的種類與來源；⑶決定收集資料的方法；⑷設計收集資料的工具與表格；⑸抽樣設計；⑹預試；⑺編製預算與時間估計。茲將這些步驟依序介紹如下：

➤ ㈠確定調查的目的

任何一種調查計畫，首先皆應確立其所欲達成的目的，以及為達成該項目的所需的人力、物力及財力等。否則，漫無目標、無的放矢，終致徒勞無功。

在市場調查中，我們可依據情勢分析與非正式調查所得的結果，確定調查目的。市場調查有時係在較不明確的目的下進行，如「因某商品的銷路差而調查其原因」；但有時則在較明確的目的下進行，如「調查某商品現行的價格是否適當」。不管是那一種，在情勢分析與非正式調查中，皆可獲得許多假設；如以前者來說，問題的假設因素包括價格、品質、銷售通路、廣告方法、及競爭商品等項，經過一一檢討分析後，如以「因甜度不合消費者的口味而銷路銳減」作為最重要的問題假設，則便可能決定以「調查有關甜度的消費者嗜好」為調查目的。

總之，對於在情勢分析與非正式調查所得之許多問題假設中，需一一評估其價值，選擇少數比較有價值而可行的調查項目或假設作為調查的目的。此外，調查之目的與假設應力求明確與具體，不宜含糊不清。

➤ ㈡決定資料的種類與來源

根據調查之目的與假設，調查人員應將為達成目的所需的各種資料一一加以列舉，然後根據此一資料清單，決定資料來源。資料通常可分為初級資料 (Primary Data) 與次級資料 (Secondary Data)。前者又稱為原始資料，即為特定研究目的而直接收集的資料；至於後者又稱為二手資料，係為公司內外

現有的資料。次級資料的收集一般較節省時間與費用，因此若有合適可用的次級資料，應儘量先利用。但次級資料因涉及信度與效度的問題，故在利用次級資料時，應就下列幾點充分檢討資料的可用性與正確性：

1. 編製資料的機關、機構，由其事業之目的與背景等觀之，是否可信賴。
2. 就調查對象與其他方面，檢討資料內容是否符合目前調查之目的。
3. 從抽樣方法來看，檢討資料內容是否正確。

➤ (三)決定收集資料的方法

如果沒有適用的次級資料而需收集初級資料時，應決定收集資料的方法。收集初級資料的方法主要有訪問法、觀察法及實驗法，以下簡略地介紹這些方法，至於詳細的內容將於第四章再介紹。

1.訪問法

利用人員訪問、電話訪問及郵寄問卷等方式進行調查，是收集受訪者的社會經濟條件、態度、意見、動機及外在行為之有效的方法。各種訪問方式優劣互見，各有其適用的場合，也各有其缺點。在選擇採用何種方式時，應就成本、時間、訪問對象、調查時可能發生的偏誤，以及問題的性質等因素加以比較。

2.觀察法

觀察法係觀察特定活動的運行以收集資料的過程。觀察法因受觀察員的影響較小，故對被觀察者的外在行為之觀察結果比較客觀，此為其優點。但無法觀察被觀察者的內在動機或企圖，且成本可能較高，在時間與地點方面所受的限制亦較大，這些都是觀察法的缺點。

3.實驗法

訪問法與觀察法由於未控制受訪者或被觀察者的行為及環境因素，因此無法證實各變數之間的因果關係。實驗法則對行為與環境等因素加以控制，俾能瞭解各變數之間的因果關係。實驗法在市場調查研究上的應用較它在物理、化學等自然科學上的應用困難，不過它是唯一能證實因果關係的一種研究方法。

▶ ㈣設計收集資料的工具與表格

一旦決定了收集資料的方法之後，接著便應設計為收集資料所需使用的工具與表格。例如，若決定利用訪問法來收集初級資料，便應設計問卷；如擬利用觀察法，應設計記錄觀察結果的登記表或記錄表；如決定採用實驗法，則應設計進行實驗時所需使用的各種道具，如儀器設備與表格等。調查人員在設計收集資料所需的工具與表格時，必須考慮到受訪者或參加實驗者的教育程度及語言等因素。

▶ ㈤抽樣設計

在擬定調查計畫時，亦應根據調查之目的來確定所欲調查的母體(Population) 或對象，然後決定樣本的性質、樣本數以及抽樣方法。例如，若採用訪問法收集初級資料，則需決定訪問那些人，訪問多少人，如何分配地區；如採用觀察法，應決定觀察的次數與地點；如採用實驗法，則應決定實驗的地點、時間長短以及實驗單位（接受實驗的對象）的性質與數目等等。

一般而言，樣本數愈大，調查的結果愈可靠；樣本數過小，則將影響結果之可靠程度。但是樣本數過大，造成調查費用增加，形成浪費，因此樣本數的大小應以適中為宜。決定樣本數的大小，應考慮到四個因素：

1.可動用的調查經費。
2.可被接受或可被允許的統計誤差。
3.決策者所願冒的風險。
4.研究問題的範圍。

▶ ㈥預　試

在進行大規模的調查之前，先做小規模的調查，此即所謂的預試(Pretest)。根據預試的結果，再做一些必要的修正。基本上，預試的目的在找出問卷、觀察方法或實驗過程中潛在的問題，譬如問卷中的語句可能含混不清，容易引起誤解。這些毛病如能在預試中發現，即可在正式調查之前加以改正。

➤ ㈦編製預算與時間估計

一份正式或完整的調查計畫書尚須包括預算的編製與時間的估計，前者詳列調查活動所需的一切費用之明細，而後者則指出整個調查活動所需的時間。有關預算的編製，其費用項目一般包括：

1. 人事費用——包括員工薪資及訪問員的酬勞。
2. 耗材物品與供應品。
3. 郵費、電費及交通費。
4. 次級資料取得費用。
5. 訪問員訓練費——包括膳宿費、講師費、訪員手冊印製費、會場租金、訪員甄選費用等。
6. 問卷印製及表格費用。
7. 電腦軟體與硬體所需費用。
8. 問卷複查費。
9. 結果報告印製費。
10. 問卷測試費。
11. 其他。

在估計所需的時間，甘特圖 (Gantt Chart) 可用來作為時間進度之控制的工具。甘特圖的編製方法是將有關市場調查的所有工作項目，依其先後關係繪製於作業網路圖，分析及估計各項工作所需要的正常時間與允許的寬容時間，然後在作業網路上設定工作起始至結束所需的最長時間之路線，作為控制整個市場調查進度的依據。茲舉一例僅供參考：假設某一市場調查作業，其有關的工作項目包括：(1)問卷設計；(2)問卷預試；(3)問卷修改；(4)實地訪問；(5)最後修正；(6)抽樣；(7)訪問員甄選；(8)訪問員初步訓練；(9)訪問員最後訓練。將上述九個工作項目經過分析之後，依其作業之先後及時間列表如表 3.2 所示。

根據表 3.2 的資料，可將市場調查作業繪成圖 3.3 的甘特圖，作為控制整個市場調查作業進度之依據。

▼ 表 3.2　市場調查各項作業的先後關係與時間

代　號	項　目	天　數	先行作業	後續作業	備　註
A	問卷設計	1天		B	
B	問卷預試	1天	A	C, G	
C	問卷修改	0.5天	B	I	
D	實地訪問	2天	F	E	
E	最後修正	0.5天	D		
F	訪問員最後訓練	1天	H	D	
G	訪問員甄選	1天	B	H	
H	訪問員初步訓練	0.5天	G	F	
I	抽　樣	1天	C		
全部所需時間		8.5天			

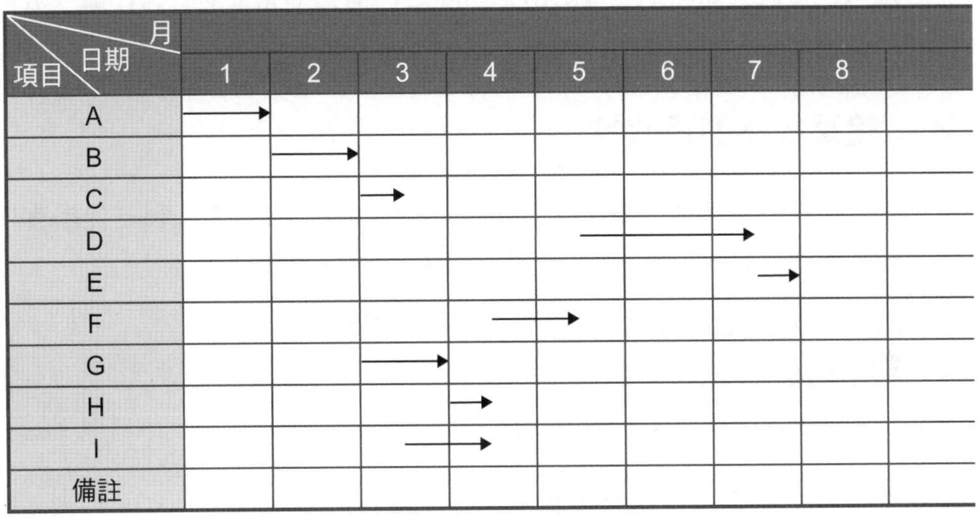

▲ 圖 3.3　甘特圖

（三）收集資料

　　根據調查計畫中的抽樣設計進行抽樣的工作，並依據調查計畫中所提出的方法實地去收集各種資料。在實地收集資料時，對訪問員、觀察員或實驗人員的甄選、訓練及監督等，皆應特別重視。如果這些資料收集人員未能按照調查計畫去實地收集資料，則可能使得整個市場調查作業失去價值。不管調查計畫如何周詳細密，在實地收集資料時，往往會發生一些預料不到的問

題。因此,在實地收集資料期間,必須經常查核、監督及訓練資料收集人員,並隨時與他們保持密切地連繫,有關資料收集之詳細內容,本書在第四章有更深入的介紹。

四 整理與分析資料

此一階段的工作包括整理初級資料、證實樣本的有效性、編表以及資料統計分析等步驟,茲分別說明如下:

▶ (一)整理初級資料

資料收集完成之後,便是整理資料。首先需審查初級資料(調查表),將不合邏輯、可疑或顯然不正確的部分剔除之,補充不完整的資料,統一數量的單位,適當地分類,並加以編輯,以供編表之用。

▶ (二)證實樣本的有效性

企業主管經常懷疑市場調查中樣本的真實性,因此調查人員若能證實樣本的有效性或可靠性,自能增加企業主管對調查結果的信心。

證實樣本有效性的方法包括下列幾種常用的方式:

1.利用隨機抽樣法

依此法可估計樣本本身的統計誤差。

2.採用配額 (Quota) 式抽樣

先決定樣本是否夠大,即樣本之穩定性如何,然後與其他來源相對照,以查看樣本的代表性。

3.比較樣本與普查資料

此為最常採用的方法,如查核消費者樣本,可比較樣本與普查資料二者在性別、年齡、經濟階層等種種特徵方面,是否有重大的差異。如為工業研究,可比較樣本與普查資料在廠商的規模、類型、地點等各方面的差異。如以中間商為樣本,則可比較樣本與普查資料中有關商店規模、經銷商品、商店類型的分配情形。

▶㈢編　表

　　編表係將調查之結果作好資料的分類，然後以有系統的方式繪成簡單有用的圖表，以便分析與利用。目前編表的工作都以電腦處理，既省時又省力，且所製作出來的圖表既整齊又美觀。

▶㈣資料統計分析

　　資料的分析可用文字說明；亦可用圖表解釋。此外，資料的分析亦皆採用統計方法，計算一些統計量及進行統計推論，並由此進行詳盡且深入的分析，進而解釋分析的結果。

五　提出調查報告

　　市場調查程序的最後一個階段便是根據所得出的調查結果，賦予其意義（解釋結果），並據以撰寫調查報告，提出有關解決行銷問題的建議或結論。

　　報告的撰寫應針對閱讀者的需要與方便，力求簡明扼要而有說服力。調查報告大致可分為兩種：一為通俗性報告，一為技術性報告。前者主要是向企業主管報告之用，應以生動的方式說明調查的重點及結論；後者內容較豐富，除說明研究發現與結論之外，尚應詳細說明調查方法，並提供參考性的文件資料。有關調查報告之詳細內容及撰寫技巧，本書在第十章有更深入的介紹。

圖 3.4　通俗性報告是市調人員向公司主管人員做口頭報告之用

第二節　實例研討

　　某家化妝品公司最近剛發展出一種香皂，為了要瞭解新香皂在市場上的競爭能力，特別委託某一市場調查機構進行此項產品在市場上的競爭能力之調查研究工作。

一 確定問題與假設

▶ ㈠情勢分析

市場調查機構從該公司與競爭者的現成資料中獲得下列的行銷資訊：

1. 香皂產業的廣告費用龐大，對各種促銷活動極為重視。
2. 該公司產銷一種香皂已有多年的歷史，但花在這項產品上的促銷費用遠較競爭者為少，所採用的推銷技術與廣告方法也較競爭者差。
3. 香皂已有很大的市場。
4. 該公司目前產銷的香皂（舊產品）的銷售量，逐年在減少。
5. 要擴大該公司香皂的銷售量有賴於產品的改良與促銷活動的加強。
6. 該公司的產品設計部門已發展出一種具有市場潛力的新香皂。
7. 香皂部門只是該公司的一個次要部門。

▶ ㈡非正式調查

透過非正式調查從消費者、中間商以及有關的管理人員之訪問中獲知下列的資訊：

1. 消費者使用多種不同品牌的香皂；同一家庭中經常使用幾種不同品牌的香皂，而個別的消費者亦經常使用不同品牌的香皂。
2. 消費者家庭中經常儲存許多香皂。
3. 香味、包裝的大小以及形狀等都是消費者選擇香皂的重要考慮因素。
4. 價格亦是重要的考慮因素之一，尤其特價對消費者的吸引力相當大。
5. 香皂的最主要販售地點是量販店，但連鎖式美妝門市也逐漸成為重要的銷售商店。
6. 零售商認為他們經銷的香皂品牌已經夠多了，因此除非給予優厚的報酬或特別的獎勵，否則零售商無意再經銷一種新的品牌。
7. 零售商經銷香皂的利潤並不高。
8. 大多數被訪問的零售商指出，目前最暢銷的品牌是麗仕香皂。
9. 該公司管理當局瞭解到有必要大力推出一種新香皂，以鼓舞香皂部門的士氣。

二 擬定調查計畫

▶ ㈠確定調查之目的

在情勢分析與非正式調查之後，幾經研討，決定調查的目的有二：
1.確定產品設計部門發展出來的新香皂上市後被消費者接受的程度。
2.確定消費者最喜歡品牌的香皂特徵，如香味、顏色、大小及形狀等。

至於其調查研究的假設如下：

「新香皂產品，經過必要的改良之後，將受到消費者的喜愛，且一旦上市，將可暢銷，有利可圖。」

▶ ㈡決定資料的種類與來源

本項調查之重點在於瞭解消費者對於新香皂的偏好程度，同時新香皂在決定大量上市前產量有限，因此決定以消費者為資料來源，採用人員訪問方式進行調查。

▶ ㈢準備收集資料的表格

本項調查採用訪問法，必須設計問卷。問卷中包括二個主要項目：一是有關消費者的消費習慣，如使用香皂的數量、動機、用途、場合及品牌等情形；一是消費者對新香皂的反應及偏好程度。

▶ ㈣抽樣設計

本項調查的重點在一種新產品，屬於產品研究的範圍。依市場調查的實務經驗，通常是在一地區內抽選 200 到 300 個樣本。配額式的抽樣方法適用於產品調查，故決定採用配額抽樣方法，選擇較具代表性的香皂消費者為樣本。由於在大城市銷售成功與否關係著整個行銷工作成功與否，因此決定抽樣地區限於大城市。

▶ ㈤預　試

先訪問若干消費者，以證明問卷的可行性。

▶ ㈥編製預算

根據上述所需，詳列預算明細項目。

 **三 收集資料**

▶ ㈠抽　樣

決定選取北、中、南三地區的三個大城市為抽樣地區，從各地區各抽出 200 戶左右為樣本。抽樣程序是先選擇若干具有代表性的「里」或「鄰」，然後再以選定的「里」或「鄰」之四周的街道為樣本。

▶ ㈡實地收集資料

實地收集資料應加強對訪問員的選擇、訓練及監督，方能順利地完成實地收集資料的工作。

四 整理與分析資料

▶ ㈠整理初級資料

市場調查監督人員應仔細地檢查回收的問卷，逐一改正或刪除可疑之處。有些錯誤屬訪問員之筆誤與疏忽，最嚴重的錯誤似乎是訪問員為方便訪問之進行而給予提示，使答案與事實不符。類似這種嚴重錯誤的問卷，只有捨棄不用，以避免因收集資料時發生的錯誤而影響最後結果的正確性。

在問卷中，如果調查使用某品牌香皂的時間有多久，可能有的答幾個星期，有的答幾個月或幾年，此時為方便列表，應將時間單位統一，以月為單位。

▶ ㈡證實樣本的有效性

本調查採配額抽樣方法，將被調查者的年齡、性別、所得等的分配情形與人口普查的資料相比較，結果發現並無重大的差異。

▶ ㈢編　表

問卷中的相關問題皆綜合列表，按每戶家庭的大小、所得、香皂的種類與品牌等方式來編表。

▶ ㈣資料統計分析

諸如計算使用各種主要顏色、形狀、大小、香味的家庭百分比，以次數分配表示使用各種香皂之時間長短的家庭百分比，求取各種有關的相關係數等。

五　解釋結果與建議

從上述的統計分析中發現下列幾項結果：

⑴新香皂已有若干改進，比舊香皂較受消費者歡迎（21% 對 9%）。

⑵新香皂仍遠比不上麗仕香皂之受到消費者喜愛（21% 對 68%）。

⑶消費者各有所好，消費者的偏好遍佈於各種品牌的種種形狀、大小、顏色及香味等特徵。

從上述這些發現，提出下列二點建議：

⑴該公司不應該將新香皂上市。

⑵即使將新香皂稍作改良，在形狀、大小等各種特徵稍作改善，亦無法使新香皂在市場上的地位有重大的改進。因此，必須發展出一種極端不同的香皂，才有希望在市場上爭得一席之地。

本調查的結果雖是否定的，但仍不損其價值。一個否定的發現與一個肯定的發現具有同樣的價值，有同樣的貢獻。企業主管在發展新產品的決策中往往是過分樂觀，市場調查的一項主要功能就是防止主管犯下大錯，使公司遭受更大的損失。

六　撰寫調查報告

調查報告分為通俗性報告與技術性報告兩種。技術性報告包括調查目的與調查程序的詳細說明，並附上詳細的圖表及證實樣本的有效性，並送交公

司研究部門審閱。通俗性報告是向該公司主管人員做口頭報告之用，以一系
列生動的圖表摘要說明最重要的發現，然後一步步導至最後的結論與建議。

七 追 蹤

　　該公司主管人員同意本調查報告的建議，不上市新香皂。同時，該公司
的研究部門主管、產品設計部門人員以及其他部門主管在爾後數年的產品開
發工作中，仍不斷地應用本調查的各項發現。

 **本章摘要**

市場調查之程序
- 1.確定問題與假設
- 2.擬定調查計畫
- 3.收集資料
- 4.整理與分析資料
- 5.提出調查報告

確定問題與假設
- 1.調查目的（主題）
- 2.調查範圍（項目與對象）
- 3.問題假設的設定
- 4.情勢分析：公司內部資料、同業競爭者資料、市場、配銷通路、廣告與推廣方法、包裝、產品
- 5.非正式調查

擬定調查計畫
- 1.確定調查的目的
- 2.決定資料的種類與來源
- 3.決定收集資料的方法
  - 訪問法
  - 觀察法
  - 實驗法
- 4.設計收集資料的工具與表格
- 5.抽樣設計：決定抽樣範圍、樣本大小、抽樣方法
- 6.預試
- 7.編製預算與時間估計

收集資料──詳見第四章

整理與分析資料
　├─ 整理初級資料
　├─ 證實樣本的有效性
　├─ 編表
　└─ 資料統計分析

提出調查報告
　├─ 通俗性報告──作為口頭報告之用
　└─ 技術性報告──較詳細地報告

習　題

一、選擇題

（　）1.整個市場調查過程中最重要的階段為下列何者？　(A)確定問題與假設　(B)擬定調查計畫　(C)資料收集　(D)提出調查報告

（　）2.下列何者非技術性報告的重點？　(A)主要是向企業主管報告之用　(B)提供參考性的文件資料　(C)詳細說明調查方法　(D)實證樣本的有效性

（　）3.下列敘述何者正確？　(A)訪問法是收集資料的一種方法，其所收集的資料屬於次級資料　(B)一般而言，樣本數愈大所獲得的結果愈可靠，因此進行市場調查時，樣本數愈大愈好　(C)由於市場調查的對象與目的有所不同，故不同的市場調查有其不同的程序　(D)進行情勢分析可避免重複過去之研究工作

（　）4.根據調查之目的來確定所欲調查的母體或對象，然後決定樣本的性質、樣本數以及抽樣方法之步驟稱為：　(A)抽樣設計　(B)母體調查　(C)市場調查　(D)資料收集

（　）5.介於情勢分析與正式調查之間的一項重要工作是：　(A)收集資料

(B)預試　(C)非正式調查　(D)擬定調查計畫

( )　6.下列有關資料收集時使用的觀察法,何者敘述有誤?　(A)無法觀察被觀察者的外在動機或企圖　(B)成本可能較高　(C)在時間與地點方面所受的限制較大　(D)外在行為之觀察結果比較客觀

( )　7.下列敘述何者有誤?　(A)技術性報告一般而言較通俗性報告來得詳細　(B)市場調查的首要步驟便是確定問題與其假設　(C)比較廣泛性的市場調查,通常調查目的屬於多目的性　(D)以觀察法來收集資料可獲得較客觀的結果,因此是所有資料收集方法中最佳者

( )　8.欲收集有關因果關係的資料,使用何種資料收集方法最佳?　(A)訪問法　(B)觀察法　(C)實驗法　(D)解析法

( )　9.下列何者非收集資料的工具或表格?　(A)登記表　(B)實驗儀器設備　(C)紀錄表　(D)統計軟體

( )　10.次級資料因涉及信度與效度的問題,故在利用次級資料時,下列何者不正確?　(A)就編製資料的機關、機構,由其事業之目的與背景等觀之,是否可信賴　(B)由次級資料的內容多寡,檢討是否可信賴　(C)就調查對象與其他方面,檢討資料內容是否適合目前調查之目的　(D)從抽樣方法來看,檢討資料內容是否正確

( )　11.下列敘述何者有誤?　(A)證實樣本的有效性乃整理與分析資料階段中一項重要的工作　(B)資料收集的階段乃整個市場調查之程序中最重要的階段　(C)市場調查係採用科學方法,因此應設定一套可資依循的程序　(D)在估計調查活動中各項工作所需的時間,通常可用甘特圖

( )　12.下列那一項工作是將調查之結果作好分類,然後以有系統的方式繪成簡單有用的圖表,以便分析與利用?　(A)資料分類　(B)資料收集　(C)資料統計分析　(D)資料編表

( )　13.下列敘述何者有誤?　(A)預試的目的在找出問卷、觀察方法或實驗過程中潛在的問題　(B)擬定調查計畫乃在問題與假設確定之後接著所要進行的階段　(C)次級資料又稱為原始資料　(D)在進行非正式調查時,有時亦將企業內部相關的主管、銷售人員或廣告代理業者等,

列入面談的對象

（　）14.整理與分析資料階段的工作，不包括下列那一項？　(A)整理初級資料　(B)證實樣本的有效性　(C)抽樣方法　(D)編表

（　）15.收集消費者的社會經濟條件、態度、意見、動機之有效方法為：(A)訪問法　(B)觀察法　(C)實驗法　(D)解析法

二、填充題

1.市場調查程序之最後一個階段為＿＿＿＿＿。

2.非正式調查的目的在於研究由＿＿＿＿＿結果所提出的＿＿＿＿＿，加以求證是否能在實施時一一地實現；簡言之，即在從事＿＿＿＿＿的求證。

3.擬定調查計畫的第一個步驟為＿＿＿＿＿，最後一個步驟為＿＿＿＿＿。

4.資料的種類一般可分為＿＿＿＿＿與＿＿＿＿＿。

5.在市場調查中，我們可依據情勢分析與非正式調查所得的結果，確定＿＿＿＿＿。

6.收集資料的方法一般有三種方式，即＿＿＿＿＿、＿＿＿＿＿與＿＿＿＿＿。

7.如果採用訪問法收集資料，則其工具或表格為＿＿＿＿＿。

8.決定樣本數大小應該考慮到四個因素，即＿＿＿＿＿、＿＿＿＿＿、＿＿＿＿＿及＿＿＿＿＿。

9.證實樣本有效性最常採用的方法為＿＿＿＿＿。

10.調查報告一般包括兩種類型，即＿＿＿＿＿與＿＿＿＿＿。

三、問答題

1.試簡要說明市場調查之程序。

2.何謂情勢分析？情勢分析的目的為何？

3.情勢分析一般所需分析的資料類型包括那些？並請簡要說明之。

4.請說明非正式調查的重要性。

5.試簡要說明擬定調查計畫的步驟。

6.請簡述資料的收集方法，並略述其優缺點。

7. 為何需進行預試？其重要性為何？

8. 整理與分析資料的階段，包括那些工作？請簡要說明之。

9. 如何證實樣本的有效性？

10. 請就本章內文第二節所舉的實例研討，進行分組討論，並提出你的評論。

第 4 章

資料收集

學習重點

1. 瞭解市場調查資料的類型與重要性。
2. 熟悉次級資料的類型、來源、收集過程與評估。
3. 瞭解初級資料的類型與各種收集方法的應用。
4. 瞭解調查資料的誤差與無反應問題的處理。
5. 學習資料的處理與分析的基本概念。

市場調查的主要目的在於收集與行銷問題相關的資料，並藉由資料的分析結果與解釋，發展一解決問題的可行方案。由此可知，資料的收集在市場調查的過程中，具有相當的重要性。本章主要介紹資料收集的主題，包括市場調查資料的類型，以及各種類型之資料的來源、用途與收集方法。

第一節　市場調查資料的類型

圖 4.1　初級資料的客觀性強，而次級資料的取得速度快且成本低廉

就市場調查所收集的資料類型而言，一般可分為初級資料 (Primary Data) 與次級資料 (Secondary Data)。所謂初級資料係指為特定目的而直接收集的資料，而次級資料則為企業內部或外界目前已有的資料。

舉例來說，某研究人員在進行市場研究時，所進行收集資料的工作，此類資料即屬於初級資料的範疇。反之，研究者在進行市場研究時所使用的資料是由他人過去曾收集的資料，則屬於次級資料的範疇。

然而，在某些情況下，初級與次級資料的區分並非如此明顯。例如，某研究人員從事超級市場之商品廣告效果的研究，接著進行超級市場商品擺設的研究，並引用先前廣告效果研究的結論。就廣告效果的研究而言，其所收集的資料屬於初級資料，而商品擺設研究中所使用到的廣告效果研究之資料，則屬於次級資料。這樣區分主要原因在於，廣告效果研究的資料是為了進行廣告效果研究所收集，而非為了商品擺設研究所收集。

相反的，如果某公司委託某研究機構代為進行消費者對新產品包裝反應的研究。該研究機構為了進行此項研究所收集的資料屬於初級資料，主要是因為這些資料乃是為了此一消費者反應的研究而收集的。因此，嚴格來說，初級資料與次級資料的區分，在於資料的來源而不在於收集資料的主體。

至於企業進行市場調查應使用初級資料或次級資料，主要是依調查目的

而定。此外，由於次級資料具有迅速與成本低廉的特性，因此在資料收集的過程中，應先依調查目的，收集有關的次級資料，並將所獲得的次級資料加以檢討與評估，看看是否能適用於調查目的，期以節省調查的時間與經費。對市場調查的有關人員而言，若能擁有收集、瞭解及運用次級資料的能力，無形中便掌握了節省大量調查經費之契機，尤其次級資料的有效運用將有助於改進工業活動的效率，故工業市場決策之有關的資料，絕大多數皆取自於次級資料。

第二節　次級資料

本節將先就次級資料的類型、來源、應用及優缺點等相關課題加以介紹，至於初級資料的課題則於第三節再說明。

 一　次級資料的類型與來源

次級資料有許多種不同的分類方法，其中最常用的一種方法是按照資料的來源，將次級資料分為內部次級資料與外部次級資料兩種。內部次級資料是指企業內部的次級資料，外部次級資料是從企業外部免費取得或花錢購買的次級資料。

▶ ㈠內部次級資料

企業內部的許多次級資料，如會計記錄、銷售報告及各種統計報告等，往往都是極為有用的行銷資訊來源，不應忽略。內部次級資料有兩個主要的優點，一是容易取得，一是成本低。

內部次級資料如能妥善利用，往往可以提供許多行銷規劃與控制所需的資訊。例如，利用公司內部的銷售資料與會計記錄，我們可以進行銷售分析、行銷成本分析以及利潤分析，以提供給管理當局有關本公司各產品線、各銷售地區、各顧客群體、各配銷通路的銷售情形及獲利能力的重要資訊。

以下分別說明如何利用內部次級資料來進行銷售分析、行銷成本分析及利潤力分析：

1.銷售分析

銷售分析係將公司損益表中所列的銷售收入，根據某項基礎，如產品別、地區別、顧客別、訂購量大小別及通路別等，加以詳細的分析，以瞭解各種不同的產品、地區、訂購數量、顧客群體、通路等，對公司總銷售收入的貢獻，並且與銷售目標相比較，以獲知實際銷售是否達到預計的目標。

一般而言，只要備妥公司內部之銷售記錄、顧客訂單、發票、銷售人員之報告及其他有關銷售之單據，則很容易進行銷售分析。

假定甲公司去年的銷售額為 1,000 萬元，表 4.1 所列即為甲公司依產品別進行銷售分析的結果。從表 4.1 中可看出 A、B、C 三條產品線的銷售額分別占總銷售額的比率為 20%、45% 及 35%。此外，將實際銷售額與預定目標相比較，則可發現尚不足 60 萬元，主要原因是 B 產品線的實際銷售額未能達到目標所致。

▼ 表 4.1　銷售分析（產品別）

單位：萬元

產品別	銷售收入(1)	占總銷售額百分比(%) (2)	目標銷售額(3)	實際與目標之差額(4) = (1) - (3)
A	200	20	180	+20
B	450	45	540	−90
C	350	30	340	+10
合　計	1,000	100	1,060	−60

2.行銷成本分析

行銷成本分析的步驟如下：

(1)決定分析的基礎（如產品別、顧客別、地區別、通路別、訂購數額別等）。

(2)功能性成本分析：將所有行銷成本按人員推銷、包裝、運輸倉儲、廣告、銷售促進、收款等功能加以分類。

(3)將功能性成本劃分為直接成本、可分割成本及無法分割的聯合成本等三項。

⑷將直接成本直接分派到成本分析基礎的各部分。

⑸選擇適當的分攤標準，將可分割的成本按照某一分攤標準分配到各部分。至於聯合成本則無須予以分攤。

表 4.2 乃依據虛擬的資料所進行的產品別行銷成本分析。為了簡單起見，假設這家公司的行銷成本只有銷售費用、廣告及促銷費用等兩部分。首先將各項銷售費用、廣告及促銷費用劃分為直接成本、可分割成本及聯合成本等三類；然後將直接成本的部分直接分配到各產品線；例如銷售費用的總直接成本為 100 萬元，直接分配到 A、B、C 三條產品線各為 20 萬元、55 萬元及 25 萬元；可分割成本部分亦可做類似的分配。

▼ 表 4.2　行銷成本分析（產品別）

單位：萬元

產品別	銷售費用				廣告及促銷費用			
	直接成本(1)	可分割成本(2)	分配銷售費用(3) = (1) + (2)	聯合成本(4)	直接成本(5)	可分割成本(6)	分配廣告及促銷費用(7) = (5) + (6)	聯合成本(8)
A	20	10	30		25	15	40	
B	55	25	80	25	40	30	70	20
C	25	35	60		50	35	85	
合　計	100	70	170		115	80	195	

3.利潤力分析

根據銷售分析（表 4.1）及行銷成本分析（表 4.2）的結果，即可進行利潤力分析，如表 4.3 所示。從表 4.3 中可看到 C 產品線對聯合成本及利潤的貢獻最小，亦即其相對的利潤力最低，如果管理當局考慮淘汰某一產品線時，似應優先淘汰 C 產品線。

▼ 表 4.3　利潤力分析（產品別）

單位：萬元

產品別	銷售收入 (1)	銷售成本 (2)	銷售毛利 (3) = (1) - (2)	銷售費用（已分攤部分）(4)	廣告及促銷費用（已分攤部分）(5)	對聯合成本及利潤的貢獻(6) = (3) - (4) - (5)
A	200	100	100	30	40	30
B	450	250	200	80	70	50
C	350	200	150	60	85	5
合　計	1,000	550	450	170	195	85

上述的銷售分析、行銷成本分析及利潤力分析均以產品別為分析基礎。事實上，我們亦可以通路別、訂購量別、顧客別及地區別作為分析之基礎，進行銷售、成本及利潤力之分析。

▶ ㈡外部次級資料

外部次級資料的來源相當多，大致可以分為出版刊物、資料庫與網際網路三大類別。由於外部次級資料種類繁多，因此研究人員必須精於使用各種目錄與索引等，方能順利地找到所需要的資料。這就好像我們在圖書館使用參考書目尋找參考書一樣，研究人員在進行市場調查工作時，如果不瞭解外部次級資料的來源與找尋方法，則無庸置疑地研究人員必然會浪費許多時間在資料找尋的工作上。

以下我們分別針對主要的外部來源，簡要地說明其所提供的資料：

1.出版刊物

出版刊物資料可以說是外部次級資料中最容易取得的，早期的出版刊物著重在紙本的書刊印製，但是近年來隨著科技的發展，電子出版刊物亦逐漸成為趨勢。在眾多的出版刊物中又可大致分以下幾種類別的出版刊物：

⑴政府機構

政府機構的統計和調查報告常可提供有用的行銷資訊，在我國中央機關負責統計事務的是行政院主計總處，其與地方機關的主計單位分別

負責各相關事務的統計工作。以行政院主計總處為資訊的樞紐，中央部會各主管機關下設統計處負責提供相關的統計資訊，其中與市場調查較有關的，例如：行政院主計總處每年9月出版的《統計年鑑》，內容包括土地及氣象、人口及住宅、勞工、教育科技文化及大眾傳播、衛生保健、環境保護、司法、公共秩序及安全、社會保障及福利、國民經濟、企業活動、農林漁牧業、工業、運輸倉儲及通信、金融保險、對外貿易、財政、物價及一般政務等統計資料；內政部統計處出版的《內政統計年報》；經濟部統計處出版的《外銷訂單統計速報》、《工業生產統計月報》、《資訊服務業、專業技術服務業及租賃業調查統計月報》、《商業營業額統計月報》等。市場調查人員可依個別需求從政府機關的相關出版品找到適合的資料。

⑵同業公會

我國若干個組織比較健全的同業公會常定期或不定期的出版產業報告或其他出版刊物。這些同業公會的報告與出版刊物，常可提供同業間的重要行銷資訊，例如：臺灣區電機電子工業同業公會的「中國大陸地區投資環境風險評估調查」、臺北市進出口商業同業公會的「2012全球重要暨新興市場貿易環境與風險調查報告」等。

⑶廣告媒體和代理業

國內一些主要的廣告代理業常定期或不定期的出版有關的市場調查報告。此外，報紙、雜誌、電視臺、廣播電臺及網際網路等廣告媒體也常對其讀者、聽眾及觀眾作調查。這些調查報告皆可提供有價值的行銷資料，例如：天下雜誌出版的「2014人才調查報告」、遠見雜誌出版的「服務業調查報告」等。

⑷商業調查研究機構

商業調查研究機構經常主動或接受委託進行各種市場調查工作，其研究調查結果的報告也可提供甚多有用的行銷資訊。例如中華徵信所出版多種國內產業報告（如塑膠鞋、成衣、汽機車、工具機、鋼鐵、化學、棉絲、人纖、建材、電子、石化、機械、房地產、信託與租賃等產業）及國外市場調查報告（如美國玩具市場、歐洲消費性電子產品

市場、日本木製品市場、美國家用傢俱市場及歐洲運動用品市場等調查報告)。

(5)學術研究機構與其他機構

學術機構的研究報告及學術機構所出版的有關國內外市場商情或市場調查的研究論文報告,常可提供有用的行銷資料。另外,中華經濟研究院、台灣經濟研究院、工業技術研究院、外貿推廣機構、金融機構、管理學術團體(如中華民國管理科學學會、中華民國多國籍企業研究學會等),以及管理期刊等也是外部次級資料的重要來源。

2.資料庫

資料庫是指以一定方式,將資料有系統的整理儲存在電腦或光碟中,能為多個使用者共享使用,簡單來說資料庫可視為電子化的檔案櫃(儲存電子檔案的處所)。因此,不管是「電子資料庫」、「光碟資料庫」或是「線上資料庫」,其名稱、儲存方式或連接資料庫的方式雖然不同,但是同樣都是存放特定主題、大量資料的電子儲存所,並可提供使用者進行搜尋檢索。

在網路尚未普及前,國內學術研究機構與圖書館就已經購買許多光碟資料庫的版權,使用者必須親自到這些單位搜尋檢索自己所需要的資料;網路普及後,使用者可以透過帳號,在網際網路上直接進入資料庫搜尋檢索,大大降低使用成本。某些資料庫會收取資料查詢費或是資料庫使用費,有些則免費提供較過時的資料供人免費搜尋檢索。

資料庫的選擇視調查研究主題而定,若能找到與所調查研究相關之資料庫,則能使整個調查研究過程更加順利。目前市場調查中比較常用的資料庫包括:行政院主計總處的「總體統計資料庫」、「台灣地區家庭收支調查」、內政部統計處的「內政統計月報、年報」、台灣經濟研究院的「台經院產經資料庫」、中華經濟研究院的「東亞經貿投資研究資料庫」、財團法人經濟資訊推廣中心的「AREMOS臺灣經濟統計資料庫」、東方線上的「E-ICP東方消費者行銷資料庫」、中華徵信所的「全方位企業資料庫」等。

3.網際網路

隨著資訊科技的日新月異,目前的網際網路上幾乎已無搜尋不到的資料,使用者只需坐在電腦前面,透過關鍵字搜尋即可找到所需要的資料。唯獨需要注意的是,網路上的資料範圍太過龐雜,不一定完全正確,且有些時效性超過太久,在使用上必須更加小心注意。

 二 次級資料的優缺點

▶ ㈠次級資料的優點

利用次級資料至少有下列三項優點:

1.經　濟

次級資料通常可免費取得或廉價購得,因此可以節省一大筆調查經費。

2.快　速

次級資料基本上都是已經存在的,只是等著去收集而已。因此,次級資料的收集往往比初級資料的收集要來得快速。

3.取得便利性

有些次級資料是一般的研究機構人員無法獲得的,例如工商業普查中有關商店的銷售、支出、利潤等資料,皆是一般研究人員不容易獲得的。

此外,次級資料雖然很少能夠完全提供一項研究計畫所需的所有資料,但次級資料通常能夠(1)協助形成決策問題;(2)建議滿足資訊需要的方法與資料類型;(3)作為一種比較性資料的來源,以解釋與評估初級資料的正確性。

▶ ㈡次級資料的缺點

次級資料的主要缺點有二: 1.資料的合適性問題,及 2.資料的正確性問題。茲分別說明如下:

1.資料的合適性問題

次級資料乃是為了其他目的而收集的,因此很少能完全滿足研究計畫所需要之資訊。影響次級資料之適合度的因素有三:

(1)衡量的單位

衡量單位不同是次級資料常見的缺失。例如,消費者所得依據來源的不同,有的以個人為衡量單位,有的則以家庭為衡量單位。

(2)分組的定義

不同的研究計畫有不同的分組定義或方式,這是次級資料之另一個常見的缺點。例如,年齡的分組可分為 20 歲以下、20 到 30 歲、30 歲以上;也可分為 25 歲以下、25 到 40 歲、40 歲以上等。

(3)資料的時間

次級資料的收集時間不同亦是常見的缺失。對行銷有用的資訊常常是較新的資料,歷史統計資料的用途較少。例如,普查資料常因出版日期拖延多年,許多寶貴的資料待普查報告出版時,早已成為明日黃花了。

2.資料的正確性問題

在使用次級資料之前,應先查核次級資料的正確性。然而次級資料的正確性往往很難以評估,此乃次級資料的一項重大限制。在市場調查的過程中,發生誤差的來源不一而足,而市場調查人員由於未親自參與次級資料的收集與分析工作,因此不易評估次級資料的正確性,這是次級資料的一項重大缺點。

三 次級資料的收集過程

前面我們已大致就次級資料的類型、來源及優缺點做了簡單的介紹,下面再來說明收集次級資料的過程。

次級資料之收集過程的複雜度,完全視研究人員所需資料的本質而定。在某些情況下,研究人員只需一些特定的資料,於是收集資料的範圍可在事前先加以縮小,而收集資料的時間便可以節省許多。例如,研究人員可能只需要臺灣地區資本額百億元以上的公司名錄,如果研究人員知道有關於這種資料的特定資料來源,便可以不必花費太多時間在尋找資料來源方面,而直接得到他所需要的資料。就此例子而言,研究人員可以在《天下》雜誌或是《全國工商名錄》中找到這些公司名錄,於是收集資料的過程乃告圓滿結束。

研究人員在一般情形下,通常並不熟悉各種資料的來源。例如,一家狗

食生產者或廠商可能想知道大臺北地區有多少狗寵物，以瞭解其潛在的市場規模大小；或者，一家保鮮膜生產者可能想知道，一般家庭對保鮮膜的消費方式，以瞭解保鮮膜的使用情形及未來的市場發展潛力。

因此，如何有系統地使用各種目錄、索引、以及其他可供使用的工具，在收集次級資料的過程中，是相當重要的一環。研究人員一開始就必須對找尋資料的主題做適當的確認，並列出與該主題有關的事件或以前曾經進行過的研究。其重要性在於，如果一開始研究人員就把目標做非常狹隘的定義，經常會錯失掉許多有關的資料。例如，研究人員如果想找尋有關狗食方面的資料，就應該同時注意「寵物」、「飼料」等方面的資料。有些可供使用的資料，並不單純只存在「狗食」的資料範圍內。

研究人員在找尋次級資料時所考慮的範圍愈廣，則愈有機會涵蓋所有的資料來源。因此，研究人員在收集資料之前，必須謹記其他可能相關的範圍，並將收集資料對象放在所有可能相關的範圍上，以免資料主題的認定偏差，而徒增收集資料過程的困難。

一旦資料標的物的範圍已經確定，研究人員便可以將注意力放在能夠協助研究人員取得所需資料的各種輔助工具上，包括書籍、期刊、新聞報導、以及政府官方文獻的目錄、索引等。另外，民間學術團體所出版的統計資料、專家或學者的研究報告等，也都是收集資料過程中可使用的工具。

由於次級資料的種類繁多而且數量龐大，為了節省搜尋時間，目前大多皆已將資料標題目錄輸入電腦，而進入電腦化管理的時代。研究人員只要鍵入一個主題，電腦便會自動查詢與此主題相關的各種資料來源（書籍或期刊）。此外，更有一些新興行業專門提供客戶資料查詢的服務，而這類公司本身並不儲存任何資料，但利用與各地區圖書館、政府機構資訊室電腦連線，很快地便能替研究人員找出所需資料的出處。

綜合前述，整個收集次級資料的過程包括下列四個步驟，如圖 4.2 所示。

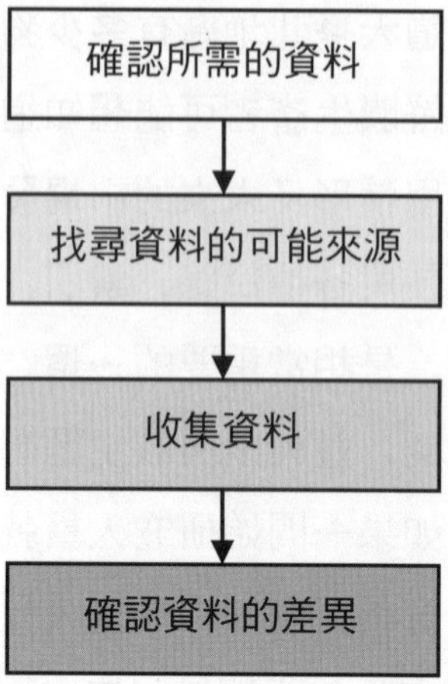

▲ 圖 4.2　次級資料的收集過程

㈠確認所需的資料

任何資料收集過程的第一個步驟，乃在於確認完成市場調查目標時，所需要資料的種類。這些資料有些可能極為平常（例如，每年汽水產業的銷售量），但有些卻相當細微（例如，臺北市汽水的銷售量）。研究人員如果對市場調查的主題不太熟悉，在剛開始找尋資料時，通常會針對比較一般性的資料，隨著對研究主題的認識逐漸加深，研究人員會逐漸縮小對資料需求的範圍，而限定於只適用於該主題的資料。

㈡找尋資料的可能來源

一旦研究人員確認所需要的相關資料，便可展開資料收集的工作。然而此時我們必須假設，研究人員所需要的資料，都是已經存在的次級資料。雖然幾乎不可能收集到所有適用於某一研究主題的次級資料，但是研究人員若能有效的運用所有目錄、索引及其他可供使用的工具，不僅可以縮短收集資料的時間，找出資料的來源，同時也可以降低遺漏資料的可能性。

㈢收集資料

在找出資料來源之後，研究人員除了應記錄資料的出處以外，對資料使用的限制、資料產生的程序，以及其他有關的附記事項，都必須詳加研判。

如此將可防止因資料本身的限制與適用性，扭曲了整個市場調查的客觀性，甚至誤導決策者做出錯誤的判斷。

▶ ㈣確認資料的差異

有些時候次級資料無法完全滿足研究人員的需要，在這種情形下，次級資料與所需資料二者之間就有一段差距。為了彌補這種資料的差距，研究人員只有訴諸初級資料的收集工作。

四 次級資料的評估

次級資料固然有許多優點，但有時因調查目的（主題）或調查方法有異，而不合乎需要。因此我們在利用次級資料（特別是外部次級資料）之前，應仔細加以審查。次級資料的審查，應特別注意下列二點：

1. 次級資料是否符合調查目的的需要。
2. 次級資料是否正確、可靠。

以下我們分別針對三項評估次級資料正確性之標準加以探討，即⑴來源；⑵出版的目的；⑶品質的一般證據。

▶ ㈠來 源

次級資料可取自次級來源 (Secondary Source) 或初級來源 (Primary Source)，初級來源是指產生資料的來源，次級來源是指從初級來源取得資料的來源。在選用次級資料時，應利用初級來源，其理由有二：

1. 通常只有初級來源才會說明資料的收集與分析方法，所以研究人員只能從初級來源中尋求品質的一般證據。
2. 初級來源通常較次級來源正確而且完整。轉錄錯誤以及未能加上附註或其他原文的評論，常會影響資料的正確性。

▶ ㈡出版的目的

有些學者曾指出：「為了促進銷售、增進個人或商業或其他團體的利益、陳述一政黨的理想，或進行任何宣傳等目的而出版者，是令人懷疑的。匿名

出版的資料或由被攻擊之組織出版的資料，或在可能產生爭議的情況下出版的資料、或表現出迫切想企求『坦白』的資料、或為辯駁其他資料的推論而出版的資料，一般而言皆是可疑的。」

上述資料並非不能採用，但研究人員在採用這些資料時，必須特別審慎，以區別有價值的資料與那些別有用心者提供之受到扭曲、非公正客觀的資料。

▶ ㈢品質的一般證據

首先，應注意初級來源是否詳述研究設計的內容。如果初級來源未說明研究設計的細節，則研究人員便須非常小心，因為這種情形常反映在研究方法方面存在相當的缺失。

如果初級來源已提供有關研究設計的細節，則研究人員應評估其抽樣計畫、資料收集方法、現場作業的品質、問卷設計及資料分析方法等，並注意圖表的標示、資料的內部一致性及資料是否支持研究的結論等等，以確認次級資料的品質。

如果次級資料適用而且足夠判定決策之需，自不必再費神花錢去進行一次正式的研究作業。唯如果現有的資料不適用或不足夠，則應考慮是否有進行一項市場調查作業的必要。至於考慮的因素有二，即(1)資料的價值；(2)資料的成本。如果資料的價值超過獲取資料的成本，則可由公司的市場調查部門或委託外界的研究調查機構進行調查加以收集。

 # 第三節　初級資料的收集方法

市場調查中有關資料的收集，主要是以初級資料的收集為主，因為調查人員所需的資料往往無法從次級資料獲得滿足，而必須親自去收集初級資料。本節將介紹初級資料的類型、如何選擇資料收集方法，以及各種資料收集方法的討論。

 ## 一　初級資料的類型

調查目的之不同，所需要的初級資料之類型亦截然不同。一般而言，初

級資料大略可分為七大類:

▶ (一)人口結構統計資料

舉凡年齡、教育程度、職業、婚姻狀況、性別、所得以及社會地位等資料,皆屬於人文特性資料。在市場調查的應用上,人口統計資料往往是被用來配合其他之調查變數,以供作為交叉分析之用。例如以機車持有率調查為例,利用年齡別與機車持有率等兩種變數所編製之交叉分析表,可以描述各種不同年齡特性之機車市場,作為區隔機車市場的基礎。

▶ (二)態度及意見資料

態度與意見皆同屬於社會心理的問題,二者之間不但很難予以嚴密的區分,甚至還有某些程度的重疊。態度是指個人對某一特定現象之喜好或感受,而以言辭表明態度則謂之意見。意見可分為正面與負面,不同的意見對特定產品或服務的購買,具有關鍵性的影響。由於態度與意見皆屬於心態方面的資料,故須使用態度量表 (Scale) 作為收集的工具。

▶ (三)知曉性資料

知曉性資料是指對某一特定事物之接觸或使用等之資料。例如,廣告接觸概況、產品特性的知曉程度、或產品的使用經驗等之資料。在市場調查的應用上,知曉性資料大多是指對產品品牌、產品特性、銷售場所、價格、使用方法及使用場合之認知。

▶ (四)意向資料

意向是指「已計畫的行為」(Planned Future Behavior),其與耐久性、高價位產品的購買行為具有密切的關係。確切地說,當產品的購買若需考慮到成本及時間兩大因素,則可應用意向資料判斷市場潛在性;至於一般性消費品的購買,則因消費者的言行不一致,故很少應用意向資料。有關意向資料的類別,尚可分為:(1)確定購買資料;(2)可能確定購買資料;(3)尚未決定購買資料;及(4)決定不購買資料等四種。

▶ ㈤動機資料

動機是指人們行為的根本原因，也可說是人們為消除某種特定的緊張狀況，而由個人心中所引發出來的驅使力或衝動力，因此沒有動機就不會產生購買行為。在行銷決策的應用上，動機資料是用以解釋為什麼 (Why) 的問題。由於動機資料較行為資料穩定，故動機資料可被用於作為預測未來行為的基礎，及解釋影響行為的衝動因素。就資料特性而言，它是屬於個人心理方面的問題，故動機資料的收集方式，須採用間接觀察的方法（詳見本章觀察法內容）。

▶ ㈥行為資料

購買決策過程及實際採取的購買行動，謂之行為。在行銷活動上所指的行為包含購買行為與使用行為等二種不同的涵義在內。由於行為是由個人或群體於特定期間，在特定的環境下，經由知覺 (Perception) 作用而發生，故行為資料的調查大多採用投射法 (Projective Techniques) 作為工具。

▶ ㈦個性與生活型態資料

個性 (Personality) 是指異於他人之特質或特性，如內向、外向、積極、消極、保守或開放等等。產品、零售店或廣告媒體等之選擇，往往受到個性的影響。

對個人有關之生活方式、個人興趣、及個人對環境的關心等，即所謂的 AIO (Activity、Interest、Opinion)（活動、興趣、意見）等調查之有關的資料，稱為生活型態資料。生活型態關係到個人對時間與金錢的支配方式，會影響購買產品及接受廣告媒體的習性。AIO 的調查，須應用 AIO 量表為工具，表 4.4 即為 AIO 量表構成之主要項目。

在收集初級資料時，由於資料類型的不同，其所採用的資料收集方法亦有所不同。一般而言，初級資料的收集方法計有三種：⑴訪問法；⑵觀察法；⑶實驗法。在詳細討論這些方法之前，有必要瞭解如何選擇收集資料的方法，此即下面一小節的內容。

▼ 表 4.4 　AIO 量表的主要項目

活　動	興　趣	意　見
工作	家庭	自身
趣味	家事	社會
社交	工作	政治
休假	社交	事業
娛樂	消遣	經濟
社團	流行	教育
社區	食物	產品
採購	媒體	前途
運動	成就	文化

二 如何選擇收集資料的方法

　　研究人員究竟要採用訪問法、觀察法還是實驗法，或者是三者混合使用，主要乃取決於市場調查的目的及資料的類型與本質。在某些特殊的情況下，由一個市場調查目標即可決定研究人員該採用何種資料的收集方法。例如，某銀行想要瞭解客戶對銀行目前所提供服務的反應，由於想要得知客戶的確實反應，因此就必須採用訪問法而非觀察法的方式。

　　然而在一般的情形下，收集初級資料的方式並不容易確認。例如，市場調查的目標在決定公司該採用那一種新包裝。此時研究人員可以以不同包裝進行試銷的工作，以便瞭解不同包裝對銷售量的影響；或者，研究人員可以對一些潛在的客戶進行訪問調查的工作，徵詢客戶對各種包裝所給予的評價與反應。另一種方式就是設計一套問卷，以便分析客戶對不同包裝形式的心理反應。

　　無論如何，研究人員在選擇何種收集初級資料的方法時，必須同時考慮下列幾種因素：

▶ ㈠資料的有效性

　　所收集的初級資料是否能夠提供研究人員所想要的訊息？在上述包裝設計的例子中，欲瞭解最佳的有效包裝，只有將產品以不同的包裝正式上市後，

視其實際的銷售量而定；果真如此，那就不需要市場調查的存在了。如果只詢問受訪者「偏好 A 包裝或者 B 包裝」這類問題，則容易產生誤導性的結論。因為消費者在市場展示架上看到其他競爭性品牌，可能並不會選 A 或 B 中任何一種。因此，在收集初級資料時，預期該產品推出會造成很大的迴響，故應該再收集包括對銷售量影響結果的資料，不應僅限於意見收集。

▶ ㈡成本、速度

一般而言，在進行市場調查時，其理想的作法都應在市場上做一次實際的試驗。事實上，基於成本與時間因素的考慮，研究人員只能經由前述幾種方式收集資料，雖然在時間與成本方面都能節省許多，但在收集的資料之有效性方面可能就要打些折扣。

▶ ㈢變化性

大多數的市場調查方案都要求不只單一種類的資料。因此，研究人員所擬定的初級資料收集程序，就應該讓研究人員能夠接觸到各式的資料來源。例如，觀察法可以提供研究人員有關被研究對象目前的行為表徵。除非研究人員也同時使用某些其他的調查方法，有關被研究對象過去行為以及未來動向方面的資料，就無從得知了。

▶ ㈣正確性、代表性

調查人員在觀察或者調查一群特定對象時，可以獲得許多寶貴的初級資料。但是這些資料是否也同樣的適用於其他未被研究的對象上？郵寄訪問法的範圍雖然可以遍及全國各角落，但如果回覆率只有 10% 或 15%，則這些回函的資料是否足以代表全國的一致反應？

再者，人員訪問法，尤其正好碰到具有社會性爭議的問題時，則資料的正確性又如何？例如，訪問消費者對環保的意見，所得到的反應一定是環保非常地重要；訪問消費者是否曾做過慈善捐款，答案結果一定是高估了；訪問消費者看電視節目的次數，則答案結果可能是低估了。其主要原因乃在於，被訪問對象大都希望從訪問者身上得到社會認同感。

　　因此，市場調查人員在擬定收集初級資料的過程中，主要考慮因素應包括：(1)資料的有效性；(2)資料的正確性；以及(3)資料的代表性。然而在這些因素之前，時間與成本的限制，則是研究人員最先要考慮的兩個因素。

三　訪問法

▶ ㈠訪問法的意義與適用範圍

　　依調查目的所設計的調查問卷，在訪問員與受訪者雙方接觸的情況下，由訪問員向受訪者收集資料，或由受訪者本身敘述調查所需資料之直接收集資料的方法稱為訪問法 (Interviews)。在市場調查的應用上，訪問法特別適用於：(1)事實 (Facts)；(2)意見 (Opinion) 及(3)意向 (Intention) 等資料的收集。換句話說，有關人文特性、社會經濟特性、知曉程度、偏好及滿足程度等方面的資料，皆可利用訪問法作為收集資料的工具。

　　在所有市場調查有關資料收集方法中，訪問法是最常使用的方法，也是最常被濫用的方法。最常使用的原因在於，訪問法是收集被研究對象之行為與態度等方面資料的許多方法中，最富變化性的收集方法。而「最常被濫用」則導因於，調查的問題設計本身有偏差，問題的陳述曖昧不明，訪問者缺乏經驗，以及抽樣不足以代表整個母體等問題。

▶ ㈡採用訪問法應考慮的三個問題

　　在採用訪問法時，應考慮下列三個主要的問題：(1)要不要使用結構式問卷；(2)要不要隱藏研究目的；(3)使用何種訪問方式。以下分別就此三個問題加以說明：

1.要不要使用結構式問卷

　　結構式問卷是指問卷中問題的內容、用詞及次序是確定的，受訪者只要在適當的地方打「✓」即可。訪問法最常採用結構式問卷，因為它可避免或減少訪問員影響調查的機會。換句話說，如果不使用結構式問卷，則訪問員對於措詞的不同、或對於答案的判斷不一，都會影響到調查的結果，減低調查的可靠程度。

大規模的調查工作常須利用大量的訪問員，這些訪問員往往散佈各地，基於人力、財力或時間的限制，無法好好加以訓練。在這種情況下，使用高度的結構式問卷，可彌補訪問員能力的不足。此外，使用結構式問卷尚可以簡化資料的整理與編表工作，且便於解釋結果。

然而，結構式問卷亦有其缺點：結構式問卷多少限制了訪問員所能發揮的作用，使能力高的訪問員無法針對特殊的訪問對象與實際情況，善用他們的技巧與判斷，充分發揮所長，取得更多有用的資料。

市場調查人員經常想瞭解：人們為何購買某產品而不購買其他產品？為何購買某品牌而不購買其他品牌？為何惠顧某商店而不惠顧其他商店？諸如此類有關人們動機的資料，往往不是使用結構式問卷可以問得出來的，而必須因人而異，隨機應變。市場調查人員常用的方法是利用深度訪問法 (In-depth Interviewing) 或深度集體訪問法 (Focus Group Interviewing)，設法讓受訪者無拘無束地暢所欲言。

在不使用結構式問卷的情況下，對訪問員的能力依賴甚大，故對訪問員的甄選與訓練極為重要。不使用結構式問卷時所費的訪問時間通常較長，往往長達一小時以上。訪問時間一長，一方面難以獲得受訪者的合作，一方面增加訪問的單位成本。如果又受到預算的限制，常常只能獲取較小的樣本數。此外，由於缺乏一個一致性的問題，對於結果的解釋必須依賴研究人員的主觀判斷，不僅困難，而且難做比較。

2.要不要隱藏研究目的

在進行市場調查收集資料時，有時我們可以直截了當地向受訪者說明研究的目的，甚至讓他們知道委託此項調查的公司行號或機構。但在某些情況下，如果讓受訪者知道研究的目的以及誰想收集這些市場資料，則可能會影響到受訪者的合作態度與答案的內容。因此，必須隱藏真正的研究目的，並將委託或主辦調查的公司或機構，加以適當地偽裝。

人們對於有關他們自己的態度與動機的問題，常常不願意提供正確的回答。在這種情況下，必須隱藏研究的目的，利用各種巧妙的技術，旁敲側擊，才能取得那些隱藏在被訪問者心中的秘密。如果將研究的目的直截了當地告知，或間接地暗示給受訪者，恐將難以獲知人們真正的態度

與動機。

3.使用何種訪問方式

傳統的訪問方式有三種：(1)人員訪問；(2)電話訪問；(3)郵寄問卷訪問。人員訪問是派出訪問員直接訪問受訪者，當面詢問問題以收集資料；電話訪問是利用電話向受訪者詢問以取得資料；郵寄問卷訪問則是將問卷郵寄或用其他方法（如當面送達、轉交或附在雜誌、報紙及產品上），送給受訪者，請他們填完問卷後寄回。以上這三種訪問方式都各有利弊，究竟採用那一種方式，應視實際情況而定。有關訪問方式的選用，擬於本節後面再詳加介紹。

▶ ㈢四種訪問型態

根據是否使用結構式問卷與是否隱藏研究目的等兩種特性，我們可分類出四種訪問型態：(1)結構式—直接訪問，(2)非結構式—直接訪問，(3)結構式—間接訪問，(4)非結構式—間接訪問。在此所謂的結構程度是指訪問員在進行訪問時，為適應特殊情況而改變問卷順序或內容之自由程度；而所謂的直接程度係指受訪者對調查性質與目的瞭解的程度。以下我們分別說明這四種訪問型態。

1.結構式—直接訪問

在這種訪問型態下，訪問人員利用結構式的問卷，不隱藏研究目的，直接向受訪者按問卷上的問題一一詢問，或將問卷郵寄給受訪者。由於所有的問題都在事前確定，因此訪問員可以以一種有次序的與系統性的方法進行詢問。

結構式—直接訪問型態，具備有前述使用結構式問卷與明示研究目的之優點，但其主要的缺點是對有關私人與動機因素的問題較難獲得無偏差而完整的答案。這種訪問型態是市場調查收集資料中，使用最廣泛的一種型態。

2.非結構式—直接訪問

在這種訪問型態下，訪問員事先僅獲得一些有關所要收集之資訊類型的一般性指示，並未準備一份正式的問卷，並允許訪問員不用隱藏研究目

的，直接向受訪者進行訪問。訪問員可視受訪者的反應隨機應變，自由使用適當的用語與次序。

為了取得有關人們動機的資訊，非結構式－直接訪問型態非常有用。深度訪問法就是這種型態的訪問，它常用來發掘人們內心深度的動機。在市場調查上的應用雖然不多，但卻曾有突出的表現。

3.結構式－間接訪問

在這種訪問型態下，研究設計人員應設計一份隱藏研究目的的結構式問卷，讓訪問員按照問卷的次序與用語，向受訪者進行訪問，或將這份結構式問卷郵寄給受訪者填答。

4.非結構式－間接訪問

此種訪問型態與結構式－間接訪問唯一不同之處，乃是後者有一份結構式問卷，而前者則無。深度集體訪問是市場調查使用最廣的一種間接訪問（亦即隱藏研究目的的訪問），它即是一種非結構式－間接訪問。

間接訪問通常都不是完全的結構式訪問，也不是完全的非結構式訪問。大部分的間接訪問至少是部分結構式的，訪問員通常都使用一些事先設計好的一組字彙、一些句子、一張或數張漫畫、圖片等等。不過為了取得充分的資料，訪問員通常在訪問的過程中擁有相當大的自由。

綜合上面所述的四種訪問型態，可知各種訪問型態皆有其優缺點與適用的場合，至於研究人員究應使用何種訪問型態，應視實際情況而定。圖 4.3 繪示訪問型態決策的流程圖，可作為參考。

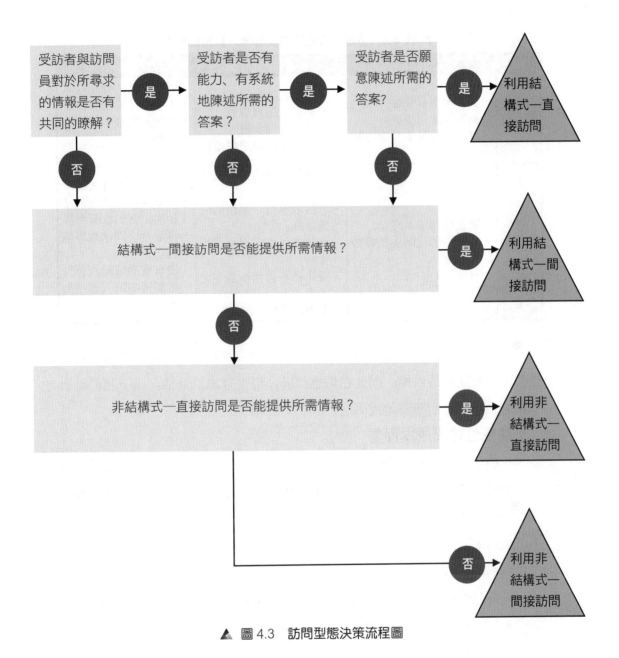

▲ 圖 4.3　訪問型態決策流程圖

▶ ㈣三種傳統訪問方式的評估

　　傳統的訪問方式一般有三種，即人員訪問、電話訪問及郵寄問卷訪問。此三種訪問方式各有其特性與優缺點，表 4.5 即為各種訪問方式之優缺點之比較。

▼ 表 4.5　各種不同訪問方式的優、缺點比較表

	人員訪問	郵寄問卷訪問	電話訪問
優　點	・資料收集具彈性 ・無答之比例少 ・樣本之分配能有效控制	・可以廣泛的分配樣本 ・不必有地區督導員 ・單位訪問成本低 ・受訪者可以更坦白作答	・可以廣泛的分配樣本 ・不必有地區督導員 ・單位訪問成本低 ・無答之比例少 ・方便重訪
缺　點	・單位訪問成本高 ・訪問員的控制與監督較有難度	・無答所導致的偏差無法計算 ・若回收率低，單位訪問成本高 ・受訪者可能出現選擇性作答 ・受訪者不包括不識字之人士 ・調查期間長，較耗時	・訪問時間不可太長 ・部分型態之問題無法使用，例如看圖回答 ・探索性之問法難以應用 ・沒有電話或是沒有在電話簿中的人無法訪問

至於究竟應採用何種訪問方式，基本上乃視實際情況而定，但最重要的是必須配合調查的目標。因此在做選擇時，似乎宜加以評估。以下我們針對一些評估項目分別簡要地說明之：

1.就單位訪問成本而言

一般說來，人員訪問之成本最高，郵寄問卷之費用最低。電話訪問如不使用長途電話，則成本甚低；但如需使用長途電話，則耗費較高。各種訪問方式之成本比較，一般皆以單位訪問成本（即訪問一份問卷所需要的成本）為基礎。

2.就彈性而言

人員訪問之成本雖高，但幾乎可應用到所有適用訪問法之調查項目，因此是彈性最大的一種訪問方式。電話訪問只能施用於裝有電話且在電話簿中有登錄的人，而郵寄問卷訪問則需要有郵寄地址才行，但人員訪問完全不受這些限制。

在訪問過程中，人員訪問與電話訪問可視受訪者的反應而調整或修改問題。另外，對不清楚或未完全回答的皆可以追根究底，以獲清楚或完全的回答。如此受訪者的答覆有彼此矛盾之處，也可當場問個清楚。郵寄問卷訪問方式就缺少這些變通性，一旦問卷寄出，只能希望早日收到回

覆，無法在中途改變問卷。

3.就資料的量而言

人員訪問通常可獲得較多的資訊，因為人們比較不容易在面對面時中止訪問之進行，而且訪問人員能夠善用其經驗與技巧，提出較多的問題，以取得更多的情報資料。電話訪問與郵寄問卷訪問皆必須簡短，才能獲得受訪者的合作。如果太長或太複雜的話，受訪者可能隨時中斷訪問。因此，較長的問卷最好利用人員訪問，其次是利用郵寄方式，不得已才使用電話訪問。電話訪問的時間不可過長，譬如美國密西根大學調查研究中心，在進行電話訪問時限定的時間是以 11 分鐘為限，而其人員訪問的時間可長達 60 到 75 分鐘。

有些問卷必須借助於圖片的說明或道具的使用，有時甚至要展示真實的產品。在此種情況下，人員訪問自為最理想的方式。此外，人員訪問還可在訪問時附帶觀察一些事項，諸如受訪者的年齡、家庭狀況、使用的產品及品牌等等，以證實受訪者的答覆是否屬實。

4.就資料的質而言

資料質的方面係指資料的正確性而言。一般認為人員訪問能夠獲得較正確的資訊，但這也得視訪問員的經驗與能力，不可一概而論。一位高明的訪問員若能夠察顏觀色，隨機應變，則所收集的資料自較正確。不過，一般的訪問員之素質不一，能力高強的固然有，但濫竽充數的也有之；他們大多缺乏足夠的訓練與經驗，在訪問過程中又疏於督導，因此所收集的資訊是否有高度的正確性，不無疑問。電話訪問與人員訪問，二者就資料的正確性而言，有甚多相似之處，唯在電話訪問中，常會得到不確定的答覆，因為人們往往不太願意在電話中回答那些有關私人的問題，如所得、購買計畫等。

利用郵寄問卷時，受訪者可能在看過後面的問題後，再回過頭來修改前面問題的答案，此即所謂的「序列偏差」(Sequence Bias)。如果問題的順序與研究目的有關，此時自會影響到所獲資料的正確性。受訪者也可能在回答問卷之前，先和朋友、同事或家人一起討論問卷中的問題，或翻閱資料，或詳加考慮，然後再下筆答卷。若所要收集的資料是有關受訪

者的直覺反應或他本身的態度與意見，則受訪者經過深思熟慮或詳加討論後所提供的答案將不符合所需。但是，如果所需要的資訊不是受訪者可以馬上提供，而是要查閱檔案並加整理才能提供者，如商店的銷售量與收入支出等資料，則郵寄問卷訪問不失為一可行的方式。

此外，對一些令人難以作答的問題，如有關夫妻生活的問題，以使用郵寄問卷訪問為宜。有時，對某些事件的資料應在事件發生的同時加以收集，以減少因記憶喪失而發生的誤差，此時利用人員訪問及電話訪問方式，常能收集到比較正確的資料。譬如調查人員欲知悉人們收聽某一電臺或收看某一電視節目的情形，則以電話訪問的方式最為適宜。在人員訪問及電話訪問時，訪問員以及受訪者之間可能互相影響、交互作用，從而影響資料的正確性，這種互動作用的不良效果尤以人員訪問方式最為嚴重。

5.就無反應偏差而言

郵寄問卷的無反應率（即不回件率）通常較其他訪問方式為高。一般而言，郵寄問卷回收率一般僅在 40% 到 50% 左右。回收率的高低主要受問卷的內容、問卷的設計以及各種非研究人員所能控制的環境因素之影響。例如，受訪者的態度。

人員訪問的無反應偏差情形（即訪問對象不在家或拒絕接受訪問），也不可忽視。一般而言，第一次訪問時碰到受訪者不在家的比例常常高達 40% 到 60% 左右，經過三、四次造訪之後，反應率通常可達到 75% 到 90%。拒絕接受訪問的比例約為 0.5% 到 13%，視研究的性質及訪問對象如何而定，一般總在 10% 左右。

電話訪問也常會遇到訪問對象不在家及拒絕接受訪問的情形，但比例可能比人員訪問方式為低，一般不超過 10%，因為人們或許不會讓一個陌生人登門造訪，但總會去接聽電話。

郵寄問卷方式雖不會遇到訪問對象不在家或不應門的問題，但如同前面所述，回收率通常不高。為了克服回收率低的問題，除了在問卷設計方面多加注意之外，贈送紀念品或舉辦摸彩活動等方式，也許可以提高回收率。

6. 就速度而言

如以速度而論，電話訪問是三種訪問方式中最快速的一種。如果問卷不長，以五分鐘完成一次訪問計，一個訪問員在一小時內就可完成 12 次訪問。郵寄問卷方式最為費時，通常需要在問卷寄出二週後才可能收回大部分的回件。如果二週後又再寄出一封追蹤函件給那些未回件的人，就再等二週，等回件收齊，常費時甚久。因此如時間緊迫，不宜採用郵寄問卷方式。但郵寄問卷有一項優點，即不論樣本大小，所費之時間大致一樣，不像人員訪問與電話訪問，所費的時間往往與樣本大小成比例。當然，若要縮短完成訪問所有樣本單位的時間，則必須增加訪問員的人數。

茲將上述三種訪問方式在各項評估項目的比較，彙總於表 4.6。

▼ 表 4.6　郵寄問卷、電話訪問及人員訪問等三種訪問方式之比較

比較項目＼訪問方式	郵寄問卷	電話訪問	人員訪問
單位訪問成本	最低	如利用長途電話，則較高	最高
彈　性	須有郵寄地址	只能訪問有電話者	最具彈性
資料的量	問卷不可太長	電話訪問之時間不可太長	可收集最多之情報資料
資料的質	通常較低	通常較低	通常較正確，視訪問員之素質而定
無反應偏差	最高	最低	次高
速　度（時間）	最久	最快	如地區遼闊或樣本甚大時，很費時

以上乃就郵寄問卷、電話訪問及人員訪問等三種訪問方式之優劣點與特性，分別加以比較。我們可發現各種訪問方式都有其適用的場合，而在選擇時應就所需要的資料之數量、正確程度、成本、彈性以及速度等因素加以比較，求取適當的平衡，俾能在特定時間之限度內，以適當的成本，取得足夠正確的資料。

➤ ㈤網路問卷調查法

圖 4.4　網路調查法可以節省調查成本及提高調查效率

除了上述大家熟知的傳統訪問方法外，近年來電腦與通訊科技發展快速，電腦及網際網路的應用日漸普及，市場調查也漸漸發展出新的網路問卷調查方式。網路問卷調查法是指將問卷透過網際網路的方式（如電子郵件、電子佈告欄、全球資訊網 WWW 等），提供給受訪者，請他們答完問卷後，透過不同的網路傳輸協定，寄回（確認）傳送給研究者以收集資料的方法。由於國內使用網路的人口日益增加，網路問卷調查所能接觸的受訪者有勝過一般訪問法的趨勢，未來網路問卷調查法勢必成為主流。以目前的網路問卷調查來看，其具備成本低、速度快等優點，但同時也有明顯的抽樣限制缺點。因此研究人員在選擇網路問卷調查法時，應依據調查主題、目的與範圍，就所需要的資料之數量、正確程度、成本、彈性以及速度等因素加以比較。以下茲針對網路問卷調查法的優缺點加以簡單說明。

和其他訪問法比較，網路問卷調查有以下幾點優點：

1.成本低

相較於其他訪問法，網路問卷調查在時間、人力、金錢上都比其他訪問法節省。其不像人員訪問、電話訪問需要先進行人員訓練，也不像電話訪問、郵寄問卷訪問需要耗費大量電話費、郵寄費用。

2.速度快

以網際網路為媒介進行市場調查，可同時將大量的問卷發放給受訪者，且可在短時間內回收大量的完成問卷，其速度是其他調查法所無法比擬的。藉由網路問卷調查，可以進行最即時的市場調查，並且可以立即分析得到結果。

3.隱密性高

就隱密性來說，網路問卷調查法沒有人員訪問的面對面問題，也沒有電話訪問與郵寄問卷訪問中，所需的電話與地址等個人資料問題，因此其隱密性比其他訪問法來得高。另外，由於透過網際網路為媒介，中間並沒有訪問員的中介，加上網路的匿名特性，一些較敏感的問題，將有更大的機會獲取正確、誠實的答案。

4.問卷形式彈性大

利用網際網路在問卷的形式上，可提供不同的字型、色彩、圖片、動畫或是動態影片，讓問卷呈現更加具有彈性，使受訪者能更清楚問卷的意涵，提高問卷回覆率。

網路問卷調查除了有上述的優點外，也有以下缺點：

1.樣本代表性不足

雖然網際網路的普及速度非常之快，但仍有部分的民眾不會或是無法使用網際網路，例如：年紀較大的年長者、還不會使用網際網路的年幼者、經濟較弱勢的族群等，這些樣本是比較難透過網路問卷調查取得的。另外透過全球資訊網 WWW 的網頁問卷填答，受限於只有瀏覽到此網頁並主動回答的受訪者，很難推估其母體，造成其樣本代表性有若干缺陷。

2.缺乏有效的抽樣架構

網路問卷調查並沒有任何資料庫可以提供完整的電子郵件地址作為抽樣架構，在這種情況下，研究人員將無法評估抽樣架構與目標母體的差異為何，以及涵蓋誤差的強度為何；換言之，研究人員無法得知到底那些人口不在抽樣架構的涵蓋範圍中，而這些未被涵蓋的受訪者與目標母體是否具有人口、行為或態度變項上的差別，便無從估計。（有關抽樣架構請參閱第七章抽樣方法）

3.無反應偏差高

無反應偏差的產生主要來自於填答問卷者與拒絕填答者，在某些特質上具有差異性，因此將所得的樣本結果推論至母體時，會產生相當程度的偏差。在網路問卷調查上無反應偏差的問題更加棘手，主要原因來自於無法取得有效的抽樣架構，造成研究人員無法評估網路問卷調查的拒答

者與填答者，是否具有某些固定的特質差異性。

網際網路的興起不僅讓市場調查研究者對網路使用的現象與衝擊產生高度的興趣，同時也積極探討網際網路作為調查工具的潛力與可行性，甚至利用網路進行問卷調查的學術研究也有逐漸增加的趨勢。在網路問卷調查仍面臨許多技術問題有待克服的情況下，網路問卷調查至少提供了其他訪問調查方式無法克服難題的另一種有效管道。

四 觀察法

▶ (一)觀察法的意義與適用範圍

依據事先所設計的調查表格，由調查人員直接觀察被調查者的行動、反應或狀態等之現象，並將這些資料加以收集的方法稱為觀察法。對於某些不願回答或無法回答之動作的調查，觀察法是一種有用的資料收集方法。

觀察法在調查實施之前，應對觀察事項、觀察方法、衡量基準及記錄方法等，均須明確地加以設定，否則將會因調查員本身的能力或經驗上的差異，而產生主觀上的偏見，使調查結果發生偏誤。

在市場調查的應用上，觀察法可應用在以下情況：

1.櫥窗佈置調查

觀察櫥窗佈置與擺設位置對產品的購買行動之影響程度，以作為櫥窗佈置之依據的調查，稱為櫥窗佈置調查。此種調查為零售商店經常使用的方法之一。

2.交通流量調查

交通流量調查是指於一特定時間內，在特定場所觀察車輛或行人等之流動次數與方向的有關流量方面之資料收集。此項資料除了可供作為設置廣告招牌之參考外，也可作為櫥窗擺設或設計店內佈置及選擇店鋪位置之用。

3.店內商品擺設調查

店內商品的擺設位置與顧客在店內的滯留時間及瀏覽動線具有密切的關係。顧客滯留時間愈長，店內瀏覽動線也愈長，商品被購買的數量也會

相對的增加，表 4.7 為一參考例子。

▼ 表 4.7　滯留時間、動線長度及購買數量統計表

時　　間	滯留時間 (X)	動線長度 (Y)	購買數量 (Z)	相關係數		
				XY	XZ	YZ
平　日	17.4 分	218 m	8.6 個	0.64	0.57	0.45
假　日	18.2 分	201 m	9.7 個	0.62	0.54	0.43

4.顧客購買動作調查

觀察顧客在店內選購商品的順序，依此觀察所得的有關資料，可提供零售商店安排最佳的商品擺設。例如，陳列高度不得低於 60 英寸、不得高於 120 英寸、或所陳列之商品數量宜限於 4 個等，以方便顧客購買及增大零售商店的坪數效率。

5.商店位置調查

本質上，商店位置調查是屬於商圈調查之一種，但利用觀察所獲得的交通流量資料，或購買動作之資料，也可作為選定店鋪之依據。例如以百貨公司之商圈調查為例，利用百貨公司的停車場或附近停車場的車輛牌照的資料，可供分析車主的居住地區，作為判斷百貨公司商圈之特性。

綜合上面所述，凡無法藉著言語上的溝通才能獲得之市場資料，諸如表情、動作、現象等，觀察法是一種有效的直接收集資料之方法。

▶ ㈡觀察法的方式

觀察法一般有下列四種方式:

1.自然觀察法或設計觀察法

在沒有經過刻意設計的環境下，觀察被調查者的行動或在觀察地點靜待事件之發生，由此收集資料的方法稱為自然觀察法。反之，假定將觀察場所配合調查所需而加以人為的設計，並在經過設計的環境下，藉著觀察來收集資料的方式稱為設計觀察法。例如想要觀察百貨公司店員與顧客討價還價之情形，觀察員可以假扮成顧客，用各種方法和店員討價還價，並觀察店員之反應。只要能瞞得過店員，讓她深信不疑，相信觀察

員是一個真正的顧客，此種方法不失為經濟而有效的方法。

2.正面觀察法或暗中觀察法

在被調查者知道的情況下所實施的觀察，謂之正面觀察法，反之稱為暗中觀察法。雙面鏡、隱藏式照相機或偽裝工作人員等皆為暗中觀察法所用的資料收集工具。在市場調查的應用上，假定被調查者發覺被人觀察而會影響到行為反應，則宜採用暗中觀察法。

3.直接觀察法或間接觀察法

在特定現象或行動發生之際，利用觀察方式收集有關現象或行動之資料，謂之直接觀察法。至於以觀察目前現象或行動，以作為推測過去之現象或行動的方法則稱為間接觀察法。例如觀察丟棄於某一特定場所飲料空罐的數量，作為預估此一特定場所的飲料消費量。間接觀察法的成敗與調查員的能力具有密切關係；此外，它也是一種很容易因調查員而產生調查偏誤的一種調查方法。

4.人為觀察法或儀器觀察法

觀察法通常是用人來進行觀測並記錄事實，不過有時亦可利用機械的觀察儀器。可用來作為觀察的儀器非常的多，以下介紹一些觀察儀器及其用途：

⑴動作照相機 (Motion Picture Camera)

用以拍攝購買者在超級市場、平價商場等大規模日用品零售店內的購買舉動。根據所拍攝的影片，可提供零售商店改善商品陳列，櫥窗佈置等用途。

⑵收視或收聽記錄器 (Audimeter)

係安裝在電視機及收音機上，可記錄收看與收聽之時間與頻道。對廣告主或廣告代理商而言，電臺或電視節目的收聽或收視率資料，可供作為選擇適當的廣告節目或改善廣告效率之用。

⑶心理電波計 (Psycho-galvano Meter)

此種儀器有如測謊器，係利用皮膚汗腺現象的變化，來測定被調查者對某一特定刺激所產生之感情上的反應。在市場調查的應用上，心理電波計可用以作為品牌名稱、廣告文案及廣告物等之效果測定之用。

⑷眼球照相機 (Eye-camera)

　　拍攝由眼球所產生之反射光線，藉以瞭解眼睛之動向及專注於某一特定點的時間之有關測定眼部移動的情形，諸如先看廣告的那一部分，那一部分看得最久等。這些資料可供作為廣告設計、包裝設計等之用。

▶ ㈢觀察法的利弊

　　與訪問法比較起來，觀察法的優點有三:

1.客　觀

　　觀察法不問問題，可以減少或避免訪問員因對問題的措辭不同而影響受訪者之答案，可以減少發生訪問者與受訪者之間相互影響之機會。觀察法可消除在訪問法下所遭遇到的許多主觀偏見，是比較客觀的一種方法。不過如果用人來進行觀察，觀察者也可能會因參與被觀察的事件而喪失其客觀性。譬如前述曾提及的例子，為了觀察商店店員的活動，觀察員也許裝做顧客之身分，此時之觀察即不完全客觀，因為觀察者與店員之間可能發生交互作用。其改進之法有二: 一是加強對觀察員之訓練，使成為高度客觀之觀察者; 一是同時使用照相機、錄音機或其他觀察器材輔助。

2.正　確

　　觀察員只觀察及記錄事實，被觀察者本身又不知道自己正在被觀察，因此一切行為均如平常，所獲得的結果自然會比較正確。不過在某些情況下，很難隱瞞觀察之行動，如果被觀察者獲知他的行為正被觀察之中，他的行動很可能與平常不同。

3.配合研究限制

　　有些事物只能加以觀察，無法由受訪者正確報告，譬如人的音調或嬰孩的行為，對這些事物的資訊，只有用觀察法來收集。

　　觀察法雖有上述的三項優點，但其應用並不普遍，因為它有下列三項缺點，因而限制了它在市場調查上的應用:

1.無法觀察內在因素

觀察法只能觀測人們的外在行為，無法觀察人們之態度、動機、信念與計畫等內在因素及其變化情形，此乃其缺點之一。

2.觀察部分外在行為受限制

有些外在行為也是很難去觀察的，譬如有關過去的活動及個人私下之活動，通常並非觀察法所能奏效。

3.成本高、時間長

觀察法之成本較高，所費之時間較長，為了觀測的目的，研究人員必須事先在適當之地點安置或埋伏觀察人員或儀器，等待事件的發生，所花費的時間與費用，均較訪問法為高。

五 實驗法

以因果關係為目的的調查稱為實驗法，其與訪問法和觀察法在收集資料方面，最大的不同點在於實驗法係由人為操縱變數的方式，來進行資料收集的工作。在訪問法與觀察法中，研究人員是在一般正常的情形下收集資料，而研究人員的行為只在收集資料；至於實驗法則不同，研究人員透過改變環境（或其他可控制的變數），來觀察被實驗現象之反應變化。

圖 4.5　店家藉由實驗法調查「滿額禮」、「折扣」或「滿千送百」等促銷活動，何者對消費者最有吸引力？

簡言之，實驗法就是將實驗室中的實驗程序，運用到日常生活中市場調查的資料收集方面。研究人員或許想要知道某一特定因素的改變對整個大環境的影響。因此，研究人員便可以建立一個實驗來探討這種因果關係。例如，某公司行銷經理想要瞭解：「以明星或是家庭主婦作為廣告代言人，何者對房屋銷售的效果較佳？」此時最簡單的實驗方法就是請兩組消費者分別觀看兩段不同的廣告，一段是由明星主演，另一段則由家庭主婦主演；再比較兩組觀眾對兩段

影片的喜好程度。如果對家庭主婦的廣告評價普遍較前一組為高，則採用以家庭主婦主演的廣告。至於如何檢定此二組反應的差別，則必須使用一些統計學上的技巧，這也是實驗法的「限制」所在。

實驗法是收集初級資料中，最具結論性的一種。它是市場調查中較科學化的收集資料方式。近來由於大多數研究人員都不願意接受未經證實的「因果關係」，因此實驗法在市場調查中乃有愈來愈普遍的趨勢。

所謂「因果關係」是指兩個（或兩個以上）事件間存在相互或相斥的關係。例如以研究廣告量對銷售量的影響為例，如果廣告量增加而引起銷售量亦增加，則廣告量可視為銷售量的原因，或者稱廣告量為自變數 (Independent Variable)，而銷售量稱因變數 (Dependent Variable)。但是因果關係並不表示，廣告量的增加一定會導致銷售量的增加；只要有相當大的可能性，因果關係還是存在的。例如，廣告量的增加未必促使銷售量增加，因為影響銷售量的因素還有很多；但是過去許多證據顯示，廣告量與銷售量應具有密切的關係，此時我們便可說兩者存在因果關係。

要證明因果關係的存在與否，可以根據以下三種狀況加以判斷：

(1)一致性的變動

指原因 (X) 以及結果 (Y)，在可預期的變動方向下，一起發生改變。
例如：某連鎖超市同時在臺北、高雄等地發行折價券，於是此二地方的分店銷售量明顯增加。此種折價券的發行，會導致銷售量呈現相同的變化，則謂折價券與銷售量間存在因果關係。

(2)發生的時間順序

指原因 (X) 的發生必須在結果 (Y) 的發生之前，或者兩者同時發生。
這只是因果關係邏輯上的原則，而事實上有許多事件是兩者互為因果關係。例如，良好的工作環境會增加生產量，相反地，較高的生產量也能夠創造良好的工作環境。

(3)不存在其他相關因素

指沒有原因會導致結果 (Y) 產生類似的改變。這必須靠不斷的測試，來排除所有其導致 Y 變動的因素，而這也就是實驗設計的目的。

基本上，實驗法的實施步驟可依循下列四項：

1.選取調查對象

根據相同條件，將調查對象劃分為實驗群 (Experimental Group) 與控制群 (Control Group)。這些對象（群）可能為商店、消費者或銷售地區等。實驗群所反應的變動，如商店銷售量的變化或消費者態度的改變等，即稱為實驗的因變數。

2.導入實驗變數

實驗變數又稱為實驗處理 (Experimental Treatment)，係指實驗者所能控制之自變數，如廣告、贈品、折價券等。將實驗變數導入實驗群為實施實驗法的第二個步驟。

3.設定實驗期限

實驗期間的設定通常是以商品的消費週期為基準，例如醬油的消費週期大約為一個月，並於實驗期間內收集相關的資料。

4.比　較

於一定時間，將實驗群的實驗結果，即因變數的值（如銷售量、態度的改變程度等），與控制群的相對數值加以比較，以便推論特定現象（銷售量）與特定要因（廣告量）二者之間的因果關係。

第四節　調查資料之誤差及其種類

不論採用訪問法、觀察法或實驗法收集初級資料都可能發生兩種類型的誤差，其一為抽樣誤差 (Sampling Error)，其二為非抽樣誤差 (Non-sampling Error)。抽樣誤差是指研究人員所抽出的樣本特性與母體特性之間的差異，主要原因在於樣本特性通常很難達到與抽樣母體特性完全一致的地步。基本上，研究人員可透過統計上機率抽樣理論來推估這種抽樣誤差的大小，有關抽樣誤差的詳細說明，本書將於後面第七章詳細介紹。

非抽樣誤差是由於在實際資料收集的過程中，發生某些問題所造成的。這些問題即構成誤差的主要來源，包括無反應偏差問題、不確實回答問題以及訪問員影響的問題；以下分別針對這些誤差來源加以說明。

一　無反應偏差問題

無反應偏差是非抽樣誤差中最主要的一個來源，由於無反應者與反應者在某些重要特徵方面，可能彼此不同，如果將這些無反應者排除在樣本之外，則樣本的結果自有發生偏差的可能。以下我們針對產生無反應的原因及其處理方式等二項，分別加以說明。

▶ (一)無反應的原因

在傳統訪問法中的三種訪問型態，即人員訪問、電話訪問及郵寄問卷訪問，之所以發生無反應各有不同的原因，茲分別說明之：

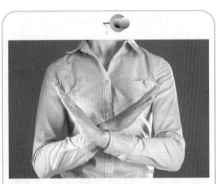

圖 4.6　無反應偏差包括回答資料不齊全、聯絡不上、拒絕回答或是受訪者身份不適合等

1.人員訪問

採用人員訪問而產生無反應的可能原因為：⑴無法找到潛在的受訪者，包括聯絡不上或查無此人；⑵受訪者拒絕接受訪問；⑶不合格或不適當的受訪對象。

2.電話訪問

採用電話訪問的無反應情形：⑴無法聯絡上受訪者，因為可能不在家，或者來不及接電話，或者電話占線，或者根本沒有電話；⑵受訪者拒絕接受訪問；⑶受訪者條件不適當，亦即受訪者不具備研究主題所要求的特性，例如研究主題只針對無工作的家庭主婦為對象。

3.郵寄問卷訪問

郵寄問卷產生無反應的情形包括：⑴查無此人或者無受訪者的正確住址；⑵拒絕接受訪問，即不回件的情形；⑶條件不合，如填答者規定為女性，但卻由男性作答。

▶ ㈡無反應問題的處理

無反應問題是始終存在的，因此研究人員在設計研究工作時應先決定可容許的無反應率，以及如何處理此一問題。以下將介紹幾種處理無反應問題的方法。

1.假設無反應者與反應者相同

最簡單的處理方法是假設無反應者與反應者在各種重要特徵方面，並無顯著的不同。因此，無反應者即使有反應的話，他們的答覆將和反應者的答覆相同或類似。在這種假設下，反應者的答覆可以充分代表全體樣本（包括反應者與無反應者），研究人員自然無須為無反應的問題而操心。不過這種假設是非常危險的，必須對母體相當熟悉或經過驗證，才能確認此一假設適當。

2.與母體的已知數值相比較

將抽樣調查的結果與母體的已知數值（如年齡、教育、所得水準等）相比較，以推估無反應者的偏差。

3.無反應者替代法

以一相匹配的人 (Match Member) 來替代無反應者，如甲樣本單位為反應者，則以甲鄰近的乙樣本單位來取代。此法雖然方便，但問題在於替代樣本是否真正能代表無反應的樣本。此種替代法可能使無反應偏差變小，但也可能使偏差更加擴大，乃視替代樣本的代表性如何而定。

4.無反應者再次抽樣法

亦即將無反應者視為一群體而再次抽樣，抽樣的比例大小是依無反應率來決定。此法的優點在於先以低成本的郵寄問卷調查法進行，然後再利用成本較高的人員訪問法，成本效率較高。

5.時間趨勢法

研究人員有時可以分析連續各批回件者的答案，分析其中的趨勢，然後將此趨勢延伸，以代表未回件者的答覆。不過利用這種趨勢判斷時，應極為小心，因為例外情形是常有的。

6.以最後反應者代表無反應者

在郵寄問卷調查時，研究人員在寄出第一次原始問卷之後，稍隔一段時間，常須對未回件者寄出一次或幾次的追蹤信件，以提高回收率。在這種情況下，有時可以最後一批回件者來代表所有未回件者，以他們的答案代表所有未回件者的答案。

二　不確實回答問題

另一種潛在的誤差來源在於，受訪者做出不確實的反應。這種不確實的反應可分為無意（受訪者不知如何反應）與有意的兩種。

▶ ㈠無意的不確實反應

這些誤差之所以發生，主要是受訪者被詢及受訪者本身所無法提供的資訊。有時候甚至是受訪者基於調查人員的要求，而提供臆測的答案。例如，一位家庭主婦在接受訪問時，可能被要求估計丈夫所購買保險的問題，或者父母親被要求估計家裡小孩用電腦的時數。由於這些問題通常都由調查人員要求受訪對象估計，受訪者也就只好提供猜測性的資料。

有時候，受訪者的行為係根據直覺或習慣性反應，在接受訪問時，可能說不出個所以然來，因而提供錯誤的訊息。再者，受訪者也可能因為不記得答案而提供錯誤的資料。例如，調查人員往往會問到：「您為什麼購買××品牌的產品?」或者「您去年看了幾場電影?」之類的問題。對於一些受訪者記憶性或直覺性的答案，也經常會發生答案不確實的情形。

▶ ㈡有意的不確實反應

有許多情形，經常會因為受訪者有意的行為，導致資料收集有誤或扭曲結果。「建立權威與遵循社會規範」是誘使受訪者提供不確實資料的因素之一。受訪者通常會改變他們的答案來增加自己的權威性，或者改變答案來符合社會的價值標準（例如，高估對社會救助的捐款等）。

另外一種情形是訪問時間拖得過長，受訪者已經沒有興趣再接受訪問時，研究人員可能得到一些錯誤的訊息。或者受訪者也可能為避免讓訪問者尷尬

而提供一些錯誤的資料。例如，受訪者可能不會直接批評調查人員公司的產品，免得調查人員下不了臺。在直接訪問中，由於調查人員與受訪者面對面交談，受訪者的反應缺乏「匿名」的效果，研究人員經常會得到受訪者蓄意扭曲的答覆，主要原因還是「面子」的問題。

三 訪問員影響的問題

導致調查資料誤差的第三種原因，乃是受訪者受到訪問員的影響。這種影響效果在人員訪問的情形下，會較電話訪問與郵寄問卷兩種方式來得大些。訪問者產生的影響可來自下列幾個方面：⑴訪問者的語氣；⑵訪問者的外顯表徵；⑶訪問者記錄談話內容的正確性；⑷訪問者採取不正當的訪問方式。以下分別針對這幾方面說明之：

1.訪問者的語氣

訪問活動可視為訪問者與受訪者之間的社交行為，因此受訪者會根據整個訪問的情形來調整他們的行為與答覆。訪問者就連最簡單的發問語氣，都會影響受訪者只做社交性的應對，或者吐露他們內心真正的想法。

2.訪問者的外顯表徵

當訪問者與受訪者間的共同點愈多，完成訪問的機會愈大。因此，在進行某些價值觀的調查時，受訪者與訪問者的立場愈一致，訪問愈容易圓滿達成。這種情形在進行年齡或性別等主題的研究調查時，也經常發生。

3.訪問者記錄談話內容的正確性

如果整個訪問過程相當長，或者此種訪問牽涉到許多開放性的問題，研究人員幾乎不可能忠實的記錄下受訪者的答案。如果訪問者逐字記錄受訪者的答案，可能會降低受訪者接受訪問的興趣。另一方面，如果訪問者只是提綱挈領的記錄，也可能會誤解受訪者的意思。有些研究人員會使用錄音機作為輔助工具，雖然研究結果顯示錄音機並不會造成受訪者的反感，對增進訪問內容記錄的正確性有幫助，但切忌未徵得受訪者的同意而冒然使用錄音機（尤其是隱藏式的錄音機）。

4.訪問者採取不正當的訪問方式

這種情形主要發生於訪問者為了節省時間或達到期限的要求，私自杜撰

整個或部分的訪問內容。其他原因諸如實際調查時間過長、調查工作的難度過高或者受訪者不易聯絡等。因此，避免研究人員有杜撰訪問內容的情形，宜就上述各種情形加以注意防範。

第五節　資料的處理與分析

　　調查資料一旦收集齊全之後，緊接著就要進行資料處理與分析的工作，其目的乃是要使資料的特徵得以有效的呈現出來，作為決策參考之依據。在進行資料處理與分析工作時，必須具備統計學的相關知識，且必須利用電腦統計軟體加以協助。以下將針對資料處理與資料分析分別加以說明。

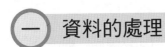
一　資料的處理

　　資料處理的三項步驟：1.初步檢查；2.編碼；3.「空白」和「不知道」的處理。茲分別說明如下：

▶ ㈠初步檢查

　　對收集來的各種資料，應先加以檢查，俾使收集來的初步資料能維持基本的品質水準。檢查的內容包括：

1.答案是否齊全？

　　所有該回答的問題是否都已經全部完成？

2.字跡是否清楚？

　　受訪者寄回的問卷、訪問員的訪問報告或是觀察員的觀察紀錄上的字跡是否清楚可讀？若是無法辨認，可送回原訪問者或原紀錄者重新填寫，但有時因時間、人力或其他原因，無法重新填寫時，只有捨棄不用。

3.答案是否一致？

　　是否有前後不一致、互相矛盾的地方？如有不一致的地方應該設法確認澄清，或是將矛盾的答案捨棄。

4.答案的意義是否明確？

　　開放式問題的答案常難以理解，答案中的用詞，如「年紀大」、「很冷」、

「那邊」，常令人不知所指程度為何。此種含糊不清的答案應設法弄清楚。

5.訪問員是否遵守抽樣指示？

樣本單位是否正確？如果受訪者不符合抽樣的要求，其問卷應予以捨棄。例如：抽樣的母體條件為已婚的女性，在收回的資料中如有未婚的女性樣本，則她們所提供的問卷則應予以捨棄不用。

初步檢查工作應由研究人員或現場訪問的監督人員，在收到問卷或其他資料收集表格之後儘速完成，俾能使觀察員或訪問員解散之前，或在對某一特定問題記憶尚存時，改正錯誤。

▶ (二)編　碼

問卷初步檢查完畢後，接著就要將收集來的資料加以編碼。編碼是將資料加以分類的技術程序，經由編碼程序，可將原始資料轉變成可予以編表和計數的符號，通常為數字。將問卷的答案轉變為電腦可以接受與處理的語言，這種轉換的過程需要編碼者的加以判斷處理。由於問題類型的不同，編碼工作的資料處理方式也有不同，以下分別說明「結構型問題」與「非結構型問題」的編碼處理方式。

1.結構型問題

編碼的第一個工作是要決定到底要把所有的答案歸併成那幾類。決定類別時，要使類別具有互斥性 (Mutually Exclusive) 和完整性 (Exhaustive) 的原則。互斥性是指每一項答案都只能歸入一類；完整性是指每一項答案都應該有一類別可供歸類。完整性原則通常只要在類別上加上「其他」、「無意見」或「不知道」等類別，就可做到。但是互斥性原則則比較容易違背，研究人員在使用上應多加留意。

編碼的第二個工作就是為每一類別給定一個號碼。例如：性別有兩類，可用 1 代表「男性」，用 2 代表「女性」；是否擁有智慧型手機？有兩類，可用 1 代表「是」，2 代表「否」；年齡可分為六類，用 1 代表「20 歲（含）以下」，用 2 代表「21～30 歲（含）以下」，用 3 代表「31～40 歲（含）以下」，……，用 6 代表「61 歲以上」；滿意程度可分成五類，用

1代表「非常不滿意」，用2代表「不滿意」，用3代表「普通」，用4代表「滿意」，用5代表「非常滿意」。

結構型問題編碼中，遇到「其他＿＿＿＿」由受訪者自行填寫答案的類別時，應先檢視受訪者的答案內容，是否可歸類至該題前面所擬定的類別。若可以歸類，則將受訪者的答案歸類於該題合適的選項；若是不可以歸類，則將這些受訪者問卷先整理出來，並大致瀏覽受訪者的答案，依答案內容的屬性歸納出一些互斥的類別，並依該題的類別順序分別給予適當的代號。例如：

請問你此次到圖書館的目的是要做什麼?

(1)租借書籍　(2)看雜誌報紙　(3)查詢資料

(4)看書　　　(5)使用討論室　(6)其他：＿＿＿＿

若是受訪者在其他的答案有：「自修」、「找期刊」、「睡覺」……等，則依據敘述可將「自修」歸類至(4)看書；「找期刊」歸類至(3)查詢資料；至於「睡覺」因為與該題所提到的五種類別不同，可另外增加一類別(7)休息睡覺。

2.非結構型問題

在資料收集完後，首先瞭解受訪者針對該問題的答案內容，依其屬性歸納出幾個互斥的類別後，再給予分類編號。並將歸類的原則告知編碼人員，使其瞭解答案分類的原則，請依此原則將受訪者的答案進行歸類。例如：

你認為臺中天津街年貨大街在那方面還需要做改進?

＿＿＿＿＿＿＿＿＿＿＿＿＿＿＿＿＿＿＿＿＿＿

若受訪者的答案有「車子太多、塞車」、「多增設公廁」、「垃圾太多」、「停車位不足」、「指示標誌不清楚」、「活動太少」、……等。研究人員應先依其敘述內容，將答案分成(1)交通問題；(2)活動規劃問題；(3)環境衛生問題；(4)動線問題等四大類別，再將各答案內容分別歸類至適合的類別裡，給予編號。

➤ (三)「空白」和「不知道」的處理

　　問卷上有些問題的答案可能是「空白」或是「不知道」，這些答案其可能原因不外乎是：1.訪問員未記錄答案；2.受訪者疏忽而忘記填寫；3.問題令受訪者感到不舒服，受訪者拒絕回答；4.問題問得不好、太難或題意不清，使受訪者無所適從，無法作答；5.受訪者認為問題不重要，不值得予以答覆；6.受訪者確實不知道答案。

　　對於這些「空白」的答案，調查研究人員應設法瞭解其原因，若是因訪問員疏忽所造成，而訪問員還能記住正確答案，可請訪問員將答案補上，如果訪問員已經忘記了，則處理方式通常是和受訪者未作答的處理方式一樣，作為「不知道」或「無答案」處理。

　　在回收的資料中，若是「空白」或是「不知道」的答案比例很低的話，通常可以不予以理會，但是若是比例較高，就需要特別注意。一般高比例的「空白」或是「不知道」很有可能是問卷的設計不當所導致。調查研究人員應重新檢查問卷，看看問卷中有沒有題意含糊不清的問題、使用專門術語或艱澀難懂的用語或是令人困窘的問題等。如果問卷設計確實沒問題，才可將「不知道」的答案當作受訪者無法答覆或不願答覆來處理。處理的方法一般有下列幾種方法：

　　假設喜歡特定產品品牌調查的調查結果如下：

	人　數	比　例
A 品牌	120 人	60%
B 品牌	70 人	35%
不知道	10 人	5%
	200 人	100%

1.在計算答案總題數時，刪除掉「不知道」的答案。例如：

　　採用這種方式，則喜歡 A、B 品牌的比例分別為：

	人　數	比　例
A 品牌	120 人	63.16%
B 品牌	70 人	36.84%
	190 人	100%

這是最簡單的處理方法。此方法是假設即使將那些「不知道」答案的樣本單位從樣本中刪除,所剩下的樣本仍然可以代表母體。但是在很多情況下,這種假設是不能成立的。

2. 在計算答案總題數作為百分比基數時,跟上述處理方式一樣,但將「不知道」列為單獨的一項,此方法比上述的方法來得好,因為此方法可避免讀者誤解。

	人 數	比 例
A 品牌	120 人	63.16%
B 品牌	70 人	36.84%
		100%
不知道	10 人	(5%)

3. 將「不知道」的答案計算在答案總題數中,單獨列一個項目。例如:

	人 數	比 例
A 品牌	120 人	60%
B 品牌	70 人	35%
不知道	10 人	5%
		100%

4. 利用問卷中的其他資料來估計「不知道」的答案。例如:可從受訪者對 A 品牌的使用數量,來推估其對 A 品牌的滿意程度。但若資料量太少則不宜使用。

二 資料的分析

當初級資料經資料處理後,接下來要處理的工作便是資料分析與呈現。在進行分析內容之前,應先瞭解此次市場調查的目的,要探討的問題是什麼?之後再依這些問題決定所需要的統計方法。一般分析內容都會先從簡單的敘述統計開始,接著才會分析較複雜的推論統計。

▶ (一)敘述統計

所謂敘述統計,係指統計方法中關於統計資料的收集、整理、陳示、分析、解釋等的部分,僅就統計資料本身進行描述,或彙整所收集到的資料,

並不對此資料加以推論或作未來之預測。其最顯而易見的形式，就是利用統計表、統計圖以及各種統計量數來呈現資料，以下就這些形式分別加以說明。

1.統計表

所謂統計表係指原始資料經分類歸類後，按特定的格式規則所製作成的表格。一般市場調查常用的統計表有：次數分配表、累積次數分配表、交叉表等。

(1)次數分配表

資料依類別或數量大小順序分成若干組別，於各組內顯示其次數及百分比，如表 4.8 所示。

▼ 表4.8　手機使用者選擇電信業者之次數分配表

電信業者	次　數	百分比
A 電信	166	41.5%
B 電信	93	23.3%
C 電信	79	19.8%
D 電信	30	7.5%
E 電信	28	7.0%
其　他	4	1.0%
合　計	400	100.0%

(2)累積次數分配表

由次數分配表中的各組次數依序累計加總，即可得累積次數，再利用各組的累積次數，編製累積次數分配表，如表 4.9 所示。

▼ 表4.9　智慧型手機使用時間之累積次數分配表

使用時間	累積次數	累積百分比
1 年以下	174	43.5%
1 年～2 年	380	95.0%
2 年以上	400	100.0%

(3)交叉表

交叉表又稱作列聯表或雙向表，主要用來探討同一個群體中兩種特性或兩個變數間的關係，通常以表格的型式顯示，如表 4.10 所示。

▼ 表 4.10 某校男女生數學模擬考成績及格與否的交叉表

	及　格	不及格	合　計
男	125	55	180
女	82	38	120
合　計	207	93	300

2.統計圖

所謂統計圖係指原始資料經分類歸類後，按特定的格式規則，選定不同的圖形樣式所製作成的圖形。一般市場調查常用的統計圖有：圓餅圖、直條圖、直方圖等。

(1)圓餅圖

圓餅圖又稱為派圖，係以圓形代表全部面積，各類別數值代表圓形的某一百分比例，所繪製之統計圖形，最常用來表示市場占有率，如圖 4.7 所示。

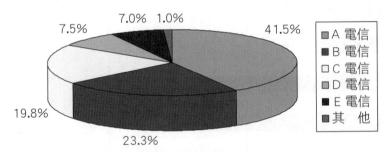

▲ 圖 4.7 手機使用者選擇電信業者之圓餅圖

(2)直條圖／橫條圖

以若干平行長條間隔適當的間距，已表示分類資料的圖形，主要用來比較不同變項之間的相對性，又可稱為柱狀圖，呈現方式有縱式（直條圖）與橫式（橫條圖）兩種，如圖 4.8 與圖 4.9 所示。

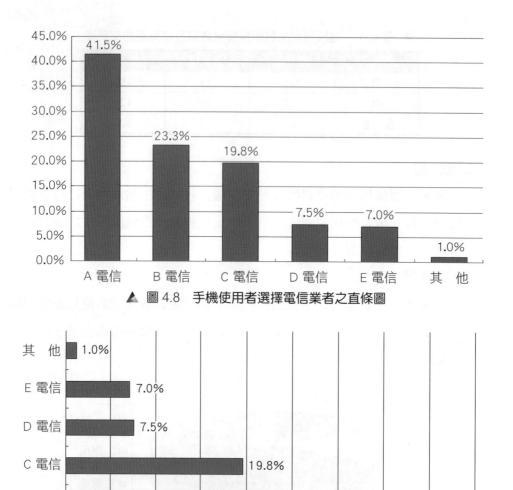

▲ 圖 4.8　手機使用者選擇電信業者之直條圖

▲ 圖 4.9　手機使用者選擇電信業者之橫條圖

(3)直方圖

　　與直條圖類似，係依照次數分配之分組數量，以若干長條來表示分組

數量之次數或百分比的多寡，長條與長條間緊密相連結所繪製之圖

形，適用於連續型的變數資料，如圖 4.10 所示。

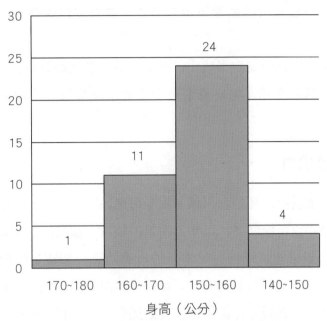

▲ 圖 4.10 某班級學生身高人數之直方圖

3.統計量數

統計量數係指根據所抽得的樣本資料計算而得，用以描述樣本之屬性或特徵，如樣本平均數為一統計量數，用以描述樣本之集中趨勢的數值。例如，從某校抽出 100 位學生（樣本）其平均身高，即為一統計量數。一般市場調查常用的統計量數有：集中趨勢量數與離散量數等。

⑴集中趨勢量數

主要是用來描述整個資料的中心位置，也就是此組資料的代表值，一般常用的集中量數有：平均數、中位數與眾數，其定義分述如下：

A.平均數：將所有觀察值加總後再除以觀察個數。

B.中位數：一組按大小次序以遞增或遞減方式排列的資料，當觀察值個數為奇數時，其中位數為最中間那一數值；當觀察值個數為偶數時，其中位數為最中間兩數值的算術平均數。

C.眾數：為一組觀察值中最常出現或出現次數最多的數值。

⑵離散量數

用來描述觀察值偏離平均值的程度，以便瞭解觀察值分配範圍的大小，一般常用的離散量數有全距、變異數與標準差，其定義分數如下：

A.全距：為一組觀察值中，最大與最小數值的差距。

B.變異數與標準差：用來表示資料中觀察值與平均值之間的偏離程度。

▶ ㈡推論統計

所謂推論統計，乃是利用樣本推論母體，即由所得到之少數樣本資料推論或預測未知之母體特徵，以作為決策的依據。推論統計中最重要的一個基本概念為假設檢定，係指先對未知的母體給予一個假定的數值，稱為假設 (Hypothesis)，然後再以抽樣方式，抽取樣本計算樣本統計量數，並應用機率原理檢定此一母體假設是否可以接受之過程。假若樣本所提供的資料統計量數與所陳述的母體假設相矛盾，則此假設必須予以拒絕 (Reject)，反之則加以接受 (Accept)。在此必須注意，接受某個統計假設，僅是代表沒有充分的證據來棄卻它，並不代表這個統計假設必為真。在一般的市場調查應用中，依照變數的一致性與關聯性，可分別適用下列的統計分析方法：

1. 比較「兩變數」之間是否有一致，採用的統計方法為「獨立樣本 T 檢定」。

2. 比較「多變數」之間是否有一致，採用的統計方法為「變異數分析」。

3. 比較兩個「質性變數」之間的關聯性，採用的統計方法為「卡方檢定」。

4. 比較兩個「量化變數」之間的關聯性，採用的統計方法為「相關分析」。

5. 若是兩個變數間有「相關性」存在時，可進一步進行「迴歸分析」。

上述分析方法由於牽涉到較多的統計學理論，本書在此不再詳加贅述，有需要者請參閱統計理論相關書籍。

🔍 本章摘要

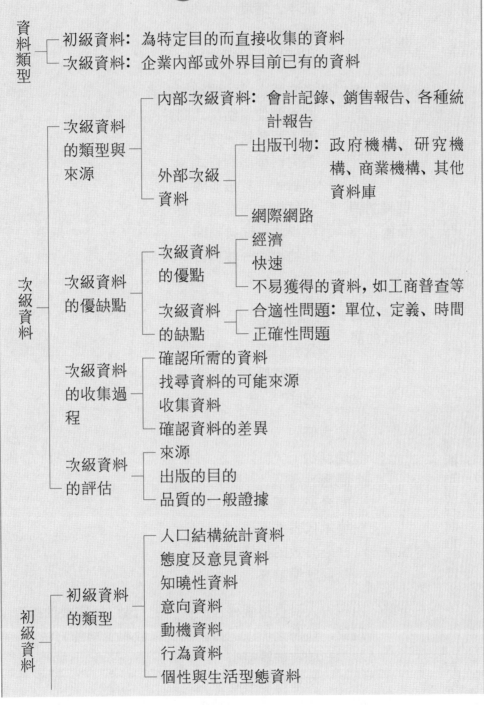

資料類型
- 初級資料：為特定目的而直接收集的資料
- 次級資料：企業內部或外界目前已有的資料

次級資料
- 次級資料的類型與來源
  - 內部次級資料：會計記錄、銷售報告、各種統計報告
  - 外部次級資料
    - 出版刊物：政府機構、研究機構、商業機構、其他資料庫
    - 網際網路
- 次級資料的優缺點
  - 次級資料的優點
    - 經濟
    - 快速
    - 不易獲得的資料，如工商普查等
  - 次級資料的缺點
    - 合適性問題：單位、定義、時間
    - 正確性問題
- 次級資料的收集過程
  - 確認所需的資料
  - 找尋資料的可能來源
  - 收集資料
  - 確認資料的差異
- 次級資料的評估
  - 來源
  - 出版的目的
  - 品質的一般證據

初級資料
- 初級資料的類型
  - 人口結構統計資料
  - 態度及意見資料
  - 知曉性資料
  - 意向資料
  - 動機資料
  - 行為資料
  - 個性與生活型態資料

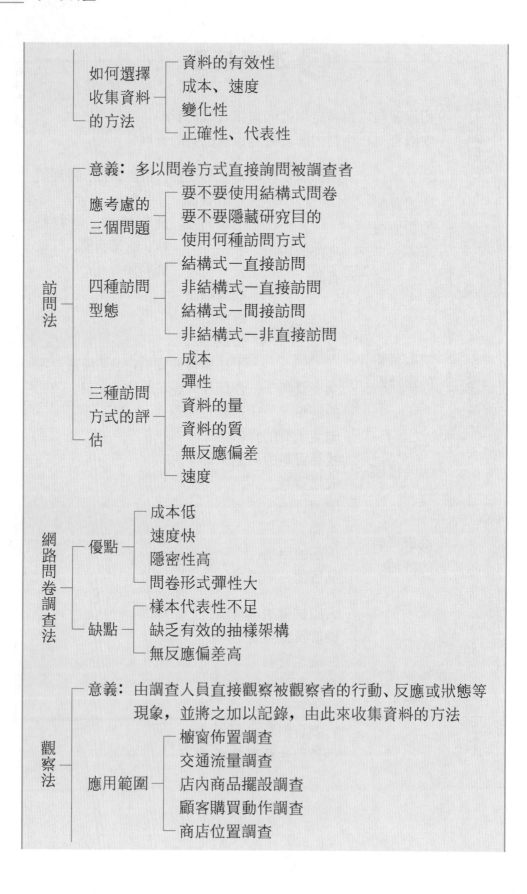

如何選擇收集資料的方法
- 資料的有效性
- 成本、速度
- 變化性
- 正確性、代表性

訪問法
- 意義：多以問卷方式直接詢問被調查者
- 應考慮的三個問題
  - 要不要使用結構式問卷
  - 要不要隱藏研究目的
  - 使用何種訪問方式
- 四種訪問型態
  - 結構式－直接訪問
  - 非結構式－直接訪問
  - 結構式－間接訪問
  - 非結構式－非直接訪問
- 三種訪問方式的評估
  - 成本
  - 彈性
  - 資料的量
  - 資料的質
  - 無反應偏差
  - 速度

網路問卷調查法
- 優點
  - 成本低
  - 速度快
  - 隱密性高
  - 問卷形式彈性大
- 缺點
  - 樣本代表性不足
  - 缺乏有效的抽樣架構
  - 無反應偏差高

觀察法
- 意義：由調查人員直接觀察被觀察者的行動、反應或狀態等現象，並將之加以記錄，由此來收集資料的方法
- 應用範圍
  - 櫥窗佈置調查
  - 交通流量調查
  - 店內商品擺設調查
  - 顧客購買動作調查
  - 商店位置調查

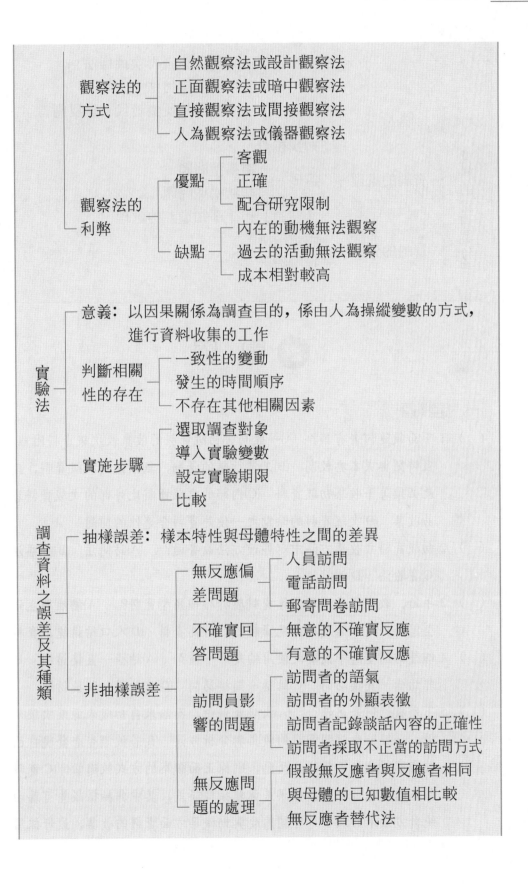

觀察法的方式
├── 自然觀察法或設計觀察法
├── 正面觀察法或暗中觀察法
├── 直接觀察法或間接觀察法
└── 人為觀察法或儀器觀察法

觀察法的利弊
├── 優點
│   ├── 客觀
│   ├── 正確
│   └── 配合研究限制
└── 缺點
    ├── 內在的動機無法觀察
    ├── 過去的活動無法觀察
    └── 成本相對較高

實驗法
├── 意義：以因果關係為調查目的，係由人為操縱變數的方式，進行資料收集的工作
├── 判斷相關性的存在
│   ├── 一致性的變動
│   ├── 發生的時間順序
│   └── 不存在其他相關因素
└── 實施步驟
    ├── 選取調查對象
    ├── 導入實驗變數
    ├── 設定實驗期限
    └── 比較

調查資料之誤差及其種類
├── 抽樣誤差：樣本特性與母體特性之間的差異
└── 非抽樣誤差
    ├── 無反應偏差問題
    │   ├── 人員訪問
    │   ├── 電話訪問
    │   └── 郵寄問卷訪問
    ├── 不確實回答問題
    │   ├── 無意的不確實反應
    │   └── 有意的不確實反應
    ├── 訪問員影響的問題
    │   ├── 訪問者的語氣
    │   ├── 訪問者的外顯表徵
    │   ├── 訪問者記錄談話內容的正確性
    │   └── 訪問者採取不正當的訪問方式
    └── 無反應問題的處理
        ├── 假設無反應者與反應者相同
        ├── 與母體的已知數值相比較
        └── 無反應者替代法

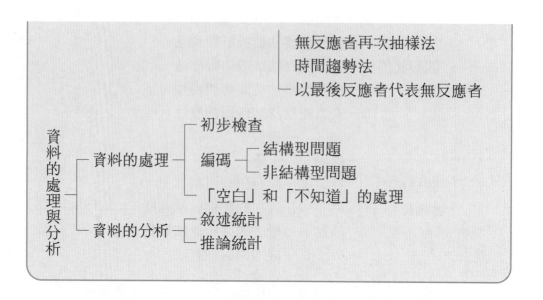

🖊️ 習 題

一、選擇題

(　) 1.下面敘述何者有誤? (A)一般而言初級資料的收集較次級資料困難,
且時間與成本亦較高 (B)工業行銷的活動,無法使用次級資料,因
此必須著手收集初級資料 (C)內部的次級資料比外部的次級資料容
易收集 (D)次級資料的缺點之一便是資料合適性的問題

(　) 2.初級資料之收集方法中以那種方法最普遍? (A)訪問法 (B)觀察法
(C)實驗法 (D)測試法

(　) 3.年齡、教育程度、職業等資料屬於那種類型資料? (A)個性與生活
型態資料 (B)態度及意見資料 (C)行為資料 (D)人口結構統計資料

(　) 4.四種訪問型態中最廣泛使用的是那一種? (A)結構—直接訪問 (B)
非結構—直接訪問 (C)結構—間接訪問 (D)非結構—間接訪問

(　) 5.下列敘述何者正確? (A)次級資料中,不論來自初級來源或次級來
源,一般皆會註明資料的收集與分析方法 (B)若被調查者發現自己
被觀察將會影響其行為反應,則採正面觀察的方式較適當 (C)資料
誤差的來源可分為抽樣誤差與非抽樣誤差,其中非抽樣誤差可藉由
統計方法來解決 (D)有關態度與動機等方面資料的收集,最好採用

隱藏研究目的的方式

( )　6.下列何者不是非抽樣誤差中最主要的來源之一?　(A)無反應偏差　(B)不確實的反應　(C)抽出的樣本特性與母體特性間的差異　(D)訪問員的影響

( )　7.下列何者非評估次級資料正確性之標準?　(A)來源　(B)出版者　(C)出版的目的　(D)品質的一般證據

( )　8.要比較兩個「質性變數」之間的關聯性,採用的統計方法為:　(A)獨立樣本 T 檢定　(B)變異數分析　(C)卡方檢定　(D)相關分析

( )　9.下列那種市場的決策相關資料,絕大多數取自於次級資料?　(A)服務業　(B)商業　(C)工業　(D)餐飲業

( )　10.下列何者不是影響次級資料之適合度的因素?　(A)衡量的單位　(B)分組的定義　(C)資料的時間　(D)抽樣的誤差

( )　11.下列敘述何者正確?　(A)採用深度訪問法時,最好設計結構式的問卷　(B)訪問法最常採用結構式問卷,因為它可避免或減少訪問員影響調查的機會　(C)就時間而言,以郵寄問卷法最迅速　(D)當調查人員要求受訪者提供臆測資料時,往往產生有意的不確實反應之現象

( )　12.在行銷決策的應用上,那種類型資料是用以解釋為什麼(Why)的問題?　(A)態度資料　(B)意向資料　(C)動機資料　(D)行為資料

( )　13.下列何者不是在擬定收集初級資料的過程中的主要考慮因素?　(A)資料的差異性　(B)資料的有效性　(C)資料的正確性　(D)資料的代表性

( )　14.下列那方面的資料收集不是特別適用訪問法?　(A)事實　(B)意見　(C)意向　(D)行為

( )　15.下列那項訪問型態適用於取得有關人們動機的資訊?　(A)結構式—直接訪問　(B)非結構式—直接訪問　(C)結構式—間接訪問　(D)非結構式—間接訪問

二、填充題

1.市場調查所收集的資料可分為兩大類型,即:＿＿＿＿＿＿與＿＿＿＿＿＿。

2.究竟應採初級或次級資料,首先應依調查＿＿＿＿＿＿而定,然後再考慮其

他因素。

3. 內部次級資料有兩個主要的優點，包括_____與_____。

4. 外部次級資料的來源有很多，請寫出其中三種：_____、_____

及_____。

5. 次級資料之收集過程，首要步驟為_____。

6. 試寫出三種初級資料的類型：_____、_____及_____。

7. 英文縮寫 AIO 分別代表_____、_____、_____。

8. 三種傳統的訪問法中，最具彈性者為_____，無反應率最高者為

_____，單位成本最低者為_____。

9. 調查顧客購買動作時，應以_____來收集資料。

10. 觀察法的方式有：_____、_____、_____及_____等

四種。

三、問答題

1. 請簡單區別初級資料與次級資料。

2. 試簡述次級資料之收集過程。

3. 略述次級資料的優缺點。

4. 試簡述初級資料的類型。

5. 請說明如何選擇收集資料的方法？其所需考慮的因素有那些？請簡述之。

6. 請說明採用訪問法時，應考慮那三個問題？

7. 請簡述觀察法的利弊。

8. 何種情況下較適合採用實驗法收集資料？

9. 採用實驗法收集資料時，如何驗證變數間的因果關係？

10. 如何解決無反應的問題？請詳述之。

👥 訪問員須知實例

一、前　言

　　本公司係國內最大廣告公司,對市場訊息之收集一向不遺餘力,每年均投注相當大之金額（逾 2,000 萬）,從事調查工作。每次調查均能提供在校學生多方面成長機會,拓展其社會經驗。依據本公司近十幾年來市場調查實務經驗顯示,訪問員的誠懇、耐心、毅力等特質特別有助於市場調查工作,而大多數學生都能發揮上述特質,順利完成調查,深得本公司好評。

　　目前又逢本公司一年一度規模最大的調查,竭誠歡迎對市場調查工作有興趣同學加入調查行列,藉以增加工作、社會經驗及獲取實質工作報酬。

二、調查目的

　　瞭解 2014 年國人的生活型態、媒體接觸及消費市場現狀,作為擬定市場策略與廣告戰略的依據。

三、訪問對象

1.青少年問卷：就讀國小一年級到年滿 15 歲之男女生。

2.成人問卷：年滿 16 歲～59 歲之成年男女。

四、訪問期間

　　自訪問員訓練完成次日算起七日內交回問卷。

五、抽樣方式

1.本調查依二段式分層比例抽樣得到以里（村）為單位之配額表。請依配額表之性別年齡規定選擇樣本訪問。

2.每一里平均抽取 6 戶,每隔 10 戶抽 1 戶訪問。每一村平均抽取 6 戶,每隔 5 戶抽 1 戶訪問。

3.每村里之第一訪問戶由訪問員自己決定,一棟大樓或公寓內只能訪問一戶,一戶中至多訪問一位成人及一位青少年。第二戶起則須按相隔 10 戶的方式抽樣,每逢交叉路則進行左轉右轉或

右轉左轉方式，逐次尋找訪問對象。如圖示，以達到擴散作用。

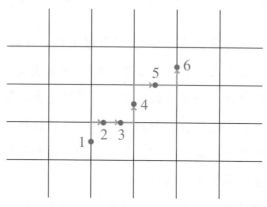

$$1 \xrightarrow{\text{(右轉)}} 2 \xrightarrow{\text{(左轉)}} 4 \xrightarrow{\text{(右轉)}} 5 \xrightarrow{\text{(左轉)}} 6$$

4. 若遇到空戶或無適合訪問對象時，請於前後兩戶內尋找代替樣本，並於問卷後寫明尋找代替樣本原因。

5. 因里之變更，無法找到該里時，須向公司回報實際情況，以便協助處理。

六、正式訪問期間應注意事項

(一)出發前應注意事項

1. 請攜帶①問卷②樣本配額表③鉛筆、橡皮擦④地圖⑤學生證或身分證⑥贈品。

2. 請注意服裝儀容。

3. 請先對問卷每一問題加以瞭解，並熟悉填答方式。

4. 勿將問卷交由未接受訪問訓練之親友代為執行。

(二)訪問時

1. 先表明身分（提示學生證或身分證）及來意。說明訪問的目的，選其作為訪問對象的理由及將來資料的運用絕不會造成對方的任何困擾。

2. 核對受訪者之性別、年齡，若不屬於配額表上之規定者，應立

即表示歉意，另尋找適合對象訪問。

3. 問卷正面之受訪者電話、住址（含區、鎮、鄉、里村），須填寫清楚。若無電話和住址，則須於問卷封底簡明繪出受訪者住處，以便複查。

4. 問卷之背景資料及個人生活型態部分須逐題訪問，遇有較多問題時，須避免提示性說明。使用產品部分，則於說明後，留置受訪者家中，另行保持連絡，並記錄電話號碼，以避免問卷上電話錯誤，滋生困擾。

5. 遇有受訪者在訪問中感到厭煩時，宜婉言解說，儘量將問卷完成。若無法完成時，應另尋替代樣本，重新執行。

6. 不易找尋的樣本應先行尋找訪問，可節省找樣本的時間。

㈢訪問後

1. 完成訪問回收問卷時，應逐項檢查題目，避免有漏填現象產生，並當場補齊。

2. 致贈禮品，並再次核對電話，確認受訪者身分。

3. 依回收程度陸續將問卷交回督導員處，以便控制調查進度。

MEMO

第 5 章

問卷之設計

學習重點

1. 瞭解問卷設計的程序步驟。
2. 清楚問卷的組成與結構。
3. 瞭解問卷設計中的四種量表尺度。
4. 熟悉常用的衡量態度量表。
5. 知道擬定問卷時的注意事項。

在使用訪問法收集資料時，不論是使用人員訪問、電話訪問或郵寄問卷等形式，通常須依據研究目的及實際情況，設計一份適用的問卷，俾能將收集的資料標準化，以利於做直接的比較，並增進資料分析的速度與正確性。

研究人員不論是採用結構化 (Structured) 的調查方法或使用開放式 (Open-ended) 的調查方法，皆須遵循某些發展問卷的格式，以提高資料的可用性。因此，問卷的有效性與品質，決定了一項市場調查工作的成敗與否。問卷的設計成為市場調查人員不可不知的主題。本章的重點在討論問卷的設計程序、格式以及其應用。

 ## 第一節　問卷設計的程序

問卷的設計常常要依賴研究人員的經驗與技巧，迄今尚無一個標準的程序可供研究人員遵循。Boyd 與 Westfall 曾提出問卷設計的十個步驟，或可幫助研究人員做好問卷設計的工作，提高問卷的品質。這十個步驟包括：⑴決定所要收集的資訊；⑵決定問卷的類型；⑶決定問題的內容；⑷決定問題的型式；⑸決定問題的用語；⑹決定問題的先後順序；⑺預先編碼 (Precoding)；⑻決定問卷版面的佈局；⑼預試；⑽修訂及定稿。參見圖 5.1，以下依序說明這十個步驟：

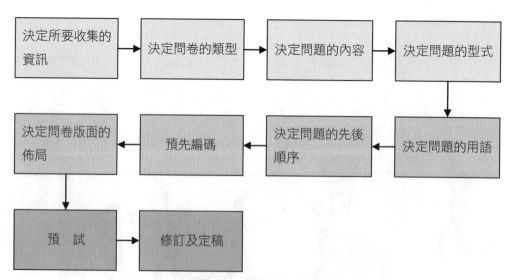

▲ 圖 5.1　問卷設計的程序

一　決定所要收集的資訊

問卷乃是所需資訊與所要收集資訊二者之間的聯結 (Link)。因此，問卷的目的乃在向受訪者收集所要的資訊。研究人員必須先瞭解並確定所要的資料為何？以及受訪者是誰？而後才能著手設計問卷。對於所要收集的資訊，應詳細說明，不可籠統含糊。例如，如果只是很籠統地說明所需之資訊是有關某消費性產品的市場構成情形，這是不夠的，應進一步界定市場構成情形是指該產品消費者的年齡、所得、性別、教育程度或其他有關的特徵。

二　決定問卷的類型

訪問法中三種傳統的訪問方式，人員訪問、電話訪問及郵寄問卷，所使用的問卷類型都不一樣。研究人員應依據調查的目的與對象，選擇一種適當的訪問方式，然後決定問卷的類型。

三　決定問題的內容

在確定所要收集的資訊與問卷的類型之後，即可決定問卷中應包括的問題與項目，這些乃構成問題的內容。至於在決定問題的內容時，尚須考慮下列的問題：

▶ ㈠這個問題是否有必要

問卷中儘量不要包含與研究目的無關的問題，以免增加受訪者之負擔與資料處理時間和費用。但有例外者，例如有時為了要引起受訪者的興趣，可以包括一些無關但有趣的問題。

▶ ㈡受訪者能否答覆

有些問題是受訪者無法答覆的，其可能的情形包括下列幾項：
1. 受訪者本身沒有答案，無法做有意義的答覆。
2. 受訪者沒有相關的經驗，例如受訪者並沒有使用某品牌的經驗，自難答覆有關某品牌品質的問題。

圖 5.2　在調查網路購物平臺的使用情況時，首先應確認受訪者是否曾使用網路購物平臺進行消費

3.受訪者無法用文字或語言表達意思。

4.受訪者雖有經驗，但已記不得了。例如，受訪者雖曾見過某一廣告、使用過某種品牌或看過某一電視節目，但他在接受調查時可能已忘得一乾二淨。

在擬訂問題時應考慮到這些因素，將問題做適當地修訂。例如：「與其他的可樂相比較，你認為百事可樂的味道如何?」此問題雖問得直截了當，但是除非受訪者喝過百事可樂，否則他將難以答覆此問題。因此，最好是在問本問題之前，先確定受訪者是否喝過百事可樂。其方法有二:

1.直接法

即直接問受訪者:「你在過去半年中有沒有喝過百事可樂?」

2.間接法

即問受訪者:「你在過去半年中喝過那幾種品牌的可樂?」

▶ ㈢受訪者願不願意答覆

人們通常不願意正面答覆那些令人困窘的問題，諸如有關金錢、家庭生活或政治信仰等問題。因此，除非有必要，否則應儘量避免這類問題。然而雖有必要問這類問題，仍須注意提出的技巧。常用的方法包括:

1.訪問者在提出這類問題之前，先聲明這種行為是很平常的，以設法沖淡受訪者侷促不安的感覺。

2.將這類問題混雜在其他比較不會令人為難的問題之中。

3.問卷不具名，並由受訪者自行密封寄回。

4.將各種可能的答案用字母或符號代表，讓受訪者用字母或符號來答覆。譬如，詢問所得水準，可用 A 代表「每月收入 20,000 元以下」，B 代表

「20,000 元到 40,000 元以下」，C 代表「40,000 元到 60,000 元以下」，D
代表「60,000 元以上」，然後由受訪者按 A、B、C、D 作答。

5. 問題措辭可以提到「其他人」。譬如，可問受訪者「如果帳單上的金額少
列了，大多數的人是否會指出帳單上的錯誤?」此時受訪者可能會以他們
自己的作法來作答。

▶ ㈣受訪者是否要費很大的力氣去收集答案

有些問題所需的資訊不是受訪者即刻就可以答覆的，必須花費相當的時
間與力氣才能整理出來。此時，除非有很大的誘因，很少人肯為了答覆一個
問題而花費那麼大的力氣，因此他可能胡猜亂答，甚至將問卷丟到垃圾桶中。
因此，除非絕對必要，應儘可能避免這類問題。

四　決定問題的型式

問題內容一旦決定，即可著手擬定實際的問題。而且在確定問題的用語之
前，先要決定問題的型式。問題的型式通常可分為三種: ⑴開放式問題, ⑵多
重式選擇題 (Multiple-choice)，⑶是非題 (Yes or No) 或二分題 (Dichotomous)。
研究人員可將這三種型式的問題分開或合併使用，作為問卷設計的模式。

▶ ㈠開放式問題

開放式問題不提供可能的答案，允許受訪者用他自己的話自由答覆。譬
如，「你最喜歡喝那一種可樂? 為什麼?」、「你為什麼購買國際牌液晶電視?」、
「你抽煙的歷史已有多久?」等，都是開放式的問題。

開放式問題因其不提示任何可能的答案，完全由受訪者自由發揮，因此
比較不影響受訪者的答覆。同時，開放式問題允許受訪者自由答覆，暢所欲
言，容易引起受訪者的興趣，取得他們的合作，對問卷回收率的提昇有明顯
的幫助。

不過，開放式問題也有一些缺點:

1. 容易發生訪問員解釋上的偏見

譬如在人員訪問時，訪問員通常無法記錄受訪者所回答的每一句話; 只

能做摘要式的記錄，而摘要時很可能摻雜訪問員本人之主觀意見在內，因此調查的結果可能是受訪者與訪問員之意見的綜合，而不單是受訪者個人的意見。

2.可能發生不合理的加權現象

所得及教育程度較高的人比較能言善道，他們在答覆開放式問題時能夠詳述其見解，提供較多的觀點，因此無形中發生一種不合理的加權現象。

3.答案的整理與編表的困難

由於每一受訪者的答案長短不一、用字不同、反應不同，因此在整理結果編製表格時，不僅費時而且困難。在整理答案時，通常是由一個編輯者先將部分或全部答案瀏覽一遍，決定幾個類別，然後將各個答案歸類。此種過程當然相當費時，而且容易因編輯者主觀判斷的錯誤而影響結果的正確性。

▶ ㈡多重式選擇題

這是屬於封閉式 (Close-ended) 問卷的一種，提供一些可能的答案，讓受訪者從中選擇一個或多個答案，亦即可以單選或複選。在設計多重式選擇題的問卷時，研究人員應該儘量維持每一個答案的獨立性，並且使用一個「其他」項來包括可能被忽略的答案。譬如：

「你為什麼購買國際牌電視機?」請在下列你認為合適的理由上打個「✓」號。

☐品質優良

☐價格公道

☐外表美觀

☐服務周到

☐其他（請說明）_____

選擇式的問卷應包括所有可能的答案，且應避免重複現象，以免令受訪者有無所適從之感。譬如：

「你平均每天花多少時間看電視節目?」

☐一小時到二小時

□二小時到三小時

□三小時到四小時

□四小時到五小時

如果某一答卷者平均每天看電視時間約半小時，或五小時以上，則他將不知如何答覆。另外，若答卷者平均每天看電視的時間正好是三小時，他也將不知如何選擇。因此，上述的問題應修訂為：

「你平均每天花多少時間看電視節目？」

□一小時以下

□一小時到二小時以下

□二小時到三小時以下

□三小時到四小時以下

□四小時到五小時以下

□五小時以上

選擇式問卷的目的，在使整個問卷讓受訪者看起來一目瞭然。問卷設計務必淺顯易懂，以增加受訪者的興趣，而且此種調查方式也比較不占用受訪者太多的時間。此外，選擇式問卷列舉所有可能的答案，且答案有一定的範圍，因此受訪者易於取捨，而且不至於發生調查人員解釋上的偏差，結果之整理及表格之編製亦較省時容易，以上皆為其優點。

但是選擇式問卷亦有其缺點：問題中所建議的答案可能影響答卷者的選擇。譬如，某人之所以購買國際牌液晶電視，純粹是因為地利（經銷商就在他家附近），但問題中所提示的理由，諸如價格、品質、服務或外觀等等，可能使他認為合理而加以選擇，至於「地利」這個理由，因為問題中未予提示，反而可能被忽略了。此外，各項可能答案出現或排列的順序也可能影響答案者的選擇。一般而言，排在第一項的答案被選出的機會較大。

▶ ㈢是非題或二分題

嚴格來說，是非題或二分題屬於多重式選擇題的一個特例。二分題只有二個選擇：是或非、男或女、喜歡或不喜歡、火車或汽車、應該或不應該、……等等。譬如，「你家的瓦斯是桶裝的？還是天然氣的？」、「你是否喝過╳

×牌運動飲料?」都是二分題之型式。

二分題因其答案明顯、統計便利、研判清晰、反應快速,故答卷者易於答覆,而調查人員亦容易整理結果與編製表格。不過有些問題表面上看起來只有兩個選擇,但事實上並非如此。譬如:「你明年是否準備購買一臺iPad?」這個問題表面上好像只有二個答案:是或否;其實不然。因為有些人不能確定是否購買,只知道可能購買或可能不購買;有的人甚至連可不可能購買都不知道。因此,這個問題可能答案有五個,即(1)是,(2)否,(3)可能購買,(4)可能不購買,(5)不知道。

有些問題雖然只有二個選擇,但對某些答卷者而言,這二個選擇並不互相排斥。譬如:「你家的冷氣機是傳統交流沒變頻的? 還是直流變頻的?」有的家庭傳統交流沒變頻與直流變頻的冷氣機都有,在這種情況下最好改用多重式選擇題,或者在題目中加上「二者都有」的答案。

五 決定問題的用語

問題的措辭用語必須小心使用,必須視調查對象而定,且務必使受訪者與研究人員對問題的意義有共同的瞭解,以免造成嚴重的衡量誤差(Measurement Error)。

基本上,問題的用語儘量力求簡單,人人可懂,且應避免使用艱澀難懂的字眼,而問題的意義必須明確,至於語意含糊的用語應加以解釋。譬如:「你閱讀某雜誌的情形如何?」(1)經常閱讀,(2)有時閱讀,(3)很少閱讀,(4)不曾閱讀。其中何謂經常閱讀? 有時閱讀? 很少閱讀? 都應該加以解釋清楚。

六 決定問題的先後順序

問卷中問題出現的先後順序與調查結果有很密切的關係,因此在個別的問題確定之後,應考慮其排列的順序。以下幾點可提供參考:

1. 第一個問題特別重要,必須一開始就能引起受訪者的興趣與注意。有時為了達到這個目的,不妨穿插一個或幾個與調查目的無關但有趣的問題,作為開場白。

2. 前面的幾個問題必須是簡單易答的問題,以培養受訪者的信心,讓他感

覺到他有能力去回答所有的問題。

3.考慮前面的問題對下一個問題的可能影響。

4.問題的先後應按照合理的順序來排列，避免突然改變問題的性質，以免受訪者感到混淆，難以作答。

　　除了上述幾個須注意的問題外，另外尚須避免不同主題的問題混淆在一起。例如，研究人員想進行一項消費者之牛肉消費的習慣調查，其中有些部分在收集價格與消費水準的資料，另有些部分在收集消費者健康情況與消費水準的資料。在整個問卷安排的先後順序方面，調查人員應避免將兩個不同主題的問題混合在一起。比較理想的作法是，完成一個主題的資料收集之後，再開始另一部分主題的資料之收集工作。一次收集一種主題的資料，不僅問卷的安排不會雜亂無章，也不會引起受訪者在答題時的反感。再者，將同類的問題安排在一起，在激發受訪者思緒方面，較能連貫而徹底，所收集的資料自然也比較完整。合乎邏輯的問卷設計順序，不僅能讓受訪者覺得舒適順暢之外，也比較容易集中心力回答每個問題，大幅提高資料的正確性。

　　最後，在決定問題的順序時，使用問卷設計的流程圖 (Flow Chart) 是非常有幫助的。圖 5.3 是一個問卷設計流程圖的例子。利用這種流程圖，可以看清楚問卷的結構，也可以使問題順序的安排合乎邏輯。

七　預先編碼

　　大多數的調查結果均利用電腦來編表，此時須先將問卷的資料輸入電腦中。而為促使此一過程能夠順利進行，可將問卷預先編碼 (Precoding)，亦即事先將要輸入電腦的號碼印在問卷上。譬如：

　　8.請問府上的熱水器是那一種型式的？

　　(8)－□　　　⑴□電熱式熱水器

　　　　　　　　⑵□瓦斯熱水器

　　　　　　　　⑶□鍋爐熱水器

　　　　　　　　⑷□太陽能熱水器

　　在選項的左邊有「－□」符號，即是提供訪問員填寫號碼之用，如上第8題，受訪者若答覆「瓦斯熱水器」，則在「⑵□瓦斯熱水器」中的□上勾

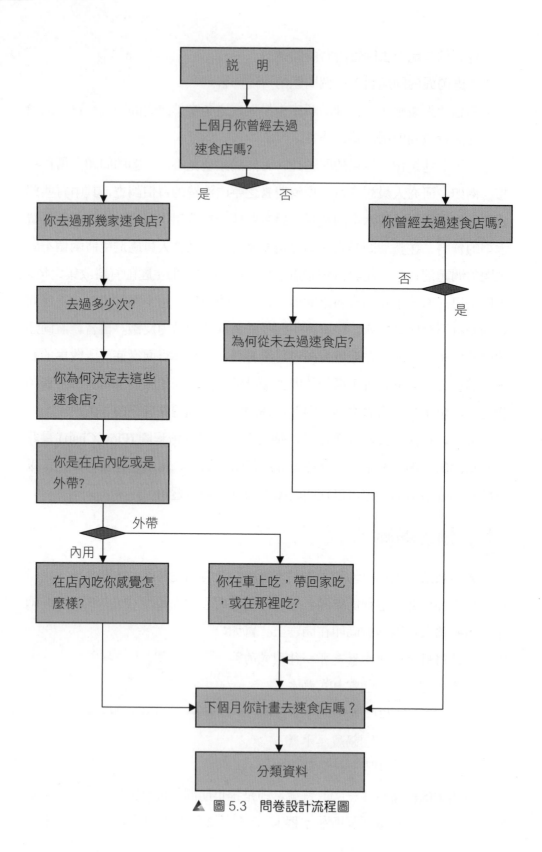

▲ 圖 5.3 問卷設計流程圖

選，此時在「⑻－□」中的□上應填上「2」。至於題目的號碼「8.」即表示此一問題的答案號碼將打在電腦的第 8 欄上。

　　預先編碼雖係為加速編表過程而設計，但亦可促使研究人員好好想想每一個問題，以及其可能的答案。

八　決定問卷版面的佈局

　　問卷的外觀將影響受訪者對答卷的態度，如果問卷的紙質低劣，印刷不好，可能使受訪者認為這項調查無足輕重，不值得重視，因此也不值得花時間去回答。相反的，如果紙質優良，印刷精美，可能會使受訪者認為這項研究有價值且有意義，因而樂於回答。

　　如果問卷的頁數超過一頁，每頁都應編號，便於檢查問卷是否齊全。同樣的，問卷中的問題也要依序編號，以防止在整理結果與編表時發生錯誤。

　　此外，問卷的大小應適中，太大或太小都不相宜，其大小應考慮到攜帶、分類、存檔或郵寄的方便。問卷應有足夠的空間供填寫答案之用，如果是採開放式問題，此點應特別注意。總之，問卷版面的佈局應很清楚，使訪問員容易依序發問，或者使答卷者容易依序作答，不致發生錯誤和不便。

九　預　試

　　在問卷設計完成之後，正式展開調查之前，市場調查人員應先進行一次預試工作，以發掘問卷的缺點，改善問卷的品質。第一次預試時，最好採用人員訪問法，俾能直接瞭解受訪者的反應與態度。如果將來正式調查時是利用郵寄或電話訪問的方式，則以後的預試可採郵寄問卷或電話訪問，以發掘在特定的訪問方式之下可能發生的問題，以及早謀求解決之道。

圖 5.4　藉由預試結果可以改進問卷中潛在的問題，以提高正式調查結果的效度

　　每次預試的樣本數約為二十人左右，預試時的樣本與正式調查時的樣本

（受訪者），在某些重要特徵方面應力求相似。預試時應儘可能利用經驗豐富的訪問人員，只有那些經驗豐富、能力高強的訪問員，才能夠看出受訪者對問卷的微妙態度與反應。

經過預試之後，常要更改問題的用語字句，使問題的意義更為明確清晰，或改變問題的先後順序，甚至要刪除或增加一些問題。預試通常只做一次就夠了，唯在某些情況下，必須一做再做，直到問卷令人滿意為止。市場調查人員在進行預試時，應有的心態就是，再多的「預試」工作都比一次失敗問卷的調查來得經濟實惠。

十 修訂及定稿

根據預試的結果修訂問卷，直到無需修正為止，即可最後定稿，準備付印。

第二節 問卷的組成與結構

一 問卷的組成

問卷通常包括(1)確認身分的資料，(2)合作的要求，(3)指令，(4)尋求的資訊，(5)分類資料等五部分。

▶ ㈠確認身分的資料

問卷的第一部分通常是要確認受訪者身分的資料，包括受訪者的姓名、地址與電話號碼。另外，可能還包括訪問的日期與期間，訪問人員的姓名與編號。

確認資料的主要目的在於預防調查人員偽裝調查事實及證明調查人員已依照規定實施調查。因此，構成確認資料的主要項目，包括下列各項：

　1.調查地區。

　2.調查時間。

　3.受訪者簽名。

4.受訪者住址。

5.調查人員姓名。

6.督導員姓名。

▶ ㈡合作的要求

　　這是用來取得受訪者獲得協助的開場白，大都附於問卷之最前端，其目的在於說明調查目的及功用，期以獲取受訪者的認同，並樂意接受調查訪問。

　　以下舉出二個例子，分別說明訪問調查與郵寄調查兩種問卷之取得合作的開場白：

例一　訪問法調查問卷

　　交通部觀光局為求不斷改善臺灣的觀光環境，提供更佳的觀光服務，特委託臺大工商管理學系辦理消費及動向調查，敬請惠予協助，謝謝您的合作。

例二　郵寄調查問卷

各位同學好!

　　我是臺灣大學新聞研究所碩士班的研究生。我叫×××，現在正進行一項有關國中生傳播行為的研究，需要您幫忙提供您的意見和看法。好讓我的研究更為正確，但願您能和我合作!

　　下面這些問題，請您放心回答，在回答之前，讓我稍微解釋一下。

　　第一、這不是考試，只是個人意見的調查，作答時請儘量坦白。

　　第二、每一個題目都務必作答請勿忽略。

　　第三、請務必憑自己意見作答，不要互相討論，也不要去參考別人的看法。記住! 這不是考試，放心回答吧!

※答案請寫在答案紙上，答完後連同問卷一併交回

※請勿在問卷上寫字或作任何記號

▶ ㈢指　令

　　這是對訪問人員或受訪者就如何填答問卷所作的說明。如果是採用郵寄

調查，則這些說明是直接印在問卷上；如果是採用電話或人員訪問，則可印在另外一張紙上。

▶ ㈣尋求的資訊

是指問卷所要收集的資料，依調查目的設定的各種問題，這些問題構成了調查問卷的主體。對調查問卷而言，問題之設計與問題編排之適當與否，會直接影響調查問卷的有效性，這在前面一節已有說明。

▶ ㈤分類資料

指有關受訪者的特徵之資料，俗稱「基本資料」。在郵寄調查時，這些資料直接由受訪者提供；在人員或電話訪問時，則由訪問人員向受訪者收集而得；對較敏感的資料，如所得，有時訪問人員還得根據觀察來加以估計。分類資料通常在訪問最後才收集，但有時則須在訪問開始時就收集，以確定受訪者是否符合抽樣計畫的要求。

二　問卷的結構與偽裝

擬訂問卷時應考慮問卷之結構與偽裝的程度。所謂「結構程度」(Degree of Structure) 是指將問卷中的問題以及可能的答案予以確定的程度；而「偽裝」(Disguise) 則指是否向受訪者表明研究的贊助人或主辦人以及研究的目的。

▶ ㈠結構式問卷－非結構式問卷

在一個結構式的問卷中，包括有一系列的特定問題，受訪者通常只要回答「是」或「否」，或在適當的地方劃個「×」或「✓」號即可。郵寄問卷的問題應力求結構化，少用開放式問題。如果郵寄問卷中有開放式問題的話，受訪者可能略過這些問題，或只填上簡單答案，敷衍了事。如果開放式問題太多，則受訪者可能乾脆不回件，而將整個問卷丟到垃圾桶。

利用人員訪問時，則可允許採用比較非結構式的問卷，讓訪問人員能夠隨機應變，根據受訪者的答覆來提出問題，設法得出答案。

㈡偽裝的問卷－明示的問卷

問卷依是否隱藏調查目的及主辦者身分而有明示問卷 (Non-disguised Questionnaire) 與偽裝問卷 (Disguised Questionnaire) 之分。明示問卷是明白地向受訪者表明研究目的以及主辦該項研究的人員或機構，而偽裝問卷則將研究目的以及主辦者的身分加以巧妙地偽裝。

一項研究之問卷結構及偽裝程度應該如何，應視該項研究所要收集的資訊為何、受訪者是誰、訪問方式及其他情境因素而定。

第三節　問卷的量表

問卷設計主要目的在於幫助研究取得所要的資料，然而資料類型的不同，當以不同的問題型式來詢問。換句話說，不同的問卷設計方法，所收集的資料不盡相同，所適用的分析方法，自然也不盡相同。在問卷設計中一般有四種量表 (Scale) 幾乎可以囊括研究人員所想要取得的一切類型之資料，這四種量表即：⑴名義量表 (Nominal Scale)，⑵順序量表 (Ordinal Scale)，⑶區間量表 (Interval Scale)，⑷比率量表 (Ratio Scale)。

一 名義量表

又稱類別量表，它是利用數字來辨認某特定現象的屬性。例如，每個人皆有一個身分證字號，學生有學號，球員有球衣號碼、性別、職業等。然而，名義量表所使用的數字並沒有特別的意義，它們只是用來作為不同物體間區分的代號而已。換句話說，這些數字真正目的在於屬性之分類，故如果將這些數字做加減乘除等的算術運算，並無意義。

二 順序量表

表示某現象之各屬性之間的「順序關係」之量表，它是市場調查研究中應用最廣的量表之一。例如，對某品牌的喜愛程度，將受訪者按順序排列，但亦可依照消費者偏好程度，將產品、品牌或商店排列。然而，順序量表只

指出人或事物的順序，但不表示不同順序或等級間的差異程度。換句話說，它只能指出等級或順序，但不能衡量不同等級間的距離。

三　區間量表

區間量表具有一個相同的衡量單位，不僅可表示順序或等級，還可表示不同等級間的距離，而且這些特定值間的區間也都相等。例如，7 與 8 之間的距離等於 8 與 9 之間的距離。再以攝氏溫度的例子來說明，其計算的區間是以「度」為單位，每一度的距離相等。我們說到 40 度與 20 度時，我們不僅可以比較 40 度與 20 度之程度（40 度比較熱），也可以比較出二者間的差異相差 20 度。但在比較差異時，我們卻不能將這種差異用來做程度上的詮釋，也就是說，我們不能說 40 度比 20 度熱兩倍。同理，在進行問卷調查時，如果受訪者對某項產品的評價為 4 分，我們不能說這個受訪者對產品的喜好程度，是另一個對產品評價 2 分之受訪者的 2 倍，主要原因是區間量表具有數學上所謂任意零點的情形。

四　比率量表

比率量表相對於區間量表的不同點，在於前者有所謂的「絕對零點」存在，而後者（區間量表）的零點是相對的（即自行選定）。因此，資料間可以做相互比較（比較大小及倍數關係）。例如，甲業務員一天銷售 12 部車而乙業務員一天銷售 24 部車，則我們可以說，乙業務員的生產力是甲業務員的 2 倍。其他諸如重量、長度、速度、時間、頻率等方面的資料，都可以做類似的比較及數學上的運算。

瞭解上述四種量表之後，我們發現從名義量表一直到比率量表，資料所提供的訊息愈來愈有力，亦即資料可供使用的範圍愈來愈廣。市場調查人員應儘可能地收集到比率量表的資料。此外，市場調查人員亦應瞭解到的一點就是，收集回來的資料可供做那些用途或者有那些使用上的限制。例如，以順序量表收集的資料，市場調查人員只能利用「大於」或「小於」來確定資料間的關係；然而資料如果是以區間量表收集而來，資料間的差異則可用間距的大小來加以認定。但是，只有在使用比率量表時，市場調查人員才能真正計算出資料間的相對差異。

第四節 衡量態度的量表

 一 態度的意義

　　態度是指個人對特定事物或現象的看法或感受。就動機的觀點而言，態度是代表動機的激發已進入於完成的準備狀態,故在購買行為的產生過程中,態度的產生即表示購買者已經開始對某一特定產品或服務形成了具體的行為趨向。

　　態度是由認知要素、感情要素及行動要素等三大要件所構成。認知要素是指個人對特定對象的認識，其包含有：⑴瞭解特定對象的存在，⑵對特定對象的特性或屬性的信任，⑶各個特性或屬性之重要的判斷等項目。感情要素是指經過認知要素之過程後，對特定對象所產生喜好或厭惡的心理反應。當所產生之多種不同的喜好反應方案，需要由個人加以選擇時，則會出現所謂的偏好 (Preference) 心態，根據偏好程度之不同，依序選擇各種不同的特定對象。至於行動要素則指個人對某一特定對象所欲採取的行動意向。在受到時間因素、經濟因素及個人購買習性的影響下，會對某一特定現象出現各種不同強度的行動意向，並依不同的強度形成購買意圖的先後順序。

　　對產品的購買行為而言,消費者對某一特定產品之優良與否的價值判斷、喜好與否之個人自身的感受，以及購買意圖之有無等，構成了消費者對產品的購買態度。在構成購買態度的三大要素之間，彼此皆具有相互平衡的關係存在；即當消費者瞭解產品並對其產生了信心之後，方能會有喜好與否的心態出現。而這種喜好的心態會產生正面的態度，促成消費者去接觸並購買該項產品。因此，當消費者對某一特定產品持有正面態度，則會引起對該項產品的購買興趣，但若消費者使用過該項產品之後，消費結果若尚能滿足其慾望，則會強化對該項產品的正面態度；反之，若無法滿足需求，則會產生負面態度，並可能中止繼續消費該項產品。

　　在市場調查的應用上，行銷人員可根據態度要素構成的相互關係，預估可能會產生的購買行為，或藉著消費者對各項態度要素的評估資料，作為擬訂或改善行銷策略的依據。

二 衡量態度的量表

為瞭解消費者對產品之各種屬性或特性的態度，及其購買行為與態度，市場調查人員應收集有關消費者之各種態度構成要素的資料，此時若採用問卷設計來收集資料，則所設計的問卷稱為態度量表問卷。

市場調查應用中，常用來衡量態度的量表包括：⑴語意差異量表 (Semantic Differential Scale)，⑵索斯洞量表 (Thurstone Scale)，⑶李克特量表 (Likert Scale)。

▶ ㈠語意差異量表

語意差異量表係利用一組由兩個對立的形容詞構成的兩極端尺度來評估產品、品牌、公司或任何觀念。因此，在市場調查的應用上，適用於企業形象、產品形象及品牌形象等的調查。

所謂「對立的兩極端形容詞」，係指形容某一特定事物之對立的字眼，如：高與低、厚與薄、重與輕、樂觀與悲觀等等，且於每句對立形容詞之間設定一程度的範圍空間，例如：非常高、高、普通、低、非常低等；由某一極端至另一極端分為五個等階、七個等階、九個等階或十一個等階等等，以表示不同的強度；然後由受訪者根據本身的感受程度，由不同的等階中勾選一項，以作為受訪者對某一特定事物之心目中的差別程度。

有關語意量表中的兩極端形容詞，根據 Osgood 的分類共有三大類型：⑴評估性 (Evaluation Dimension)，⑵強勢性 (Potency Dimension)，⑶活動性 (Activity Dimension)，詳細的表列請參見表 5.1。

▼ 表 5.1 兩極端形容詞之類別彙總表

類　別	兩極端形容詞之舉例		
評估性	⑴好—壞	⑵樂觀—悲觀	⑶完整的—不完整的
	⑷獲得時機—失去時機	⑸犧牲—利己	⑹社會—反社會
	⑺仁慈—殘酷	⑻協調—對立	⑼清潔—骯髒
	⑽光明—黑暗	⑾美麗—醜陋	⑿快樂—痛苦
	⒀優雅—庸俗	⒁高—低	⒂有意義—無意義
	⒃重要—不重要	⒄真實—虛偽	⒅健康—虛弱
	⒆聰明—愚笨	⒇可信賴—不可信賴	(21)積極—消極

強勢性	(1)粗魯—溫柔	(2)強—弱	(3)嚴厲—仁慈	(4)固執—順從
	(5)專制—自由	(6)重—輕	(7)退縮—擴張	(8)遲鈍—機智
	(9)大—小	(10)清楚—模糊		
活動性	(1)主動—被動	(2)機動—冷靜	(3)熱烈—冷淡	
	(4)有心—無心	(5)快捷—緩慢	(6)複雜—簡單	
	(7)兇猛—和平			

利用語意差異量表時，最理想的情況是每一組兩極端的形容詞都各自獨立，不相關連。至於對立詞句內之等階，應以點數表示；如以七等階之「對立兩極端形容詞句」之調查為例，其點數的表示方式可以利用 7、6、5、4、3、2、1 或 +3、+2、+1、0、−1、−2、−3 等兩種不同的方法點計。語意差異量表在進行分析時，往往可用圖形來表示，此時便可瞭解到二個或二個以上的品牌（或產品、公司等）形象之比較分析，參見圖 5.5。

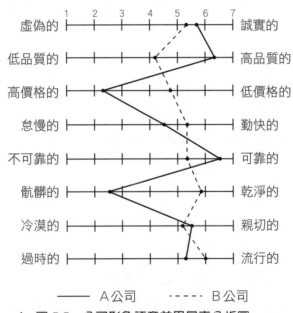

—— A公司　　---- B公司

▲ 圖 5.5　公司形象語意差異量表分析圖

▶ ㈡索斯洞量表

係利用等區間資料 (Interval Data)，以間接方式衡量態度的一種態度量表。當比較項目的問題在 100 至 200 題之間，而比較的組數在 15 至 20 之間，則需利用索斯洞量表作為態度調查的工具。以下我們簡要地說明建立索斯洞

量表的步驟：

1. 收集大量（約數百個）與所要衡量的態度有關的意見（問題），並分別寫在卡片上。

2. 請二、三十個審查員依個別意見，將上述問題依有利或不利的程度，分為十一堆。第一堆代表最不利的意見，第六堆代表普通的意見（中性），第十一堆則代表最有利的意見。

3. 計算每一個意見（問題）在這十一堆的次數分配。

4. 將那些次數分配過於分散的意見刪除。

5. 決定那些保留下來的意見之尺度數值，其方法是根據那些意見之次數分配的中位數（或平均數）落在那一堆而定，如落在第五堆，則該意見的尺度數值為 5。

6. 從每堆卡片中選出一、二個意見，將之混合排列，即得所謂的索斯洞量表。

下面乃為一個典型的索斯洞量表所包含的意見（每堆中選出一個意見）：

(1) 所有的電視商業廣告都應由法律加以禁止。

(2) 看電視廣告完全是一種浪費。

(3) 大部分的電視商業廣告是非常差的。

(4) 電視商業廣告枯燥乏味。

(5) 電視商業廣告並不會過分干擾電視節目的觀賞。

(6) 對大多數的電視商業廣告我並無所謂好惡。

(7) 我有時喜歡看電視商業廣告。

(8) 大多數的電視商業廣告是蠻有趣的。

(9) 只要可能，我喜歡購買在電視上打過廣告的產品。

(10) 大多數的電視商業廣告能幫助人們選擇最好的產品。

(11) 電視商業廣告比一般電視節目更為有趣。

有了索斯洞量表之後，只要求受訪者指出他所同意的意見。每個受訪者應該只同意其中一個意見或鄰近的幾個意見，如果一個受訪者所同意的意見在量表上的位置過於分散，即假定該受訪者對此問題缺乏一個明確一致的態度。

受訪者所同意之意見在索斯洞量表上的位置，即可求得他的態度分數。譬如某個人同意第 5 個意見，其態度分數為 5；如同意第 3、4 及 5 等三個意見，則其態度分數為 (3 + 4 + 5)/3 = 4。

▶ ㈢李克特量表

係由李克特 (Likert) 教授於 1932 年所發展出來的態度量表，它與索斯洞量表相似，都先要有一系列與所要衡量的態度有關的意見，但差異點在於索斯洞量表要求受訪者勾出他所同意的意見，而李克特量表則要求受訪者在一個五點（或七點、或更多點）尺度上，指出他同意或不同意各個意見的程度。

茲以五點尺度的李克特量表為例，以表 5.2 列舉有利意見與不利意見之得分分佈。

▼ 表 5.2　李克特量表舉例（五點尺度）

類　別 等級別	正面態度 （有利的意見）	負面態度 （不利的意見）
非常同意	分數為 5	分數為 1
同　意	分數為 4	分數為 2
不確定	分數為 3	分數為 3
不同意	分數為 2	分數為 4
非常不同意	分數為 1	分數為 5

從受訪者對各意見的同意（或不同意）強度，可得出他在各該意見的得分，然後將他在各意見的得分加總起來，即可得到他的態度分數。譬如，有五個有關電視商業廣告的意見，某甲對這五個意見（問題）同意的程度分別為⑴不確定；⑵不同意；⑶不同意；⑷同意；⑸非常不同意。假定這五個意見（問題）對電視廣告都是有利的，則某甲的態度分數計算如下：

$$3 + 2 + 2 + 4 + 1 = 12$$

建立李克特量表的步驟與索斯洞量表相似，其步驟如下：

1. 收集大量與所要衡量的態度有關的意見（問題），這些意見皆可很清楚地被認定是有利或不利的意見。
2. 選定代表不同之同意或不同意程度的系列反應，如常用的五種反應為：

非常同意、同意、不確定、不同意、非常不同意。通常採用奇數點尺度，俾可有一中間點，但並不一定非如此不可。

3.邀請一批對母體而言具有代表性的人士，以對各意見表達同意或不同意的程度。

4.計算各受訪者的總分數。由於有些意見是有利的，有些意見是不利的，因此在加總分數時必須根據各意見究係有利或不利，而分別採不同的給分系統。根據表5.2，五點尺度的記分方式也可以有所變化，由於實驗獲得的資料分散程度一樣，例如從非常同意至非常不同意，分數設定從5分至1分，茲舉例問卷的呈現如下：

	非常同意	同意	不確定	不同意	非常不同意
例：廣告的背景音樂很好聽	5	4	3	2	1

5.刪除那些無法區分高分數或低分數者的意見。可先依照受訪者總分數的高低依次排列，選出前四分之一與後四分之一的兩群受訪者，然後計算這兩群受訪者在每一意見的平均分數，這兩群平均分數差異最大的意見就是最具區別能力的意見。

第五節　擬定問卷之注意事項

本章第一節介紹問卷設計的程序，其中我們亦說明各步驟的重點及應遵循的一些原則；本節將作一綜合性的討論，彙總一些設計問卷時所必須注意的事項。

一　如何取得敏感性的資料

受訪者通常極不願意提供有關個人所得、年齡、性生活，以及其他道德規範之外的資料。以下一些方法有助於市場調查人員收集受訪者比較敏感的資料。

▶ ㈠反向陳述

　　市場調查人員對所要進行的敏感話題內容，事先加以淡化。例如，某些男性消費者可能會對自己使用香水的行為感到尷尬。因此，市場調查人員或可如此訪問：「目前愈來愈多的男性使用香水，你是否也使用香水?」如果答案是「是」，則繼續問「你選擇那一種品牌的香水?」

▶ ㈡影射法

　　例如：「你認為大部分的人都逃漏稅嗎?」通常這會使受訪者感覺這個問題是影射受訪者本身，而達到收集資料的目的。

▶ ㈢分別答覆

　　對一些個人隱私問題，市場調查人員在直接訪問時，為了避免這一類問題引起雙方的尷尬，可以另行設計問卷，將資料收集工作分兩階段進行。在第一階段直接訪問中，進行一些受訪者較不避諱事項的資料收集，在第二階段則將有關個人隱私的問卷留下，請受訪者直接郵寄市場調查人員處。一般而言，有關個人隱私的資料，使用郵寄問卷方式收集會比使用直接訪問方式收集來得有效。

▶ ㈣擴大範圍

　　如果問卷中有些有關金額或次數的問題，特別是一些大家普遍認為不好或不對的事，研究人員應擴大數據資料範圍，以避免一些高頻率、高次數受訪者，因感覺不好意思而拒絕作答。以下二份問卷是針對吸煙的受訪者，每天吸煙的消費量，進行資料收集：

A 問卷

☐ 每天 2 支以下
☐ 每天 3 支至 10 支
☐ 每天 11 支至 20 支
☐ 每天 21 支至 30 支
☐ 每天 31 支以上

B 問卷

☐ 每天 2 支以下
☐ 每天 3 支至 10 支
☐ 每天 11 支至 20 支
☐ 每天 21 支至 30 支
☐ 每天 31 支至 40 支
☐ 每天 41 支至 50 支
☐ 每天 51 支至 60 支
☐ 每天 61 支以上

對一個一天平均抽 35 支香煙的受訪者來說，在 A 問卷中，該受訪者可能認為自己歸屬於最末一項而不願作答。但如果市場調查人員以 B 問卷調查，則每天 35 支吸煙量的受訪者，只是介於問卷級距的中位，在填寫問卷時並不會認為有什麼不妥，市場調查人員自然可以成功的收集到所需要的資料。

二　決定問題用語

前述第一節曾提及問卷的問題用語必須小心使用，以避免嚴重的衡量誤差。以下我們舉出幾項設計問題用語時所必須注意的事項：

▶ ㈠使用簡單的字

問卷中使用的字應與受訪者的字彙水準相一致。

▶ ㈡使用意義明確的字

問卷中所用的字對所有受訪者而言，只有一個意義。

▶ ㈢避免引導性的問題

引導性的問題 (Leading Question) 會引導受訪者以某一特定的答案作答，它們通常反應研究人員或決策人員對問題的觀點，很容易造成衡量的誤差。譬如，「你是否擁有國際牌液晶電視?」就是個可能導致衡量誤差的引導性問題，因為它可能使受訪者認為這項研究是國際牌公司做的，因而傾向於對此

一問題有正面的反應。為避免這種誤差，上述問題宜改為「你擁有那一品牌的液晶電視?」

▶ ㈣避免導致偏差的問題

導致偏差的問題 (Biasing Question) 是指字句中帶有情緒性的色彩，並含有贊成或反對的感覺。例如，在問題中提及某人或某組織的態度或立場，會嚴重地影響受訪者的答覆。

▶ ㈤避免估計

問題之設計應使受訪者在回答時不必做估計。譬如，受訪者要回答「你一年中購買多少盒洗衣粉?」這個問題在回答時通常須先想想每個月買多少盒，然後再乘以 12；此問題如果改為「你一個月中購買多少盒的洗衣粉?」所得的結果將較為正確。

▶ ㈥避免雙重目的的問題

雙重目的問題 (Double-barreled Question) 是指在同一問題中希望獲得兩個反應的問題，應儘可能避免。譬如，「搭公車上班與開自用車上班，那一種比較經濟和方便?」就是一個雙重目的問題。由於搭公車上班可能比較經濟，但較不方便；而開車上班則可能比較方便，但較不經濟。因此，對此一問題受訪者可能不易作答。

▶ ㈦考慮參考架構

所謂參考架構 (Frame of Reference) 是指受訪者對問題的觀點。受訪者的觀點會影響研究的結果，故應加以考慮。譬如，「汽車製造商在控制汽車排放物方面的進展是否令人滿意?」和「你對汽車製造商在控制汽車排放物方面的進展是否滿意?」這兩個問題，前者的觀點是一種客觀的評估，後者則是受訪者主觀的評估。到底那一個參考架構比較合適，應視研究目的而定。

三 其他注意事項

➤ ㈠問卷之開頭必須以親切之口吻詢問

最先的幾個問題要容易回答，不要使受訪者礙於啟齒，而須以溫和之口吻，簡單而有趣的話語作為開頭，將有助於受訪者的答覆。

➤ ㈡詢問「為何」時之注意事項

在詢問動機之問題中，常會使用「為何」的形式，這種訪問法表面上很簡單，但實際上包括了極複雜的問題，因為購買的動機相當多。譬如，調查女性購買化妝品的行為：

「你為何購買這種化妝品?」可能的答案如下：

□朋友推薦　　□適合肌膚　　□看電視廣告　　□零售店推薦
□價格便宜　　□香味佳

這種問法因為無法舉出所有的理由，必須分解為下列兩種問句：

「你購買該化妝品是被那一點所吸引?」

「從那裡知道該化妝品?」

➤ ㈢問卷以簡短為佳

完成一份問卷所需的時間為何? 乃因一般人對調查主題之關心程度、訪問場所、調查對象類型及調查人員熟練程度等而不同。

一般而言，問卷以簡短為佳。美國的市場調查機構，大都限制一份問卷的訪問時間為 15 分鐘，但此項限定並非絕對，仍須視實際情況而定。

➤ ㈣類似下列的問題不宜放在問卷開頭

1.關於受訪者本身的問題——教育程度、經濟狀況、耐久性消費財擁有情形，最好皆擺在問卷最後。

2.類似智力測驗問題——因會使受訪者感到困難，有產生敵意之情況。

3.令人漠不關心的問題。

4.如果必須依受訪者之思考順序排列時，應由容易回答的開始。

⑤其　他

1.儘可能使受訪者感受到問卷係為他個人而設計，以增進參與感。

2.問卷設計有三忌四要的原則：所謂三忌是指「枯燥乏味」、「高深莫測」及「空洞無邊」；而所謂的四要是指「淺近易解」、「引人注意」、「適合時宜」及「雋永多趣」。

第六節　問卷實例

本章前面各節分別說明了問卷設計的程序、問卷格式、態度的問卷量表及問卷設計的注意事項。本節將列舉問卷設計數例，提供讀者參考。

【實例一】

潤絲精使用前後調查

首先感謝各位女士的協助，本調查的目的在於明瞭「潤絲精」對頭髮的效果而設計，以下的各點注意事項請各位詳細閱讀：

1.本調查分「使用前問卷」與「使用後問卷」，「使用前問卷」請務必在使用產品前填寫，「使用後問卷」請在使用產品後才填寫，問卷中遇有"□"者請您在認為最合適的地方打勾，如有"_____"者請寫出您的意見。

2.試用品是用鋁箔包裝，一共五包，每次請使用一包，請務必使用三次以上。

3.調查問卷請於　　月　　日以前填妥寄回。

4.使用方法：

請先用溫水沖洗頭髮，洗淨後，頭髮仍濕時，用手撕開鋁箔包，將「潤絲精」均勻抹擦於頭髮後，稍加沖洗後再擦乾即可。

使用前問卷

一、 請問您知不知道「潤絲精」的用途?(若答不知道,請跳答第 3 題)

　　□ 1.知道

　　□ 2.不知道

二、 請問您從那裡得到潤絲精的資訊?

　　□ 1.電視、報章雜誌、電臺等廣告

　　□ 2.美容院

　　□ 3.百貨公司

　　□ 4.親戚朋友

　　□ 5.不清楚

　　□ 6.其他_____

三、 請問您到目前為止,是否曾使用過潤絲精?

　　□ 1.是

　　□ 2.否

四、 請問您所使用的潤絲精品牌名稱為何?

　　□ 1.本地貨,品牌名稱_____

　　□ 2.舶來品,品牌名稱_____

　　□ 3.不清楚

五、 如果您曾使用過潤絲精,請問您使用後認為有何需要改進之處?

　　_____

六、 如果您以前使用過潤絲精,但現在不使用,請寫出現在不使用的原因為何?

　　_____

七、 請問您平常保養頭髮時,常發生的問題?(請在您認為合適的地方打勾,僅能打一個勾)

　　1.洗髮後覺得頭髮不服貼

　　　□①是　　　　　□②不是　　　　　□③不清楚

　　2.洗髮後頭髮會打結而不易梳理

　　　□①是　　　　　□②不是　　　　　□③不清楚

3.頭髮常感乾燥

　　□①是　　　　　　　□②不是　　　　　　□③不清楚

4.頭髮會分叉、斷落

　　□①是　　　　　　　□②不是　　　　　　□③不清楚

5.頭髮常生頭垢

　　□①是　　　　　　　□②不是　　　　　　□③不清楚

6.頭髮枯黃而無光澤

　　□①是　　　　　　　□②不是　　　　　　□③不清楚

八、請問您頭髮的長度

　　□①肩膀以上　　　　□②過肩膀　　　　　□③過腰

使用後問卷

一、請問您用了幾次潤絲精?

　　□ 1. 0～2 次

　　□ 2. 3 次

　　□ 3. 4 次

　　□ 4. 4 次以上

二、如果您用的次數少於 3 次，請您寫出其原因?

　　_____

三、請問您是否按照說明來使用? 如果不是，請您寫出您的使用方法。

　　□ 1.是

　　□ 2.否，使用方法為 _____

四、請問您對本試用品的評價如何?

　　□ 1.非常好

　　□ 2.好

　　□ 3.普通

　　□ 4.不好

　　□ 5.非常不好

五、延續上一題，如果您認為本試用品不好或非常不好，請寫出您的理由。

　　_____

六、針對以下各點，您認為與未使用「潤絲精」以前是否有所分別?

　　1.對頭髮的滋潤

　　　　□①非常有效　　□②有效　　　　□③不太有效　　□④完全無效

　　2.對頭髮的光澤

　　　　□①非常有效　　□②有效　　　　□③不太有效　　□④完全無效

　　3.對頭髮的柔軟、服貼

　　　　□①非常有效　　□②有效　　　　□③不太有效　　□④完全無效

　　4.洗髮後之清爽感

　　　　□①非常有效　　□②有效　　　　□③不太有效　　□④完全無效

　　5.對分叉、打結等情況之改良

　　　　□①非常有效　　□②有效　　　　□③不太有效　　□④完全無效

　　6.洗髮後頭髮之梳理

　　　　□①非常有效　　□②有效　　　　□③不太有效　　□④完全無效

七、您是否喜歡本試用品的香味?

　　□1.非常喜歡

　　□2.喜歡

　　□3.普通

　　□4.不喜歡

　　□5.非常不喜歡

八、對本試用品的包裝及使用上，請您就以下各點勾選出您的意見。

　　1.整體而言，使用上的難易程度

　　　　□①很方便　　　　□②普通　　　　□③不方便

　　2.潤絲精呈膏液狀的使用難易度

　　　　□①很好用　　　　□②普通　　　　□③不好用

　　3.一次用一包的方式

　　　　□①很好　　　□②普通　　　□③不好　　　□④瓶裝較好用

　　4.鋁箔包裝袋的好撕程度

　　　　□①容易撕　　　　□②普通　　　　□③不容易撕

　　5.每包的使用量是否足夠?

　　　　□①太多　　　　□②剛好　　　　□③太少

九、除了以上各點，請問您覺得還有那些地方需要改進的? 請您寫出來。

_____

十、請問您以後是否會使用「潤絲精」?

　　□①會　　　　　　　□②不會　　　　　　□③不一定

十一、請寫出您的年齡。

_____

【實例二】

> 敬啟者:
>
> 　　本問卷係作「臺灣廣告代理商功能之研究」之用，純為學術研究，敬請撥冗填寫，感謝您的配合。
>
> 　　　　　　　　　　　　　　　　　　　　　　　　　　　敬上

　1.貴公司成立於民國_____年

　2.貴公司目前登記資本額

　　□① 1,000 萬以下　　　　　□④ 3,000～4,000 萬以下

　　□② 1,000～2,000 萬以下　　□⑤ 4,000～5,000 萬以下

　　□③ 2,000～3,000 萬以下　　□⑥ 5,000 萬以上

　3.貴公司目前從業員工

　　□① 100 人以下　　　　　　□④ 200～250 人以下

　　□② 100～150 人以下　　　□⑤ 250～300 人以下

　　□③ 150～200 人以下　　　□⑥ 300 人以上

　4.貴公司目前每年營業額

　　□① 1,000 萬以下　　　　　□④ 3,000～4,000 萬以下

　　□② 1,000～2,000 萬以下　　□⑤ 4,000～5,000 萬以下

　　□③ 2,000～3,000 萬以下　　□⑥ 5,000 萬以上

　5.目前貴公司廣告客戶約

　　□① 100 家以下　　　　　　□④ 300～400 家以下

　　□② 100～200 家以下　　　□⑤ 400～500 家以下

　　□③ 200～300 家以下　　　□⑥ 500 家以上

6.貴公司與客戶合作關係維持最久的是

□①5年以下 □④7～8年以下

□②5～6年以下 □⑤8～9年以下

□③6～7年以下 □⑥9年以上

7.貴公司與客戶合作關係維持最短的是

□①2個月以下 □④6～8個月以下

□②2～4個月以下 □⑤8～10個月以下

□③4～6個月以下 □⑥10個月以上

8.目前貴公司是否有公共關係專業人員

□①有 □②無

9.如果有公關專業人員約占全體員工的

□①1%以下 □④3%～4%以下

□②1%～2%以下 □⑤4%～5%以下

□③2%～3%以下 □⑥5%以上

10.貴公司企劃調查人員約占全體員工的

□①5%以下 □④7%～8%以下

□②5%～6%以下 □⑤8%～9%以下

□③6%～7%以下 □⑥9%以上

11.貴公司媒體部門人員約占全體員工的

□①2%以下 □④6%～8%以下

□②2%～4%以下 □⑤8%～10%以下

□③4%～6%以下 □⑥10%以上

12.貴公司製作部門人員約占全體員工的

□①10%以下 □④30%～40%以下

□②10%～20%以下 □⑤40%～50%以下

□③20%～30%以下 □⑥50%以上

13.貴公司的產品推廣人員約占全體員工的

□①1%以下 □④3%～4%以下

□②1%～2%以下 □⑤4%～5%以下

□③2%～3%以下 □⑥5%以上

14.貴公司客戶主管約占全體員工的

　　□① 10% 以下　　　　□④ 30%～40% 以下

　　□② 10%～20% 以下　　□⑤ 40%～50% 以下

　　□③ 20%～30% 以下　　□⑥ 50% 以上

15.貴公司是否具備下列設備

　　①拍電影設備　　□是　□否

　　②拍電視設備　　□是　□否

　　③廣告錄音設備　□是　□否

16.貴公司擬訂廣告預算係依據

　　□①其他同業廣告趨勢　　□⑥廣告主營業方針

　　□②銷售量的百分比　　　□⑦廣告媒體費用

　　□③預期營業目標　　　　□⑧廣告期間的長短

　　□④市場情況　　　　　　□⑨廣告區域的大小

　　□⑤廣告主的財力　　　　□⑩產品價格

17.貴公司下列活動收費標準係持何標準

	免　費	成本×(1+10%)	成本×(1+15%)	成本×(1+17%)	成本×(1+25%)	其　他
①戶外工程						
②電影製作						
③電視製作						
④廣播錄音						
⑤文案						
⑥美術與佈置						
⑦機械製作						

18.貴公司完成下列各廣告功能之情形，請擇一打「✓」

	完全完成	部分完成	完全闕如
①研究			
②計畫			
③選擇媒體			
④撰寫文案			

⑤美術與佈局 _____　_____　_____

⑥電視 _____　_____　_____

⑦電影 _____　_____　_____

⑧廣播 _____　_____　_____

⑨機械製作 _____　_____　_____

⑩工作協調與控制 _____　_____　_____

⑪產品推廣 _____　_____　_____

⑫公共關係 _____　_____　_____

⑬客戶管理 _____　_____　_____

⑭開拓新客戶 _____　_____　_____

⑮佣金 _____　_____　_____

⑯成本會計 _____　_____　_____

【實例三】

洗髮精 CF 效果測驗

非常感謝您在百忙之中能抽空駕臨本公司，今天請各位來主要是請大家觀賞幾部廣告影片，並回答一些簡單的問題。在您回答問題時請各位注意以下幾點：

1.請儘量避免與鄰座談話或討論。

2.在回答時，若需要您填寫的地方，請儘量描述。

3.在回答時若有任何疑問，請舉手發問。

4.在您觀賞影片或回答問題時，請儘量放輕鬆。

㈠請您在下列八種商品中，選出您(1)知道的，(2)使用過的，並請您在下面的空欄內畫「○」。

	商　品	知　道	使用過		商　品	知　道	使用過
洗衣粉	白　蘭			洗髮精	美吾髮		
	加倍潔				花　王		
	一匙靈				沙　宣		
	妙管家				麗　仕		
	新　奇				潘　婷		
	藍　寶				飛　柔		

女性內衣	黛安芬			酵母乳	養樂多		
	華歌爾				比菲多		
	思薇爾				可爾必思		
	蕾黛絲				統一多多		
飲料	統一麥香紅茶			雨衣	達　新		
	維他露御茶園綠茶				三　和		
	黑松沙士				皇　力		
	可口可樂				天　龍		
洗衣機	聲　寶			褲襪	華貴		
	日　立				儂　儂		
	國　際				天　使		
	三　洋				邦　妮		

㈡在下列的商品中，如果您將來有機會購買的話，您會買那一種牌子？
　請在您想買的牌子號碼上畫「○」。

(A)洗衣粉

　1.白蘭　2.加倍潔　3.一匙靈　4.妙管家　5.新奇　6.藍寶

(B)女性內衣

　1.黛安芬　2.華歌爾　3.思薇爾　4.蕾黛絲

(C)飲料

　1.統一麥香紅茶　2.維他露御茶園綠茶　3.黑松沙士　4.可口可樂

(D)洗衣機

　1.聲寶　2.日立　3.國際　4.三洋

(E)洗髮精

　1.美吾髮　2.花王　3.沙宣　4.麗仕　5.潘婷　6.飛柔

(F)酵母乳

　1.養樂多　2.比菲多　3.可爾必思　4.統一多多

㈢請問您在剛剛所看的各個廣告影片中，印象最深刻的是那一部？無論
　是好印象或壞印象，都請您將它寫出來。

(A)印象最深刻的廣告影片

(B)您最喜歡的廣告影片

(四)在剛剛看過的廣告影片中，請您將您所記住的事情儘量寫出來，請您
按照您想到的先後次序寫在下面框內。

	該廣告公司的名稱	該廣告的商品名稱	畫面 (Video)	音樂、聲音、對白 (Audio)
例	台灣武田藥品	合利他命－愛 A25	明星、紅底白字標記上有合利他命字標	很小聲背景音樂，緩解酸痛，消除疲勞
1				
2				
3				
4				
5				
6				

(五)請問您對於剛剛播放的那部廣告影片中，它所希望表達給觀眾的是什
麼？請將您的感覺寫出來。

(六)請問您對於剛剛所看的廣告影片有何印象？請按照下面的問題，在您
認為最適合的數字上畫「O」。

	非常	相當	稍微	普通	稍微	相當	非常	
例：喜歡下雨	1 —	2 —	③ —	4 —	5 —	6 —	7	不喜歡下雨
1.吸引人	1 —	2 —	3 —	4 —	5 —	6 —	7	不吸引人
2.新鮮	1 —	2 —	3 —	4 —	5 —	6 —	7	陳舊
3.活潑	1 —	2 —	3 —	4 —	5 —	6 —	7	呆板
4.高貴	1 —	2 —	3 —	4 —	5 —	6 —	7	低級
5.流行	1 —	2 —	3 —	4 —	5 —	6 —	7	俗氣
6.溫柔	1 —	2 —	3 —	4 —	5 —	6 —	7	強悍
7.青春活潑	1 —	2 —	3 —	4 —	5 —	6 —	7	死氣沉沉
8.美觀	1 —	2 —	3 —	4 —	5 —	6 —	7	醜陋
9.親切	1 —	2 —	3 —	4 —	5 —	6 —	7	冷淡
10.適合花王洗髮精	1 —	2 —	3 —	4 —	5 —	6 —	7	不適合花王洗髮精
11.喜歡	1 —	2 —	3 —	4 —	5 —	6 —	7	討厭

㈦請問您對剛才所看的廣告商品洗髮精有怎樣的印象？請按照下面的例
　　題，在您認為最適合的數字上畫「○」。

	非常	相當	稍微	普通	稍微	相當	非常	
例：喜歡冬天	①	2	3	4	5	6	7	不喜歡冬天
1.高雅	1	2	3	4	5	6	7	低俗
2.豪華	1	2	3	4	5	6	7	樸素
3.實在	1	2	3	4	5	6	7	空虛
4.純潔	1	2	3	4	5	6	7	污穢
5.流行	1	2	3	4	5	6	7	俗氣
6.活潑	1	2	3	4	5	6	7	呆板
7.親切	1	2	3	4	5	6	7	冷淡
8.成熟	1	2	3	4	5	6	7	幼稚
9.大眾化	1	2	3	4	5	6	7	獨特
10.喜歡	1	2	3	4	5	6	7	討厭
11.清新	1	2	3	4	5	6	7	陳舊

㈧剛剛是兩部洗髮精廣告影片的比較，請在您認為最適當的數字上畫
　　「○」。

比較項目	花王 A				
	非常好	好	普　通	不　好	非常不好
畫面的美觀方面	1	2	3	4	5
背景的襯托	1	2	3	4	5
模特兒的動作	1	2	3	4	5
模特兒的表情	1	2	3	4	5
廣告所表現的主題	1	2	3	4	5
廣告歌曲的詞句	1	2	3	4	5
廣告歌曲的曲調	1	2	3	4	5
整體來說	1	2	3	4	5

㈨剛剛是兩部洗髮精廣告影片的比較，請在您認為最適當的數字上畫
　　「○」。

比較項目	花王B				
	非常好	好	普通	不好	非常不好
畫面的美觀方面	1	2	3	4	5
背景的襯托	1	2	3	4	5
模特兒的動作	1	2	3	4	5
模特兒的表情	1	2	3	4	5
廣告所表現的主題	1	2	3	4	5
廣告歌曲的詞句	1	2	3	4	5
廣告歌曲的曲調	1	2	3	4	5
整體來說	1	2	3	4	5

㈩在您剛才所看花王洗髮精的廣告影片中，您認為最好的地方和不好的
地方或應該改良的地方有那些？請您寫下：

	好	不好或應改良處
畫面部分		
旁白、音樂、歌曲部分		
其　他		

㈪請問您對剛才所看的廣告影片有何印象？請按照下面的問題，在您認
為最適合的數字上畫「〇」。

	非常	相當	稍微	普通	稍微	相當	非常	
例：喜歡冬天	1 —	2 —	3 —	4 —	5 —	⑥ —	7	不喜歡冬天
1.活力	1 —	2 —	3 —	4 —	5 —	6 —	7	頹喪
2.新鮮	1 —	2 —	3 —	4 —	5 —	6 —	7	陳舊
3.變化多端	1 —	2 —	3 —	4 —	5 —	6 —	7	生硬呆板
4.吸引人	1 —	2 —	3 —	4 —	5 —	6 —	7	不吸引人
5.流行	1 —	2 —	3 —	4 —	5 —	6 —	7	俗氣
6.青春	1 —	2 —	3 —	4 —	5 —	6 —	7	老成
7.高級	1 —	2 —	3 —	4 —	5 —	6 —	7	低級
8.美觀	1 —	2 —	3 —	4 —	5 —	6 —	7	醜陋
9.舒暢	1 —	2 —	3 —	4 —	5 —	6 —	7	煩悶
10.喜歡	1 —	2 —	3 —	4 —	5 —	6 —	7	討厭
11.適合養樂多	1 —	2 —	3 —	4 —	5 —	6 —	7	不適合養樂多

㈫以下幾個問題請在合適的號碼畫「〇」。

⑷請問您在最近一年內有沒有參加贈獎活動?

　　1.有　　　2.沒有（請回答D）

⑻請問您有沒有獲得獎品?

　　1.有　　　2.沒有（請回答D）

⑻在這些贈品中請寫出您認為最有用的二種?

　　_____

⑼請問您如果參加贈獎時，您希望獲得那些贈品? 請您寫出來。

　　_____

⑽請問您平常使用的洗髮精是誰買的?

　　1.自己　　　2.母親　　　3.其他_____

⑾請問您多久洗一次頭髮?

　　1.一天一次　　　2.二天一次　　　3.三～四天一次　　　4.其他_____

⑿請問您平常使用那一個牌子的洗髮精?

　　_____

⒀請問您平常選購洗髮精的標準是什麼? 請在適當的地方畫「○」。

　　1.品牌　　　　　　　2.價格　　　3.香味　　　4.洗髮時的舒暢感

　　5.洗後的清爽感　　　6.包裝　　　7.顏色　　　8.廣告

　　9.其他_____

㈢請問您對剛才所看的廣告商品有怎樣的印象? 請按照下面的例題，在您認為最適合的數字上畫「○」。

	非常	相當	稍微	普通	稍微	相當	非常	
例：喜歡下雨	1	②	3	4	5	6	7	不喜歡下雨
1.有營養	1	2	3	4	5	6	7	缺乏營養
2.大眾化	1	2	3	4	5	6	7	非大眾化
3.實在	1	2	3	4	5	6	7	空虛
4.清潔	1	2	3	4	5	6	7	骯髒
5.活潑	1	2	3	4	5	6	7	呆板
6.親切	1	2	3	4	5	6	7	冷淡
7.舒服	1	2	3	4	5	6	7	不適

8.美觀	1 — 2 — 3 — 4 — 5 — 6 — 7	醜陋
9.涼爽	1 — 2 — 3 — 4 — 5 — 6 — 7	悶熱
10.溫暖	1 — 2 — 3 — 4 — 5 — 6 — 7	寒冷
11.新鮮	1 — 2 — 3 — 4 — 5 — 6 — 7	陳舊

(缶)請問您的年齡：

姓名：

🔍 本章摘要

問卷設計的程序
- 1.決定所要收集的資訊
- 2.決定問卷的類型
- 3.決定問題的內容
  - 這個問題是否有必要
  - 受訪者能否答覆
  - 受訪者願不願意答覆
  - 受訪者是否要很費力地去收集答案
- 4.決定問題的型式
  - 開放式問題
  - 多重式選擇題
  - 是非題或二分題
- 5.決定問題的用語
- 6.決定問題的先後順序
- 7.預先編碼
- 8.決定問卷版面的佈局
- 9.預試
- 10.修訂及定稿

問卷的組成
- 1.確認身分的資料：調查地區、時間、受訪者簽名、住址等
- 2.合作的要求
- 3.指令：指示訪問人員或受訪者
- 4.尋求的資訊：問卷的主體
- 5.分類資料（基本資料）

問卷的結構與偽裝
- 結構式一非結構式問卷
- 偽裝的一明示的問卷

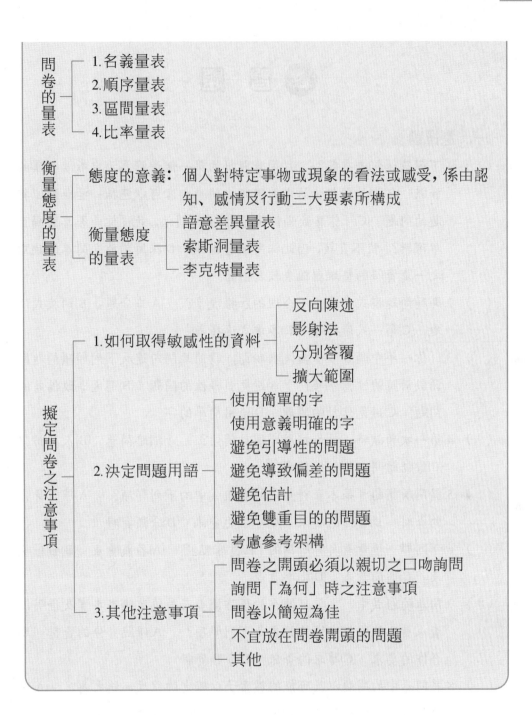

問卷的量表
1. 名義量表
2. 順序量表
3. 區間量表
4. 比率量表

衡量態度的量表
態度的意義：個人對特定事物或現象的看法或感受，係由認知、感情及行動三大要素所構成

衡量態度的量表
語意差異量表
索斯洞量表
李克特量表

擬定問卷之注意事項
1. 如何取得敏感性的資料
反向陳述
影射法
分別答覆
擴大範圍

2. 決定問題用語
使用簡單的字
使用意義明確的字
避免引導性的問題
避免導致偏差的問題
避免估計
避免雙重目的的問題
考慮參考架構

3. 其他注意事項
問卷之開頭必須以親切之口吻詢問
詢問「為何」時之注意事項
問卷以簡短為佳
不宜放在問卷開頭的問題
其他

習 題

一、選擇題

( ) 1.下列敘述何者有誤？ (A)問卷設計的第一個步驟為決定所要收集的資訊 (B)為了引起受訪者的興趣，問卷內容可以包括一些無關但有趣的問題 (C)「你喜歡喝何種可樂？」的問法，比「你是否喜歡喝百事可樂？」較不直接，因此採用後者較佳 (D)採用開放式問卷的缺點之一是資料的整理與編表較為困難

( ) 2.那種問題型式會發生不合理的加權現象？ (A)二分題 (B)開放式問題 (C)單一式選擇題 (D)多重式選擇題

( ) 3.「你一年中購買多少盒洗衣粉？」，請問此問句違反下列那項問題用語設計時的注意事項？ (A)避免引導性的問題 (B)避免導致偏差的問題 (C)避免估計的問題 (D)使用簡單的字

( ) 4.第一次預試時，最好採用那種訪問法？ (A)網路問卷 (B)人員訪問 (C)電話訪問 (D)郵寄問卷

( ) 5.請問所謂的「基本資料」是問卷組成中的下列那項？ (A)確認身分的資料 (B)合作的要求 (C)尋求的資訊 (D)分類資料

( ) 6.下列那一種量表具有所謂的「任意零點」？ (A)名義量表 (B)順序量表 (C)區間量表 (D)比率量表

( ) 7.問卷的組成中，主要目的在於預防調查人員偽裝調查事實及證明調查人員已依照規定實施調查是下列那項？ (A)確認身分的資料 (B)合作的要求 (C)尋求的資訊 (D)分類資料

( ) 8.將問卷中的問題以及可能的答案予以確定的程度，稱之為： (A)明確程度 (B)結構程度 (C)偽裝程度 (D)開放程度

( ) 9.在市場調查的應用上，適用於企業形象、產品形象及品牌形象等調查的量表為： (A)語意差異量表 (B)索斯洞量表 (C)李克特量表 (D)配對比較量表

( ) 10.下列敘述何者正確？ (A)衡量產品品質的好壞，是屬於潛在性的極

端形容詞的類別　(B)索斯洞量表除了列出一些與態度相關的意見外，尚要求受訪者指出對各意見之同意或不同意的程度　(C)類似智力測驗的問題，可以放在問卷的開頭　(D)調查消費者的購買行為必須採用態度量表來收集資料

( )　11.下列那一種量表所提供的訊息最多？　(A)名義量表　(B)順序量表　(C)區間量表　(D)比率量表

( )　12.下列敘述何者有誤？　(A)問卷設計中應避免雙重目的的問題　(B)語意差異量表中兩個極端的形容詞，原則上是要求相互獨立　(C)採用「正向陳述」可解決收集敏感性或尷尬性資料的困難　(D)郵寄問卷的問題應力求結構化，因此採封閉式的問題為宜

( )　13.預試的樣本數約為多少人較為適宜？　(A) 10 人　(B) 20 人　(C) 30 人　(D) 40 人

( )　14.下列那項不是語意差異量表中，極端形容詞的三大分類？　(A)潛在性　(B)評估性　(C)強勢性　(D)活動性

( )　15.下列那項不是構成態度的三大要件？　(A)動機要素　(B)認知要素　(C)感情要素　(D)行動要素

二、填充題

1.問卷設計的程序，第一個步驟為_____，最後一個步驟為_____。

2.決定問題的內容時，須考慮那些問題？　_____、_____、_____及_____。

3.決定問題的型式，一般有三種類型，即：_____、_____及_____。

4.容易發生訪問人員或研究人員解釋上的偏見是採用何種題型的缺點？_____。

5.在決定問題的順序時，可使用問卷設計的_____。

6.問卷的組成通常包括：_____、_____、_____及_____。

7.衡量態度的問卷設計，可採用那些態度量表？_____、_____及_____。

8.如何解決收集敏感性資料的困難？可採用的方式有 ＿＿＿＿＿＿＿、
＿＿＿＿＿＿＿、＿＿＿＿＿＿＿及＿＿＿＿＿＿＿。

9.問卷設計中有那些問題最好不要放在開頭？列舉任意三項：＿＿＿＿＿＿＿、
＿＿＿＿＿＿＿及＿＿＿＿＿＿＿。

10.問卷設計要考慮三忌四要的原則，所謂三忌是指＿＿＿＿＿＿＿、＿＿＿＿＿＿＿
及＿＿＿＿＿＿＿；而所謂四要是指＿＿＿＿＿＿＿、＿＿＿＿＿＿＿、＿＿＿＿＿＿＿及
＿＿＿＿＿＿＿。

三、問答題

1.請簡述問卷設計的程序。

2.決定問題的內容時，必須考慮那些事項？請簡要說明之。

3.請簡要比較開放式問題與選擇式問題的優缺點。

4.決定問題的用語時，須注意那些事項？請簡要說明之。

5.決定問題的順序需要考慮那些要點？請說明之。

6.請說明預試的目的及其重要性。

7.請簡述問卷的組成。

8.設計問卷時，請就如何取得敏感性與尷尬性資料方面，所必須注意的事項
詳加說明之。

9.問卷設計中，有那些問題最好不要放在問卷開頭？請簡述之。

10.嘗試依照本章所介紹的觀念，擬訂一份問卷。

第 6 章

實驗設計

學習重點

1.瞭解實驗法的意義與重要性。

2.清楚實驗法的實施步驟。

3.認識實驗法的類型。

4.瞭解實驗效度的類型與影響因素。

5.知道實驗環境的類型以及與實驗效度的關係。

本書第四章介紹資料收集的方法，主要包括訪問法、觀察法及實驗法；前兩種方法主要在收集敘述性的資料，而第三種方法（即實驗法）乃在收集因果性的資料。由於行銷活動的調查研究過程中，研究者往往需探討某些變項間的因果關係（如廣告支出與銷售量的因果關係），因此有關因果性資料的收集亦是相當重要的。本章主要在介紹實驗法的一些重要課題與觀念，包括實驗法的意義及各種類型的實驗法。

第一節　實驗法的意義與重要性

一　實驗法的意義

實驗設計（或實驗法）是一種測定因果關係之研究方法。在 1960 年以前，市場調查很少採用實驗法，在 1960 年以後方逐漸有人採用，但比例仍然很小。唯近年來，實驗法在市場調查的應用上日益廣泛，而此一事實乃說明企業的市場調查正逐漸邁向科學發展之途。

實驗法係緣於自然科學之實驗求證法。在自然科學領域中，如果有一個假設：「經由理論推測 A 加 B 可能產生 C」，那麼必先在實驗室裡求證此一假設，等證實確定可產生 C 之後，才正式地應用於實際的大量生產。市場調查所採用的實驗法，亦是基於此種觀念。

一般對實驗法的定義如下：「在控制其他變數的情況下，操縱一個或一個以上的變數以明確地測定該實驗變數的效果之調查方法。」為了實驗之目的，實驗者通常要設法創造一種「臆造的」或「人為的」情況，俾能取得所需的特定資訊，並正確地衡量取得的資料。臆造性或人為性是實驗法的要素之一，它使調查人員對所要調查的因素或變數有較多的控制，能有計畫地變動某一變數之數值，觀察並記錄其對另一變數的影響，從而瞭解任何二個變數之間的因果關係。例如，某產品在固定價格、包裝型式及原有的廣告方式（皆為控制變數）情況下，採用實驗法來探討新廣告方式（實驗變數，即自變數）對銷售量（依變數）的影響。

二 實驗法的步驟

實驗法的實施基本上可依循下列的步驟來進行：

▶ ㈠選取調查對象

根據相同的條件下，將調查對象劃分為實驗組 (Experimental Group) 與控制組 (Control Group)；控制組係指在相同的控制情況下（如相同的價格、包裝方式與廣告方式）所觀察的對象，而實驗組則指操縱（或改變）某一變數（如改變新的廣告方式）下觀察其反應結果。

▶ ㈡導入實驗變數

實驗變數又稱為實驗處理 (Experimental Treatment)，係指實驗者所能控制或操縱的自變數（如廣告方式）。將實驗變數導入實驗組為實施實驗法的第二個步驟。

▶ ㈢設定實驗期限

實驗期限的設定通常是以商品的消費週期為準，例如，醬油的消費週期大約為一個月；然後於實驗期間內收集有關的資料。

▶ ㈣比較與分析

於一定時間，將實驗組的實驗結果（即依變數之值，如銷售量、態度的改變程度等），與控制組的相對應變數之值加以比較分析，以便於推論特定現象與特定要因之間的相互或相斥關係。

三 實驗法的重要性

實驗法是市場調查法中與自然科學研究方法最相近的一種，因為唯有透過實驗法，才能瞭解所欲研究的因果關係。實驗法更可用來從事市場的比較研究分析，對策略效果進行較為客觀的評估。此外，在其他方面，實驗法較訪問法與觀察法更為進步。如果公司能夠克服在時間、成本上的限制，並能

控制比較市場選擇的外在因素，則採用實驗法的科學方式，更具有實際性與客觀性的價值，其重要性可見一斑。

實驗法與訪問法或觀察法最大的不同點，在於研究人員可以透過實驗法選擇一個或多個獨立變數，並測量這些變數（實驗變數）對「依變數」的影響；反之，訪問法與觀察法，通常是在「自然狀態」下收集資料的，而非經由改變環境來收集資料。

由上述可知，實驗法可說是收集初級資料的方法中，較具結論性的一種。如果研究人員採用未經證實的因果關係，則錯誤的因果推論將對行銷策略產生嚴重的負面影響。因此，經由實驗法證實的因果關係，對市場調查而言是非常重要的。再者，近來教育水準的提高及電腦的商業化，不僅增加人們對實驗法的瞭解，也簡化了分析實驗結果的繁雜過程，更促使實驗法在市場調查上的應用愈來愈普遍。

第二節　實驗法的類型

一般而言，實驗法可分為非正式實驗與正式實驗設計兩種，茲分別略述如下：

非正式實驗設計

非正式實驗設計 (Pre-experimental Design) 一般而言較無法控制外部因素，且亦較難以做比較分析，因此無法精確地推估因果關係。然而這種實驗設計頗適合用來作為探索問題與建立假設的基礎；較常用的非正式實驗設計，包括下列幾種：⑴事後加以控制的設計；⑵事前事後皆加以控制的設計；⑶不加控制的設計；⑷固定樣本設計。

▶ ㈠事後加以控制的設計

此種實驗設計方式，研究人員將實驗單位分為實驗組與控制組，且事先並不測定，僅於導入實驗變數後再測定此二組中實驗變數的效果，並比較實驗組與控制組的結果。其實施的步驟列示於下表：

步　驟	實驗組	控制組
事前測定	不測定	不測定
實驗變數	導入	不導入
事後測定	測定 (X_1)	測定 (X_2)
效果差異	$H = X_1 - X_2$	

此種實驗設計方式適用於新產品推廣變數的調查。例如，某一食品公司為了要瞭解免費樣品對新產品銷售的影響；選定 2,000 戶的家庭作為實驗調查的對象，並以其中 1,000 戶作為實驗組，即贈送免費樣品；另外的 1,000 戶作為控制組，即不贈送免費樣品；但是這 2,000 戶家庭皆同時給予折價券，並邀請他們可到指定的商店購買該項商品。經實驗結果，假定實驗組的家庭使用了 500 張折價券，而控制組的家庭僅用了 300 張，則免費樣的實驗效果是 $H = X_1 - X_2 = 500 - 300 = 200$。於是，市場實驗的結論為：免費樣品可以增加消費者對新產品的購買。

▶ ㈡事前事後皆加以控制的設計

此種實驗設計方式是指研究人員對實驗組與控制組皆於事前進行測定，然後將實驗變數導入實驗組，最後再測定實驗變數的效果。就實驗組而言，如果事前與事後（指導入實驗變數之後）的測定結果不同，則可視為受到實驗變數與外來變數的影響；至於控制組之事前與事後測定結果的差異，則僅受到外來變數的影響。於是，我們可根據實驗組與控制組之測定結果的變數（差異）大小，分析實驗變數的效果。茲以香皂的「購買時點廣告」(Point of Purchase, P.O.P.) 效果之測定為例，將這種事前與事後皆加以控制的設計方式之實施步驟列述如下表：

步　驟	項　目	實驗組	控制組
事前測定	銷售量	456 個	420 個
實驗變數	P.O.P.	導入	不導入
事後測定	銷售量	489 個	440 個
效果測定	增加率	7.2%	4.8%
效果差異	$H = 7.2\% - 4.8\% = 2.4\%$		

　　根據上述的實驗結果得知，實驗變數的效果差異為 2.4%，由此可推斷 P.O.P. 對店內銷售具有正面的效果。

▶ ㈢不加控制的設計

　　此種設計方式是屬於最簡單的非正式實驗設計之一種，僅設定實驗組並於實驗變數導入之前預先測定，然後在實驗變數導入之後再對實驗組加以測定，以作為實驗變數的效果之推斷；其實驗步驟如下表所示：

步　驟	實驗組
事前測定	測定 (X_1)
實驗變數	導入
事後測定	測定 (X_2)
效果差異	$H = X_1 - X_2$

　　在應用上，此種設計方式可作為價格或品牌測定之用。茲以價格測定為例，將其實施的步驟略述如下表：

步　驟	項　目	實驗組（甲超級市場）				
		飲料 A	飲料 B	飲料 C	飲料 D	飲料 E
事前測定	銷售比例	25%	30%	10%	5%	30%
實驗變數	飲料 A、B 調整價格	$18	$18	$16	$17	$17
事後測定	銷售比例	20%	23%	12%	7%	38%
效果差異	銷售比例變化	−5%	−7%	2%	2%	8%

　　根據上面實驗結果，飲料 A 與 B 的價格提高，會使該二品牌在甲超級市場的占有率下降，而其他品牌的飲料則有增加的現象，因此我們可推斷飲料的價格會左右飲料在超級市場的銷售量。

▶ ㈣固定樣本設計

　　固定樣本設計 (Panel Design) 係於一定期間內，對同一個實驗組分別導入各種不同的實驗變數，並採反覆的測定過程，根據測定所得的實驗結果，作為推斷最具效益之實驗變數。由此可知，此種設計的特色在於針對相同的實

驗單位（固定樣本），導入各種不同的實驗變數，以及「反覆的」測定。一般而言，固定樣本設計可應用的範圍很廣，包括：廣告效果測定、櫥窗佈置效果測定、包裝效果測定以及訂價效果測定等。下表為固定樣本設計之測定程序的範例：

步 驟	項 目	實驗組	效果差異
第一次測定	銷售量	X_1	X_1
第一次實驗變數	A	導入	
第二次測定	銷售量	X_2	$H_1 = X_2 - X_1$
第二次實驗變數	B	導入	
第三次測定	銷售量	X_3	$H_2 = X_3 - H_1$
第三次實驗變數	C	導入	
第四次測定	銷售量	X_4	$H_3 = X_4 - H_2$

二 正式實驗設計

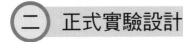

以隨機方式 (Random Assignment) 作為實驗設計之基礎乃為正式實驗設計的主要特色，而採「配合方式」(Matching) 則是非正式實驗設計的基礎。正式實驗設計是指事先對實驗組與控制組設定相似的條件，如商店的商圈、商店的坪數等，然後再根據因變數的變動來反映實驗變數（即自變數）的效果。所謂「隨機方式」是指在實驗處理的過程中，完全採用隨機抽樣作為基礎。有關實驗處理之間（即控制組與實驗組，或各個實驗變數相互之間等），究竟是否有差異性的存在，則須運用統計學中的變異數分析方法來檢定其實驗結果。因此，在利用隨機方式實施實驗設計之際，不但應於事先假設各個實驗單位在接受實驗處理之前，其相互之間並無差異存在，同時還得假設外在因素對各個實驗單位的影響程度也相同，並根據機率理論檢定各實驗處理的實驗結果。

總而言之，正式實驗設計不僅可提供較嚴謹的控制條件，也可提供較精確的統計分析過程。在市場調查中較常使用的正式實驗設計包括：(1)完全隨機設計；(2)隨機區集設計；(3)拉丁方格設計及(4)因子設計。

▶ (一)完全隨機設計

假定我們想測定某一實驗變數的效果，而該變數可分成若干個水準，此時可採用完全隨機設計 (Completely Randomized Design)。譬如，研究人員想調查某產品之價格（分為 20 元、22 元及 24 元三種價格水準）對其銷售量的效果，亦即以價格作為實驗變數，而此變數有三種水準，並以產品的銷售量為依變數。

完全隨機設計的特點是各個實驗變數的水準係以完全隨機的方式指派給實驗單位。假定以臺北市的某些商店為實驗單位，則首先將這些商店隨機分成三組，在第一組商店中以 20 元價格銷售該產品，在第二組商店中以 22 元銷售該產品，而在第三組商店中以 24 元的價格銷售。然後以統計方法分析這三組商店的平均銷售額，以找出該產品之最適宜的價格水準。

▶ (二)隨機區集設計

在完全隨機設計中，如果各組實驗單位在某些重要特徵上有顯著地差異，則可能導致錯誤的結論。譬如，上述三組商店的規模如有顯著差異，則由於規模大小亦可能影響銷售量，因此僅利用完全隨機設計方式所獲得的推論可能難令人信服。此時，宜利用隨機區集設計 (Randomized Block Design)。

隨機區集設計係先依據某些外在的變數將實驗單位分成若干「區集」(Block)，使區集因素的影響效果能夠分離出來，從而縮小抽樣的誤差。如實驗變數有 m 個水準，則每個區集中亦應有 m 個實驗單位。譬如在上例中，可先將商店依年營業額分成大規模、中規模及小規模等三個區集，每個區集中抽選出三家商店（因有 20 元、22 元及 24 元等三種價格水準），然後將各區集中的商店隨機選出一家以 20 元的價格銷售產品，隨機抽選另一家商店以 22 元價格銷售，最後一家商店則以 24 元的價格銷售產品。接著分析 20 元組、22 元組及 24 元組商店的平均銷售額，由此所獲得的結論相對較可信賴。下表乃三個區集的例示：

區　集	商店規模
1	大
2	中
3	小

➤ ㈢拉丁方格設計

如果研究人員想控制並衡量兩個外在變數的效果，則可採用拉丁方格設計 (Latin Squares Design)。換句話說，拉丁方格設計是以隔離 (Isolate) 兩種外在因素對實驗結果的影響，亦即它具有隔離兩種變異來源之影響的能力，故可降低抽樣誤差，進而提高實驗的準確度。譬如，我們仍以價格為實驗變數，它有三種價格水準（A: 20 元，B: 22 元，C: 24 元），依變數為銷售量；另外我們尚考慮商店規模（分成大規模、中規模及小規模等三類）及商店地點（分為商業區、工業區及住宅區等三類）為外在變數，則拉丁方格設計如下表所列示：

商店地點	商店規模		
	大	中	小
商業區	A	B	C
工業區	B	C	A
住宅區	C	A	B

在本例中，由於實驗變數有三個水準，故兩個外在變數都分成三類，此乃拉丁方格設計的一個要件。例如，實驗變數有 h 個水準，則外在變數就須分成 h 類。如實驗變數有 h 個水準，則需要 h×h 個實驗單位（如本例中，我們便需要 3×3 = 9 家商店），然後以隨機方法將實驗變數的水準分派到各個實驗單位，但每一實驗變數水準都只能在每一行與每一列中出現一次。下表為四種拉丁方格排列的範例：

3×3	4×4	5×5	6×6
A B C	A B C D	A B C D E	A B C D E F
B C A	B C D A	B C D E A	B C D E F A
C A B	C D A B	C D E A B	C D E F A B
	D A B C	D E A B C	D E F A B C
		E A B C D	E F A B C D
			F A B C D E

拉丁方格設計有下列缺點：

⑴設計時耗費較多的時間與成本。

⑵實驗設計本身僅容許兩個外在變數。

⑶實驗設計必須呈方格型態，例如，價格水準、商店規模及商店地點等，其水準或數目皆必須相同。

▶ ㈣因子設計

上述的三種正式實驗設計方法都只適用於衡量一個實驗變數（即獨立變數或自變數）的效果，如果我們想衡量兩個或兩個以上的實驗變數的效果，就得採用因子設計 (Factorial Design)。例如，假定有兩個實驗變數（均為名義尺度）：

A（價格）：A_1（低價格）、A_2（中價格）、A_3（高價格）

B（廣告）：B_1（不做廣告）、B_2（有廣告）

A 有三個水準，B 有二個水準，故可得 $3 \times 2 = 6$ 的因子設計，其排列方式如下表所示：

	B_1	B_2
A_1	A_1B_1	A_1B_2
A_2	A_2B_1	A_2B_2
A_3	A_3B_1	A_3B_2

如果有三個實驗變數，各變數分別有 2、3、4 個水準，則可得 $2 \times 3 \times 4 = 24$ 的因子設計排列。如果有 k 個實驗變數，第一個變數有 n_1 個水準，第二

個變數有 n_2 個水準，依此類推，第 k 個變數有 n_k 個水準，則所需的變數組合應為 $n_1 \times n_2 \times n_3 \times \cdots \times n_k$。不過有時因受到成本或其他限制條件，可排除若干實驗變數組合，此即所謂的不完全因子設計或部分因子設計。

因子設計可以衡量各個實驗變數的個別效果，稱為「主效果」(Main Effect)，其結果與完全隨機設計的衡量結果完全相同；但因子設計尚可進一步衡量各實驗變數間的「互動效果」(Interaction Effect)。當一個實驗變數與依變數的關係因另外一個實驗變數的不同水準而有不同時，就產生了互動現象。譬如在本例中，當銷售量（依變數）與價格（第一個實驗變數）的關係隨著是否做廣告（第二個實驗變數）而有不同時，價格高低與廣告有無這兩個實驗變數就具有互動的現象。

隨機區集設計乃假設區集因素與實驗變數二者之間沒有互動關係，而拉丁方格設計亦假設在兩個區集因素（即外在變數）之間沒有互動關係。也就是說，在前述的四種正式實驗設計方式中，僅有因子設計才會考慮到互動現象的影響。

第三節　實驗的效度

實驗的「效度」(Validity) 係指實驗的設計及實施是否妥當或有無偏差而言。效度一般可分為兩種：外部效度與內部效度。

 外部效度

外部效度是指參與實驗的單位與所要研究的母體是否存在著系統性的差異（即非由運氣造成的差異）。一個實驗如不能維持其外部的效度，則實驗的結果甚難加以延伸及推廣。實驗者對實驗單位的選擇常基於便利的原則，而不是從母體中隨機抽選，此時即可能喪失外部的效度。例如，許多實驗都是以大專生作為實驗單位，因此這些實驗的結果將難以應用到大專生以外的母體。

實驗室實驗法由於不在現場進行，多少缺乏真實感，故較之現場實驗法，更不易保持外部效度。

在實驗設計中，可能影響到外部效度的因素很多，主要包括下列幾項：

▶ ㈠試驗對實驗的反應力

預試 (Pretest) 使被試驗者對實驗感到敏感，因此他們對實驗的刺激物將有不同的反應。在態度的研究中，這種事前衡量的效果特別顯著。

▶ ㈡選擇與實驗變數的互動作用

抽樣的母體與我們想把研究發現推廣和應用的母體可能不同。譬如，我們從某一部門選出一群工人來進行按件計酬的實驗，其結果能否推廣到所有的工人則不一定。

▶ ㈢其他反應因素

實驗的環境本身對被試驗者的反應可能會造成偏差效果。從一個人為的實驗環境所獲得的結果將不能代表母體的真正反應。譬如，被試驗者如果知道他正在參與一項實驗，則他可能會有「角色扮演」(Role Play) 的傾向，因此亦將可能扭曲了實驗變數的效果。

二 內部效度

實驗法的內部效度有如訪問法的無反應偏差 (Response Bias)，它是指實驗過程本身有無任何不當之處，以致使實驗的結果無法解釋。換句話說，除了實驗變數之外，是否還有其他變數介入，以致混淆了實驗的結果。一般而言，造成內部效度喪失的原因包括下列幾項：

▶ ㈠歷史 (History)

在兩次衡量之間，其他變數的變動可能影響實驗的結果。兩次衡量的間隔時間愈長，因歷史效果而喪失內部效度的可能性愈大。

▶ ㈡成熟 (Maturation)

實驗單位本身隨著時間的變動而日漸成熟，也可能會影響實驗的結果。

例如，在進行實驗時，實驗單位可能變得疲倦、飢餓或注意力分散等。當實驗的時間愈長，則發生成熟效果的可能性也就愈大。

㊂試驗 (Testing)

試驗效果是指第一次試驗對第二次試驗結果的影響。譬如，在第一次試驗時，我們詢問被實驗者使用那一種品牌

圖 6.1　實驗受測者因受測時間過長，可能出現倦怠感

的牙膏，被實驗者可能因此而得到暗示，知道在下次試驗時還會被問到同樣的問題，或許會影響他的正常購買行為。

㊃衡量工具 (Instrumentation)

實驗時通常無法同時衡量實驗組與控制組中的所有實驗單位，當實驗場地不同，甚至訪問時音調之抑揚頓挫不同時，都可能影響實驗單位的反應。此外，如果進行二次或二次以上的衡量，則可能因所使用的衡量儀器、技術及人員不同而影響衡量的結果。

㊄迴歸 (Regression)

迴歸效果起因於只選那些特殊的分子來參加實驗。譬如，研究者想瞭解銷售競賽對銷售成績的效果，他可能只選擇那些上年度銷售成績不佳的銷售員來參加競賽，此時將可能產生迴歸效果。

㊅選擇 (Selection)

實驗單位如非按照隨機的基礎分派到實驗組與控制組，則實驗組與控制組的組成分子可能不相似，因此兩組的實驗結果將難以進行有意義的比較分析。

▶ ㈦死亡 (Mortality)

如果實驗的時間較長，可能會有些被實驗者中途脫離，這些脫離者有如訪問法中的無反應者或拒絕回件者，他們對實驗變數的反應可能和那些做完全部實驗過程的實驗單位有所不同。

▶ ㈧互動 (Interaction)

這是指實驗組與控制組之間的互動作用所造成的效果。譬如，一個作為實驗組的商店減價，可能促使另一個控制組的商店亦跟著減價。

想要保持一個實驗的內部效度並非易事；實驗室實驗法雖可控制實驗環境及有關的變數，但喪失內部效度的風險相當大，應予以小心的防範。至於現場實驗法，由於其對實驗環境及有關的變數之控制較為不易，故保持內部效度更為困難。

內部效度與外部效度常常不能兼而有之，為了要改進實驗的內部效度，常要犧牲其外部效度。同樣的，為了提高實驗的外部效度，也往往要以其內部效度作為代價，此乃令實驗者最感困擾的一個問題。

 ## 第四節　實驗環境

就實驗設計而言，實驗結果所產生的誤差，除了受到自變數（獨立變數）的影響之外，實驗環境亦是一個很重要的影響因素，尤其是以人作為對象的實驗設計，實驗環境更是影響實驗結果的主要關鍵。為求降低及控制實驗誤差，在實驗設計實施之前，應對實驗環境慎加考慮。一般而言，實驗環境可分為二大類型：實驗室實驗與現場實驗。

 一　實驗室實驗

實驗室實驗 (Laboratory Experiment) 又稱為室內實驗，以人為方式設計實驗環境為其主要的特色。實驗室實驗係以「隔離」(Isolating) 作為手段，將被調查者與其所面臨的實際狀況 (Physical Situation) 予以隔離，利用人為特殊

化、可操縱化及可控制化的實驗環境，技巧地控制自變數，達到降低實驗誤差的目的。例如我們以相似的實驗主體之固定樣本實驗設計為例，若利用「隔離」作為手段，實施實驗室實驗，則研究人員可藉著相似的實驗程序，產生相似的實驗結果。在市場調查的應用上，實驗室實驗大多被用於新產品研究、包裝設計、廣告主題及廣告文案設定等之探索性的研究工具。

　　實驗室實驗是將當時的實驗環境及實驗結果之適用條件預先加以設定，但事實上由於預先所設定的實驗環境及適用環境，往往會與當時的實際狀況有所出入，故實驗結果的外部效度 (External Validity) 可能將無法達到研究者的要求。例如，以廣告效果的調查為例，研究者所關心的可能並不是實驗室中由被調查者所獲知的有關對廣告的反應之資料，其最終目的可能在於要求瞭解廣告對象於接觸廣告之時，環境對廣告所產生的反應。例如正好有人來訪問、外界的干擾或競爭對象的出現等等。換句話說，市場所面臨的環境因素會抵消實驗室實驗設定之變數所產生的實驗效果，尤其是在相同時間內，具有「重複性」(Replicability) 愈高的實驗室實驗，其外部效度之受影響的程度也愈大。

　　實驗室實驗雖具有上述的缺點，但它亦具有下列的優點：

1. 省時、迅速。
2. 作業標準化。
3. 容易控制。
4. 成本較為低廉。

 現場實驗

　　現場實驗 (Field Experiment) 又稱為室外實驗，係指在「非人為」或「真實」的環境下，儘量不影響環境為原則，由研究者將實驗變數配合外在環境而從事之實驗設計。其與實驗室實驗相比較，最主要的差異在於前者具有高度的真實性。

圖 6.2　現場實驗便於觀察受試者的自然反應，卻也容易受外在因素所干擾

　　雖然現場實驗著重於實驗變數對實驗環境的配合，但事實上，兩者往往會因不易配合而影響到實驗的結果。在實驗設計中一般所指的實驗環境乃為外在變數，如實驗場所、實驗當時之天氣狀況、大眾傳播媒體的類別等。例如，以零售商店作為實驗場所，則零售店的銷售政策、店主的合作態度、零售店的商圈特性等等，皆稱為外在環境。假定想要進行以訂價為目的之實驗設計，如果零售店的訂價策略或店主採取不合作的態度，則會因自變數無法配合外在環境變數而影響到實驗的結果。

　　在市場調查的應用上，現場實驗可作為新產品上市前之市場接受度的測定工具。在各種不同的測定方法中，試銷 (Test Marketing) 是一種最具代表性的現場實驗工具。所謂試銷是指在新產品尚未正式導入於市場之前，為瞭解消費者對新產品的接受度及測試所擬訂的新產品行銷方案之可行性，於事先所選定的特定地區，將新產品及有關的行銷方案試行推展，藉著消費者的反應，期以發現新產品的缺點，預估潛在市場的需求與規模，以及評估行銷策略而實施的市場研究作業。

　　現場實驗因係實地在現場進行，易於維持實驗的外部效度，但難免喪失一些內部效度；實驗室實驗則剛好相反，因其係在實驗室中實施，對有關的變數可嚴格控制，故易於保持實驗的內部效度，但難以維持其外部效度。下表乃列示實驗室實驗與現場實驗之效度的比較：

效　度	實驗室實驗	現場實驗
內部效度	高	低
外部效度	低	高

🔍 本章摘要

實驗法的意義與重要性 —— 實驗法的意義：實驗法是一種測定因果關係之研究方法，係緣於自然科學之實驗求證的方法一般的定義如下：「在控制其他變數不變的情況下，操縱一個或以上的變數以測定該實驗變數的效果之調查方法。」

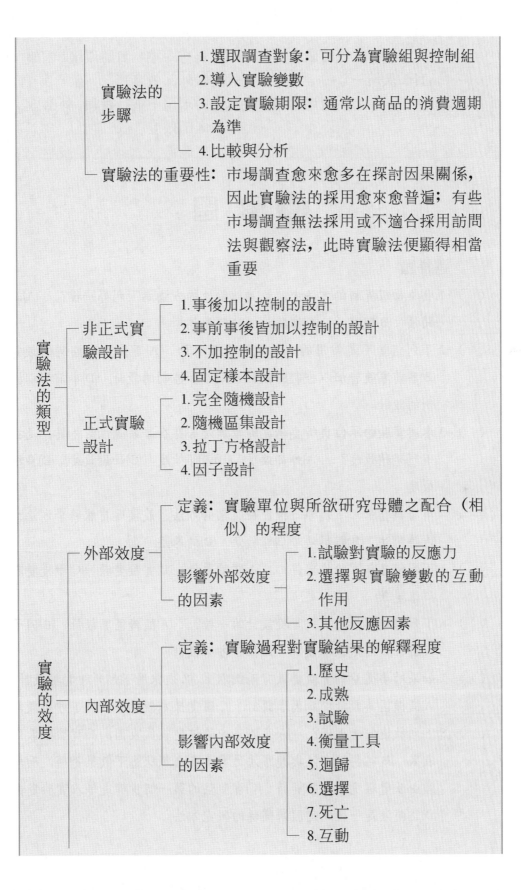

實驗法的步驟
1.選取調查對象：可分為實驗組與控制組
2.導入實驗變數
3.設定實驗期限：通常以商品的消費週期為準
4.比較與分析

實驗法的重要性：市場調查愈來愈多在探討因果關係，因此實驗法的採用愈來愈普遍；有些市場調查無法採用或不適合採用訪問法與觀察法，此時實驗法便顯得相當重要

實驗法的類型

非正式實驗設計
1.事後加以控制的設計
2.事前事後皆加以控制的設計
3.不加控制的設計
4.固定樣本設計

正式實驗設計
1.完全隨機設計
2.隨機區集設計
3.拉丁方格設計
4.因子設計

實驗的效度

外部效度
定義：實驗單位與所欲研究母體之配合（相似）的程度
影響外部效度的因素
1.試驗對實驗的反應力
2.選擇與實驗變數的互動作用
3.其他反應因素

內部效度
定義：實驗過程對實驗結果的解釋程度
影響內部效度的因素
1.歷史
2.成熟
3.試驗
4.衡量工具
5.迴歸
6.選擇
7.死亡
8.互動

```
                    ┌ 實驗室實驗：以人為方式控制實驗環境，內部
         ┌ 實驗環境 ┤             效度較外部效度高
                    └ 現場實驗：在真實的環境下進行實驗，外部效
                                 度高於內部效度
```

習 題

一、選擇題

( ) 1.收集初級資料的方法中，較具結論性的方法為下列那一種？ (A)訪問法 (B)觀察法 (C)實驗法 (D)問卷法

( ) 2.下列何者不是常用的非正式實驗設計？ (A)事後加以控制的設計 (B)事前事後皆加以控制的設計 (C)不加控制的設計 (D)事前加以控制的設計

( ) 3.參與實驗的單位與所要研究的母體是否存在著系統性的差異，是指下列那種效度？ (A)外部效度 (B)內部效度 (C)母體效度 (D)系統效度

( ) 4.市場調查中，下列那一種資料收集的方法，最接近自然科學方法？ (A)訪問法 (B)觀察法 (C)實驗法 (D)問卷法

( ) 5.下列何者非實驗法要件？ (A)實驗單位 (B)實驗變數 (C)干擾變數 (D)依變數

( ) 6.下列何者不屬於正式實驗設計的一種？ (A)隨機區集設計 (B)因子設計 (C)固定樣本設計 (D)拉丁方格設計

( ) 7.如果所要衡量的實驗變數有兩個以上，必須採用下列那種實驗設計？ (A)隨機區集設計 (B)因子設計 (C)固定樣本設計 (D)拉丁方格設計

( ) 8.下列敘述何者正確？ (A)實驗法中的依變數代表因，而實驗變數代表果 (B)訪問調查法與觀察法通常是在自然狀態下收集資料，而非經由改變環境來收集資料 (C)實驗法的第一個步驟是導入實驗變數 (D)訪問法是一種測定因果關係的研究方法

( ) 9.下列那一個實驗設計方法,可以衡量實驗變數的主效果與互動效果? (A)隨機區集設計 (B)因子設計 (C)固定樣本設計 (D)拉丁方格設計

( ) 10.有關實驗環境之敘述,下列何者錯誤? (A)現場實驗之內部效度高於實驗室實驗之內部效度 (B)實驗室實驗與現場實驗的主要差別,在於前者以人為的方式設計其實驗環境 (C)省時、迅速是實驗室實驗相對於現場實驗的優點之一 (D)實驗室實驗的成本相對於現場實驗的成本低廉

( ) 11.下列何者非影響內部效度的因素? (A)迴歸 (B)死亡 (C)選擇 (D)反應

( ) 12.下列何者非固定樣本設計的應用範圍? (A)櫥窗佈置效果測定 (B)市占率效果測定 (C)包裝效果測定 (D)訂價效果測定

( ) 13.在市場調查的應用上,下列何者大多被用於新產品研究、包裝設計、廣告主題及廣告文案設定等之探索性工作? (A)直接實驗 (B)間接實驗 (C)室外實驗 (D)室內實驗

( ) 14.下列敘述何者有錯誤? (A)現場實驗以配合方式作為設計實驗環境,為其主要的特色 (B)實驗室實驗以人為方式設計實驗環境,為其主要的特色 (C)採隨機方式作為實驗設計之基礎,為正式實驗的主要特色 (D)採配合方式作為實驗設計之基礎,為非正式實驗的主要特色

( ) 15.下列有關拉丁方格的實驗設計敘述何者正確? (A)設計時耗費的時間與成本相對較少 (B)本身容許兩個以上外在變數 (C)假設外在變數之間有互動關係 (D)外在變數的水準或數目須相同

二、填充題

1.實驗法的步驟依序包括: (1)_____ ; (2)_____ ; (3)_____ 及 (4)_____ 。

2.實驗變數又稱為_____ ,係指實驗者所能控制或操縱的_____ 。

3.實驗法一般可將實驗單位分為兩群,其一為_____ ,其二為_____ 。

4.實驗法的類型主要可分為兩大類，即_____與_____。

5.正式實驗設計包括四種設計方式，即_____、_____、_____

及_____。

6.隨機區集設計中，如實驗變數有 m 個水準，則每個區集中亦應有

_____個實驗單位。

7.在拉丁方格設計中，如果實驗變數有 k 個水準，則外在變數必須分為

_____類，且需要有_____個實驗單位。

8.實驗環境可分為二大類型，即_____與_____。

9.實驗室實驗的內部效度_____，外部效度_____；而現場實驗的

內部效度_____，外部效度_____。

10.影響外部效度的可能因素包括：_____、_____、_____及

_____。

三、問答題

1.試述實驗法的意義與重要性。

2.實驗法的步驟為何？請簡要說明之。

3.實驗法包含那些要素？請簡要說明之。

4.何謂非正式實驗設計？它又包含那幾種設計方式？

5.何謂正式實驗設計？它又包含那幾種設計方式？

6.試比較正式實驗設計之四種設計方式的適用情況。

7.何謂實驗效度？請說明之。

8.拉丁方格設計的缺點為何？請簡要說明之。

9.試述影響內部效度的因素。

第 7 章

抽樣方法

學習重點

1. 瞭解抽樣的意義與原因。
2. 概括認識整個抽樣的程序。
3. 瞭解造成抽樣誤差與非抽樣誤差的原因。
4. 熟悉各種抽樣原理與抽樣的方法。
5. 知道如何選擇抽樣方法。

💡 第一節 抽 樣

一 抽樣的意義

在進行市場調查時，尤其是在收集有關消費者的資料時，往往不太可能對所有眾多的消費者進行調查。此時僅能就整體消費者中選出一部分對象進行調查，並據以推測全體對象的情況。這些選出來的部分對象即稱為樣本，而這種選出樣本的方法或程序即稱為抽樣 (Sampling)。

抽樣是市場調查的重要工具之一，行銷研究人員對抽樣的功能、抽樣的方法及抽樣的可靠性與誤差，皆應有相當的瞭解。當市場調查採抽樣的方式來收集資料時，稱為抽樣調查 (Sampling Survey) 或簡稱抽查；與此相對的有所謂的普查 (Census)。例如，工商業抽樣調查或工商普查。

普查是針對所有的調查對象，採逐一調查的方式收集全部的資料；至於抽查則僅調查全部對象的一部分。在理論上，市場調查若能採用普查，其調查結果應最準確，最具價值，但它並不適用於大型母體的市場調查，因為它需耗費大量的人力、財力、物力與時間。此外，採用普查時，調查人員的素質不易掌握，也將影響調查結果的準確性。即使人力、財力均不成問題，但市場的瞬息變化，若花費太長的時間去獲得一個調查結果，可能緩不濟急，失去時效。由此可知，目前的市場調查主要仍採用抽樣調查為主。

二 常用的抽樣名詞

在論及抽樣方法之前，宜先瞭解幾個常用的與抽樣有關的名詞：

➤ ㈠母 體

母體 (Population) 是我們所要研究調查的對象，它是一群具有某種共同特性的基本單位所組成的一個群體。母體可以是一群人，如某學校的學生；也可以是一群事物，如某工廠所生產的產品。

▶ ㈡基本單位

係指母體中的個別分子。基本單位乃依據抽樣調查之目的而決定，不受抽樣設計的影響。譬如，抽樣的目的若在估計每人的所得，則組成該母體的基本單位為每一個人；如果抽樣的目的在於估計每戶的所得，則組成該母體的基本單位為每一戶家庭。另外，在同一抽樣調查中，亦可以有二種或以上的基本單位；譬如，若調查的目的在於瞭解每人的所得及每戶的生活費用，則構成母體的基本單位有二種，即每一個人及每一戶家庭。

▶ ㈢樣　本

樣本 (Sample) 是母體的一部分；例如，從某所學校的所有學生中（母體）抽出 100 位學生（樣本）。在抽樣調查中，我們只收集與分析樣本的資料，然後根據樣本所提供的資訊來瞭解母體，因此所抽得的樣本必須具有代表性。

▶ ㈣母　數

母數又稱為參數 (Parameter)，乃是用以描述母體某一屬性或特徵的數值，如母體平均數即是一母數，用以描述母體之中心趨勢的數值。例如，某校所有學生（母體）之平均身高，即為一母數。

▶ ㈤統計量

統計量 (Statistic) 係指根據所抽得的樣本資料計算而得，用以描述樣本之屬性或特徵，如樣本平均數為一統計量，用以描述樣本之中心趨勢的數值。例如，從某校抽出 100 位學生（樣本）其平均身高，即為一統計量。

▶ ㈥抽樣架構

抽樣架構 (Sampling Frame) 係指母體的名冊、索引、地圖或其他記錄。在進行抽樣調查之前，必先瞭解抽樣的母體為何，而抽樣架構即是對母體定義的一種說明，亦即對母體範圍加以界定。

三　抽樣架構

抽樣架構的選擇對抽樣調查結果的影響很大。在機率抽樣中，抽樣設計（包括抽樣方法與抽樣規劃）大半受到現有的抽樣架構所左右。因此，在實施市場調查之前應先考慮到是否存在現有的抽樣架構可資利用，若無適當的抽樣架構，則應該設法建立適合調查目的所需的抽樣架構。例如，當無法取得被調查者的名冊可供作調查某一特定地區之消費者時，研究人員不妨也可以在事先設定的特定條件下，利用地圖作為「抽樣架構」，藉以代替名冊。

另外，機率抽樣技術的好壞主要看是否能夠選出合適的，且能及時加以利用的抽樣架構。一個抽樣架構是否合適，當然要視調查目的而定。學者葉茲 (Yates) 曾提出五項評估抽樣架構的標準：

▶ ㈠足夠性

一個好的抽樣架構應該包括足夠調查目的所需的母體。假定母體是所有高職學生，則如果僅針對北部地區的高職學生為抽樣架構是不足夠的，因為這個架構中並未包括其他地區的高職學生在內。

▶ ㈡完整性

一個抽樣架構應包括母體中的所有單位。

▶ ㈢不重複性

抽樣架構中的基本單位，不應該在同一架構中重複出現。

▶ ㈣正確性

抽樣架構中所列舉的單位應力求正確。在很多情況下，由於母體的動態性，很難獲得一個完全正確的抽樣架構。

▶ ㈤便利性

一個良好的抽樣架構應該是易於取得、易於使用，且可配合抽樣的目的

而做適當的調整變動。

四　抽樣的原因

　　母體的特性或母數的數值，如能針對整個母體進行普查，求得母數的數值，一定較為理想。不過事實上普查有其困難，普查不僅不經濟，有時還根本行不通，不得已只有退而求其次，先抽取母體的一部分作為樣本，從樣本的特性來瞭解母體，以樣本的統計量數值來估計母體的母數數值。

　　為什麼要抽樣？其主要原因有下列六點：

▶ (一)經　濟

　　利用抽樣只需觀察或調查母體的一部分，所需的人力與財力資源自較普查為節省。譬如，要對某產品的所有消費者進行一項消費者普查，光是印刷及郵寄問卷、整理回函、編表等花費就極為可觀，如果改用抽樣調查，就經濟多了。同時，要獲得百分之百的回收率也是極為困難的。有些消費者對問卷置之不理，更有些消費者已失去聯絡，要對他們進行調查亦非易事，所費更不知幾許。

▶ (二)時　效

　　抽樣調查是利用樣本的統計量值來推論或預測母體母數，投入於調查的時間短，調查資料的時效性高，而且在必要的時候，更可以利用降低調查結果的精確度來提高調查資料的時效性，達到符合行銷管理的要求。在一個高度競爭的企業環境中，管理者的決策更需要爭取時效，掌握先機。茲以產品普及率的調查為例，若要獲得百分之百的精確度，而耗費大量時間進行普查，則時間因素會使調查資料失去時效性。在此情況下，即使資料再精確，其對行銷決策並無任何助益，反而以精確度低但時效性高的抽樣調查資料，更能符合營銷管理的目的。

▶ (三)母體過大

　　有許多母體因為數目太大，實際上不可能對其做普查。譬如，許多暢銷

全國的日用品，消費者數以萬計，要進行普查實際上不太可能。在此種情況下，要想獲得有關母體（消費者）的資訊，只有從樣本著手。

▶ ㈣母體中有些分子難以接觸

有時母體包含一些難以接觸或接近的分子。譬如，我們要調查某一產品的使用者，但其中有些使用者或因為非作歹身陷囹圄，或因精神失常住院醫療，或因身居要職而警衛森嚴，這些情況下都使訪問人員無法與其接觸。又有些使用者可能住在偏遠的高山或離島地區，雖可接觸，但成本過高難以負擔。此時，普查將遭到極大的困難，而只有借助於抽樣調查。

▶ ㈤觀察的毀壞性

觀察的行為有時會毀壞被觀察的對象，此種情形經常發生在品質管制的作業中。譬如，為了要試驗保險絲的品質，必須毀壞它；為了要檢驗罐頭食品的品質，亦須打開罐頭。如果要對所有的保險絲或罐頭食品的品質進行普查，勢必會毀壞所有的保險絲或食品罐頭，此有違品質管制的目的，因此必須採取抽樣調查。

▶ ㈥樣本的正確性

一般而言，普查易流於草率，所獲得的資訊可能比不上小心抽取、仔細調查的樣本所提供的資訊來得正確。

五 抽樣的程序

抽樣包括許多的工作與決策，如能對整個抽樣的過程有一個概括的認識，有助於我們對於各種抽樣原理與抽樣方法的瞭解。抽樣的程序通常包括下列五個階段：⑴界定母體；⑵確定抽樣架構；⑶抽樣設計；⑷收集樣本資料及⑸評估樣本結果，參見圖 7.1。

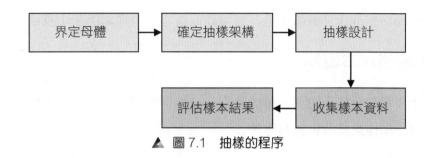

▲ 圖 7.1　抽樣的程序

▶ ㈠界定母體

這是抽樣程序中極為重要的第一步，抽樣設計者應根據研究設計界定抽樣的母體，亦即目標母體 (Target Population)。對目標母體的特徵或屬性應明確地說明，並劃定母體的界限。一個說明很明確的研究目的，對於抽樣母體的界定是非常有幫助的。

▶ ㈡確定抽樣架構

在抽樣母體界定之後，接著應確定抽樣架構。抽樣架構雖係對母體定義的一種說明及對母體範圍的一種界限，但抽樣母體與抽樣架構可能並不一致。譬如，在電話訪問的調查中，母體可能是某地區的全體住戶，但研究人員可能以電話號碼作為抽樣架構。此時因為有些住戶未裝設電話，也有些住戶裝設兩部或多部電話，因而造成抽樣母體與抽樣架構不一致的情事。

在某些情況下，不一定有現成的抽樣架構可資利用，此時則有賴研究人員發揮創意，發展出一合適的抽樣架構。

▶ ㈢抽樣設計

抽樣程序的第三步是要決定樣本的選擇及樣本大小，此步驟稱為抽樣設計。抽樣設計者先要決定是採用沒有限制的抽樣設計（從整個母體中抽樣），還是有限制的抽樣設計（從部分母體中抽樣）。如採用前者，應規定選擇樣本單位的方法；如採用後者，應決定將母體細分及抽選最後樣本單位的標準與方法。

此外，還要依據抽樣誤差的最大容忍限度去決定樣本的信賴界限

(Confidence Limit) 及信賴係數，並據此而決定所需樣本的大小及組成。

▶ ㈣收集樣本資料

此步驟包括指示訪問人員或觀察人員如何選擇及確認樣本單位，預試抽樣計畫、抽樣以及收集資料等等。

▶ ㈤評估樣本結果

最後一個步驟應對樣本結果加以評估,看看所得到的樣本是否適合所需,抽樣計畫是否忠實地被執行。評估的方法通常包括計算標準差的大小以及檢定統計的顯著性，或是比較樣本結果及一些可靠的獨立資料，看看二者之間是否有重大的差異。例如，根據政府發佈的資料，男女結構比例為 3:2（假定），則樣本資料中，若性別是一項重要的研究項目，則有必要對樣本中的性別比例加以計算，看看與 3:2 是否有顯著的差異；若有的話，則此樣本的代表性就值得存疑。

第二節　抽樣誤差

抽樣只是觀察或調查母體的一部分，樣本與母體之間常有差異存在，因此樣本的統計量並不能百分之百正確地代表母體的母數，於是便產生誤差 (Error)。樣本與母體之所以有差異，其主要原因有二：一是由於樣本中包含特殊的基本單位，一是由於觀察或調查的方法與過程不妥當。前者所造成的差異稱為抽樣誤差 (Sampling Error)，後者所造成的差異稱為非抽樣誤差 (Non-sampling Error)。

梅爾 (Mayer) 與布朗 (Brown) 兩位學者將抽樣時發生誤差的來源分成五類：

1. 衡量：受訪者不願或無法正確答覆問題。
2. 無反應：受訪者拒絕接受調查或不回件。
3. 過程：在調整估計的樣本平均值時所用的加權數係依據過時或不正確的資料。

4.架構：抽樣架構與我們所感到興趣的母體不相符合。

5.隨機性：不受主觀判斷所左右的抽樣。

在這五類來源中，只有第五類來源（隨機性）可以利用平均數或標準差來衡量。由隨機性而產生的誤差即屬於抽樣誤差，由其餘的四類來源所造成的誤差則屬於非抽樣誤差。

一 抽樣誤差的原因

樣本中可能包括某些特殊的基本單位，破壞了樣本的代表性，因而產生抽樣誤差。造成抽樣誤差的可能原因一般有下列兩點：

▶ (一)運氣（或機會）

在母體中如果有些不正常的基本單位存在，在抽樣時總有可能會抽到那些特殊的基本單位。一個補救的方法便是利用大數法則 (Law of Large Number) 或中央極限定理 (Central Limit Theory)，增加樣本數。因為那些不正常的基本單位數目很少，如果樣本數過小，不幸地又抽到那些不正常的基本單位，則樣本的代表性將大受影響。相反的，如果樣本

圖 7.2　一般而言，樣本數愈大，抽樣誤差愈小，樣本的代表性愈高

數過大，則所受的影響將較小。例如，抽出 100 位學生衡量其平均身高，比僅抽出 10 位學生計算其平均身高，以前者來推斷全校學生的平均身高，其代表性應較以後者的平均身高之代表性來得好。

▶ (二)抽樣偏差

抽樣時有時會抽到母體中某些具有特殊特徵之基本單位的傾向，此即所謂的抽樣偏差 (Sampling Bias)。抽樣偏差有時是蓄意的，有時是因為抽樣計畫不佳而發生的。譬如，某公司想進行一項食品消費者的抽樣調查，由於婦女通常是食品的購買者，也較容易在家找到她們，於是決定派出訪問員利用

白天上班時間到各樣本戶去訪問，此時即可能發生抽樣偏差，因為有許多婦女白天也上班，訪問員將難以收到那些職業婦女對該食品的意見。

二　非抽樣誤差的原因

　　非抽樣誤差純粹是因為調查或觀察的方法不當所造成的，在抽樣調查中發生這類誤差的原因有下列幾種情形：

1. 各基本單位並非在相同的環境下接受觀察或調查，導致調查的結果難以比較。譬如，在衡量學生的體重時，量體重的時間（如飯前或飯後）、身上所穿著的衣服、所使用的量體重器等條件如不相同，則衡量的結果將難以做比較。

2. 被調查者或被觀察者如事先知道調查的目的，也可能產生不正確的答案。譬如，要調查一個人的所得，如果他事先知道這是為補稅目的而調查的，則他可能少報。為避免發生這種誤差，必要時應將調查目的加以適當地偽裝，有時甚至要委託外界的商業調查機構或學術機構去做調查，以進一步掩飾調查的目的。

3. 被訪問者的心理因素也會使抽樣調查結果發生誤差。譬如在調查某人的知識程度，問他有沒有讀過《藍海策略》那本書時，他雖沒讀過，但可能為了面子問題而回答說讀過了。因此，在設計調查問卷時，應特別注意防止這種心理因素的影響。

4. 研究工作設計者或資料收集者的個人偏見，也可能造成非抽樣誤差。如果問卷的設計者對所要研究的問題有強烈的偏見，則他所設計的問卷也極可能反映他個人的偏見，致使所獲得的結果並不正確。譬如，某飲料廠商甲公司在一項消費者偏好的調查中，先問受訪者：「你認為甲公司的可樂比起其他公司的可樂有那些優點？請一一列舉。」接著要求受訪者指出他對各品牌可樂（包括甲公司品牌）的相對喜好程度。在此項調查中，受訪者先被要求去想想甲公司品牌可樂的優點，很可能使受訪者在判斷對各品牌的喜好程度時，受到影響。

　　發生抽樣及非抽樣誤差的情形很多，有時真是防不勝防，必須對整個抽樣的設計及執行嚴加控制，設法消除或減少誤差的程度，提高抽樣的可靠性。

第三節　抽樣方法

　　抽樣是根據統計學中的機率理論發展出來的，其目的在於從母體中抽出具有代表性的樣本。所謂抽樣方法即是從母體中抽出具有代表性的樣本之統計方法；因此，抽樣方法有兩項基本的要求：第一，抽樣技術必須合於「機率法則」，以衡量與控制抽樣的誤差，使母體中的每一分子皆有被抽出的機會。第二，要儘量使用簡單、直接的方法，使在工作程序中，不影響調查的精確度。

　　抽樣方法基本上可分為兩大類型，即機率抽樣法與非機率抽樣法。所謂機率抽樣法 (Probability Sampling Method) 又稱為隨機抽樣法 (Random Sampling Method)，係指不依個人主觀的選擇或判斷，母體中的每一個抽樣單位皆有被抽出的機會，亦即不含絲毫的主觀成見，依隨機的方式抽取樣本。至於非機率抽樣法 (Non-probability Sampling Method) 係指憑藉著主觀的判斷而抽取樣本，其各種樣本出現的機率無從計算。

　　機率抽樣法的優點是它具有統計推論的功能，能算出樣本代表性的程度。而非機率抽樣法是在對母體沒有足夠的瞭解，或者是母體太龐大、太複雜，且不適合機率抽樣法時可利用非機率抽樣法。常用的機率抽樣方法包括：簡單隨機抽樣、系統抽樣、分層隨機抽樣及集群抽樣等，而常用的非機率抽樣法又包括：便利抽樣、判斷抽樣及配額抽樣。參見圖 7.3 所示的常用抽樣方法的種類，以下我們分別就各種抽樣方法加以介紹。

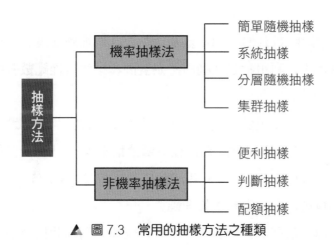

▲ 圖 7.3　常用的抽樣方法之種類

一 簡單隨機抽樣

▶ (一)抽樣方法

簡單隨機抽樣是最基本的抽樣方法，係將全部的抽樣單位皆排列在抽樣架構上，研究者為每一抽樣單位編號，然後依據下列二項原則抽出樣本：

1. 每一抽樣單位被抽中的機率皆相等。

2. 任一抽樣單位被抽中與否與其他抽樣單位能否被抽中，彼此之間是相互獨立的（即毫無相關）。

常用的簡單隨機抽樣方法有二，即：抽籤法與亂數表法。

1.抽籤法

所謂抽籤法是指事先將調查母體中的每一個抽樣單位，由 1 至 N 分別予以編號，然後再將其號碼記入於卡片，並放進箱內經完全攪拌後隨機抽出號碼卡片，直到預定的樣本數足夠為止。理論上，在每次抽出一張卡片之後，應先將卡片放回箱中，然後再抽下一張，使每一張卡片在每次抽樣時被抽出的機率都完全相同。

2.亂數表法

亂數表法乃是利用亂數表 (Random Table) 抽出所需要的樣本，表 7.1 為亂數表的一例。茲舉一例以說明亂數表法之簡單隨機抽樣的程序。假定欲從某年級 90 位學生中抽出 15 個學生作為調查樣本，其抽取樣本的程序如下：

1. 有 90 位學生（母體）由 01 至 90 編列 90 個連續號碼。

2. 由亂數表中，利用抽籤法抽出起始號碼，以決定從亂數表中的第幾行與第幾列開始。

3. 由於編號皆為二位數，故自起始點開始取 2 位數。假定選定的起始點之行列是第三行與第六列，然後往下繼續抽出樣本，則 15 個學生的樣本編號分別為 89, 71, 74, 84, 13, 49, 08, 11, 33, 47, 29, 80, 75, 26, 05。

4. 若遇到重號，則跳過該重複號碼。

5. 若遇到無效的號碼，則亦予以捨棄，例如上例中我們曾抽到 00 與 92 等

二個無效號碼。

▶ ㈡注意事項

上述兩種簡單隨機抽樣方法都不受抽樣者的主觀判斷所左右，可收隨機抽樣的效果，惟在實用方面，則存在一些限制與困難。

1.在成本上

隨機樣本中的基本單位可能散佈在全國各角落，要對他們進行觀察或訪問，在時間上及金錢上所費的成本通常較高。

2.在母體名冊上

簡單隨機抽樣需要有周詳完備而且最新的母體名冊，然而此種母體名冊通常並不容易取得。

3.在管理上

因樣本單位散佈較廣，對訪問員之監督管理比較困難。

4.在抽樣工作上

簡單隨機抽樣的觀念簡單，但實際抽樣工作並不如此簡單，要從一個龐大的母體中隨機抽出少數的樣本單位,是一件繁雜且易發生錯誤的工作。

5.在統計效率上

如樣本大小相同，標準差愈小表示抽樣設計的統計效率愈高。倘若抽樣設計者對母體的某些特性已有初步的認識，則可將抽樣的程序加以若干限制，以改進抽樣設計的統計效率。然而在簡單隨機抽樣下，抽樣設計者無法運用他對母體的認識，適當地限制抽樣程序，以提高統計效率。

由於簡單隨機抽樣有上述的缺點，因此通常只適用於具備下列四種條件的場合:

1.母體規模小。

2.有令人滿意的（周詳完備且最新的）母體名冊。

3.單位訪問成本不受樣本單位地點遠近的影響。

4.母體名冊是有關母體資訊的唯一來源。

▼ 表 7.1　亂數表

24	53	39	42	38	80	86	45	87	21	63	99	52	12	63	47	22	32	68	18
59	33	46	46	44	05	10	23	92	33	39	14	34	44	96	26	40	32	10	02
23	84	56	74	83	57	29	35	56	22	04	82	16	42	23	62	07	57	97	46
09	16	42	02	11	41	09	31	90	68	25	88	10	60	91	47	43	73	68	70
35	48	70	94	63	01	12	28	69	76	69	50	82	17	59	79	76	58	40	99
44	96	89	72	30	34	43	74	12	44	16	87	40	50	40	20	90	74	37	64
04	86	71	87	82	68	27	94	59	98	79	66	33	47	68	38	76	43	60	25
47	57	74	16	62	30	57	52	07	09	29	86	52	88	47	15	95	34	09	06
11	61	84	93	47	26	81	72	97	41	63	43	10	61	70	77	40	75	05	49
03	94	13	09	89	51	71	26	16	85	71	74	32	82	20	21	98	65	87	95
05	33	49	26	58	69	11	02	44	01	20	50	42	22	02	13	36	46	05	92
27	57	08	45	90	97	73	29	80	85	75	27	02	34	70	74	00	01	01	58
59	73	11	66	90	28	18	56	04	49	50	49	39	31	51	10	64	51	73	29
17	29	33	47	38	59	00	96	55	97	79	73	35	03	69	25	07	02	96	99
05	32	47	08	98	59	15	07	85	87	78	50	47	60	70	12	70	68	31	44
01	01	29	46	59	98	06	70	72	71	91	25	63	32	05	30	98	77	53	58
63	36	92	06	21	50	31	37	67	31	29	30	45	37	14	03	96	87	68	81
67	29	80	65	70	34	30	07	90	06	29	77	53	25	60	82	20	20	41	35
69	53	75	21	76	67	57	82	21	32	93	60	97	91	92	91	13	05	14	89
94	79	00	14	02	43	78	24	66	43	58	21	80	03	65	55	96	70	23	93
22	61	26	30	73	67	08	45	77	60	93	93	21	46	12	85	38	30	90	16
04	77	05	01	66	18	67	44	75	61	55	21	91	74	71	75	78	93	17	43
30	06	18	08	92	08	46	21	74	83	24	12	78	55	62	97	43	73	27	41
27	01	00	17	85	03	23	66	27	99	45	31	98	53	70	45	10	94	03	74
74	01	42	76	64	66	57	19	14	46	45	59	27	05	89	33	05	17	27	63
64	65	80	78	63	69	59	89	43	49	87	73	30	77	77	56	74	82	69	08
34	83	28	44	98	70	79	82	58	85	32	67	51	64	35	97	66	24	52	38
76	54	64	56	19	52	72	34	85	32	86	07	86	00	31	06	75	89	07	39
28	60	39	82	70	32	76	99	03	77	28	80	81	13	49	74	14	03	06	94
42	30	66	63	28	38	92	86	67	89	78	30	67	93	11	69	80	74	40	41

二 系統抽樣

▶ (一)抽樣方法

系統抽樣 (Systematic Sampling) 又可稱為等距抽樣，因為它是根據一定的抽樣距離而從母體中抽取樣本，至於抽樣距離則是由母體總數除以樣本數而得。系統抽樣仍是依隨機抽樣原理，應先取得母體內各個抽樣單位的名冊排列成抽樣架構。研究者先將母體的每一抽樣單位編號，計算樣本區間（即 N/n，N 表示母體的總數，n 表示樣本的大小）。如果樣本區間為分數，則可按四捨五入化為整數，然後從 1 到 N/n（整數）號隨機選出一個號碼作為第一個被抽出的樣本單位，將第一個樣本單位的號碼加上樣本區間 N/n（整數），即可得到第二個樣本單位，依此類推，直到所取得的樣本數足夠為止。

譬如，欲在一萬戶家庭中抽出 200 戶，用 10,000 除以 200，可得樣本區間為 50。將這 10,000 戶編上 1～10,000 的號碼，並以亂數表決定第一個樣本單位的號碼，例如 49（若選到數字大於 50，則必須重選或以其後小於 50 的數字代替）。接著，第二個樣本單位的號碼為 99 (49 + 50)，第三個樣本單位為 149 (99 + 50)，以此類推，直到抽出 200 個樣本單位為止。

▶ (二)注意事項

系統抽樣必須注意到母體各元素的排列性質，因為母體性質不同，系統抽樣所造成的誤差亦不同。母體的性質大抵上有下列三種情況：

1.隨機性母體 (Random Population)

所謂隨機性母體是指母體內各元素依隨機次序排列，無任何規則。在此種情況下，採用簡單隨機抽樣與採用系統抽樣，所得的樣本平均數之變異情形大約相同。

2.次序性母體 (Ordered Population)

所謂次序性母體是指母體內各元素係依某特性的大小次序排列，如依成績高低排列時，前面的成績高，後面的成績低。此時如果採用系統抽樣時，則所抽得的樣本元素較不同質，但是樣本平均數的變異情形卻較小。

3.週期性母體 (Periodic Population)

所謂週期性母體是指母體內各元素在某種特質的大小呈現規則性或週期性變化。例如，電視節目每七天一個週期，有些學校對學生排列採週期性次序，皆屬於週期性母體之例子。對於週期性母體若採系統抽樣，則樣本內之元素可能出現同質（同樣是高特質或低特質），但是樣本平均數的變異情形卻反而加大。

為了補救系統抽樣在週期性母體時所遭遇到的困難，變通的方式是採用「重複系統抽樣」(Repeat Systematic Sampling)。所謂重複系統抽樣即是重複抽取數個系統抽樣的樣本，而此時系統抽樣的起點便是由一個增加為數個；同時，系統抽樣的間距便擴增為數倍。例如，欲從 2,000 名學生中抽取 100 名，樣本區間為 20 (2,000/100)，設起始點為 5，而系統抽樣所得的結果分別為 5, 25, 45, 65, …… 直到 1,985 為止。現在若改用重複系統抽樣，則採用 5 個起始點，樣本區間亦加大為 $20 \times 5 = 100$，因此以 5 為起始點之樣本號碼為 5, 105, 205, ……。第 2 個起始點仍然由隨機抽樣中獲得，且由 1 至 100 中抽出，第 3、4、5 個起始點亦相同，同樣可以分別抽出 20 個樣本單位，而總共有 100 個樣本單位。此種重複抽樣法可以避免系統抽樣在週期性母體中抽出同性質元素的偏差問題。

【實例】

臺灣電力公司舉辦「家用電器普及狀況調查」，樣本數為 14,884 戶，約占電燈用戶總數的 0.268%。由於各用戶卡之排列順序完全隨機，故採用系統抽樣。母體總數為 14,884/0.00268 = 5,553,731，依據樣本大小對母體的比例 5,553,731/14,884 = 373.13（取整數 373），因此每間隔 373 戶抽取一戶。

三　分層隨機抽樣

▶ (一)抽樣方法

分層隨機抽樣 (Stratified Random Sampling) 是指預先將構成母體的抽樣單位，依特定的基準劃分為若干相互排斥的組或層，然後分別由各組中或各層中，利用簡單隨機抽樣法抽出預定數目的單位為樣本。在抽樣作業中，採

用分層抽樣之樣本統計量的可靠性較之
簡單隨機抽樣法為高。一般而言，構成
母體的抽樣單位往往由許多性質不同的
抽樣單位所組成。因此，除非樣本數很
大，否則這些性質不同，數目又不同的
抽樣單位，會因抽樣單位數目之多寡，
使抽出來的樣本在比例上造成偏高或偏
低，影響調查的可靠度。在此情況下，
如果利用分層抽樣，根據母體的某些特
性予以分層，則可使抽出的樣本數較接
近於抽樣單位在母體中所占的比例，達
到降低抽樣偏差的目的。茲以零售店的

圖 7.4　分層隨機抽樣例子如調查全
臺高中一年級男學生之身高，可以按
直轄市、縣、市進行抽樣

營業額之調查為例，由於營業額的大小與零售店規模別之構成比率呈反比現
象；即營業額小的零售店店數所占的比率較之營業額大的店數多，因此若利
用簡單隨機抽樣法，則可能會偏向於多抽取營業額較小的零售店，其調查結
果必然會使平均營業額偏低。但是，若採用分層抽樣法，則可按照營業額的
大小，將母體劃分為若干層，然後再由各層中分別抽出預定的樣本數，以防
止平均營業額偏低的現象。

　　分層抽樣與簡單隨機抽樣的區別在於後者從整個母體中隨機抽取樣本，
而前者只從各層中隨機抽樣，但二者都需要有完整的母體名冊作為抽樣架構。
分層抽樣的過程如圖 7.5 所示（假設分為三層）：

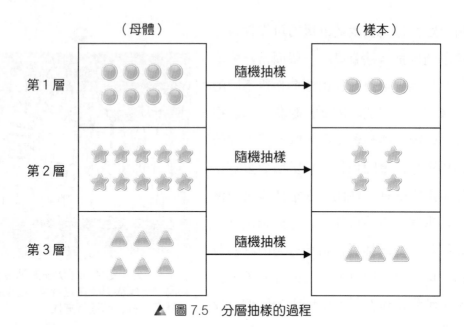

▲ 圖 7.5　分層抽樣的過程

▶ ㈡採用分層抽樣的原因

　　將母體分層抽樣是否適宜，主要看調查的目的為何而定。而分層抽樣在抽樣調查中廣被採用，其主要原因如下：

1.採用分層抽樣法，樣本統計量的可靠度通常較高

　　在母體中通常有少數特殊單位，在簡單隨機抽樣下，除非樣本甚大，否則樣本中這些特殊單位所占的比例可能過高或過低，將影響樣本估計值的可靠度。但在分層抽樣時，抽樣設計者可根據他對母體特性的知識將母體分層，以防止少數特殊單位在樣本中的分量太重或太輕的現象。

2.利於比較

　　因各層分別獨立抽樣，故能加以比較。譬如，若想比較所得不同之家庭的消費型態，就應採用分層抽樣法，按照家庭所得的高低將母體（所有家庭）分層。

3.抽樣方便

　　每層可視實際情形採取不同的機率抽樣法，抽樣工作比簡單隨機抽樣方法方便。

➤ ㈢注意事項

採用分層抽樣時有二個特殊的問題必須加以考慮:

1.分層的基礎

所謂分層就是根據母體的某一或某些變數將母體分成幾層,但究竟要以母體的那些變數作為分層的基礎,則有賴抽樣設計者的經驗與判斷。分層的基礎可以是單一的變數,如商店的營業額;也可以是複合的變數,如某地區的商店銷售額,完全視資料的多寡與分層的數目而定。常用的分層基礎包括: 地區、城市大小、人口密度、年齡、所得、教育程度、職業、銷售額、員工人數等等。一個好的分層基礎應儘量把握「層內同質,層間異質」的原則。換句話說,分層時應該使同一層內的各分子其變異性很小,而每一層之間的變異性很大。

2.分層的數目

理論上,分層的數目愈多愈好,因為分層的數目愈多,每一層內的樣本單位愈相似,樣本估計值的精確度愈高。唯事實上基於成本及效率的考慮,分層的數目必須有所限制。依照學者克基仁 (Cochran) 的意見,如果只是要估計整個母體的單一母數,則分層數目不宜超過 6 個;如果要依照地區、城市大小或其他標準將母體分成幾個子母體,然後去估計各個子母體的母數,則所需的分層數目自然較多。

四　集群抽樣

➤ ㈠抽樣方法

前述的三種機率抽樣方法都是利用隨機方法抽取母體中的抽樣單位,而集群抽樣 (Cluster Sampling) 則是以隨機方法抽取母體中的群體樣本;亦即先將母體分為若干群體 (稱為集群),然後再由群體中抽取某一或某些群體進行全面調查。當抽樣單位分佈極為分散或無法取得整個抽樣單位的母體名冊時,則可採用集群抽樣法。

集群抽樣時係先將母體劃分為若干個同質的群體,亦即讓各個群體 (子

母體）儘量同質，但同一群體內的各抽樣單位異質，把握「同集群內異質，不同集群間同質」的原則。例如，臺北市家庭收入調查的實施，可運用集群抽樣法，將臺北市劃分為若干區域（集群），每一區皆包含有高所得、中所得及低所得的家庭，然後由所劃分的若干區域中，隨機抽選一區或數個區，並對全區進行普查，以便由所調查結果來推估整個臺北市的家庭平均收入。由於僅限於母體可劃分為若干同質群體的情況下，才適合採用集群抽樣法。因此，若無法將母體劃分為若干同質群體，則不得採用集群抽樣法。集群抽樣的過程如圖 7.6 所示，圖中假定母體分為三個集群，並依隨機方式決定抽出第二集群，並對該集群進行普查。

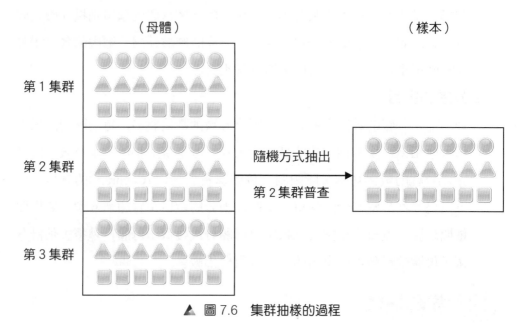

▲ 圖 7.6　集群抽樣的過程

▶ ㈡注意事項

　　實施集群抽樣時，研究者所考慮的因素應是省時省力與不得不用，否則應儘量少用。譬如，調查全省各國中學生的體重，若採用簡單隨機、系統抽樣或分層抽樣，皆須編造全部學生名冊。若以學校為集群，實施起來便省事許多，也不必到每個學校去調查，況且有些學校不允許在上課時間抽調一、二位學生出來接受調查。

其次,集群抽樣意謂著以集群為抽樣單位,集群內各元素全部接受調查,若再進行抽樣,便不稱為集群抽樣,而是多階段抽樣。

至於集群抽樣與分層抽樣都是將母體分成幾組,而二者的不同在於:

1. 分層抽樣時,所有的組或組中至少都有一個抽樣單位被抽出,但在集群抽樣時,只有部分的組別被選為樣本。
2. 分層抽樣只在每一組或層中抽選部分單位作為樣本,而集群抽樣則在被抽樣的組別中進行普查。
3. 分層抽樣的目的在減少或消除抽樣誤差,提高樣本估計值的可靠性,而集群抽樣的目的在減低抽樣的成本。

集群抽樣方法之所以盛行,主要是因為此方法經濟省事,簡便易行,但其發生抽樣偏差的風險性卻很高。譬如,在消費者調查時,為了方便可抽選某一職業的消費者為樣本,由於同一職業的消費者其家庭背景、所得、教育程度及消費習慣等都可能有相似之處,因此樣本的代表性大有可疑。

五 便利抽樣

▶ ㈠抽樣方法

便利抽樣 (Convenience Sampling) 乃為非機率抽樣的一種,係依據調查者自身的方便程度,任意抽選調查樣本,因此又稱為任意抽樣法。譬如,在街頭進行訪問調查,看到誰就訪問誰,此即便利抽樣。如果母體的特徵較為同質,則可採用本方法;一般的市場調查之預試大多採用便利抽樣。

▶ ㈡注意事項

便利抽樣在非機率抽樣法中,屬於最方便也是最省錢的一種,但其抽樣偏差極大,結果極不可靠,故其價值亦最低。通常我們不應該利用便利抽樣來估計母數之數值,因為一個母體中的「便利」單位極可能和其他「不便利」的單位有顯著的不同。

六　判斷抽樣

▶ ㈠抽樣方法

判斷抽樣 (Judgemental Sampling) 係指研究者根據個人的主觀判斷，選擇最適合其研究所需要的樣本，而被抽中的樣本並不具有代表性，完全是研究者個人的主觀判斷；此種方法有時又稱為立意抽樣 (Purposive Sampling)。

判斷抽樣法在選擇樣本時，並沒有任何的具體抽樣架構，只要研究者認為適當便可選為樣本。例如，電視記者在馬路上訪問計程車司機對於計程車計價的看法；學者專家訪問績優社區理事長以探討社區發展的成功作法；政府官員訪問民間領袖以瞭解民意之所在；以上皆是判斷抽樣之典型的例子。

▶ ㈡注意事項

判斷抽樣的樣本不具代表性，因此所得結果不能推論至一般的事實，故只能作為研究之初的瞭解問題之參考。但是，由於判斷抽樣花費少，容易找到樣本，因此非常適合初期或先期研究 (Pilot Study) 之用。

七　配額抽樣

▶ ㈠抽樣方法

配額抽樣 (Quota Sampling) 係研究者根據研究目的中所需的自變項類目決定取樣的標準，然後對於配額內的樣本由調查人員主觀地抽出。配額抽樣有些類似分層抽樣，但是在配額抽樣中，各分類的樣本個數並不完全依照母體的分配比率，且難以做隨機抽樣。

例如，在社區理事會功能的研究中，你想瞭解不同背景的社區理事對社區發展工作的參與程度。你只知道大致人數，但並不瞭解每位理事的所有背景資料。(當然，如果要盡力去收集並非不可能，只是工程龐大，耗時費力並不值得。) 此時，你只能依不同背景的人作配額抽樣：你應先列出取樣的標準，依職業、教育程度、性別、年齡及年資等，列成抽樣矩陣，再設定每個

特質的細格中所需要的人數，之後交由訪問員依此人數配額訪問到足額的樣本，此即為配額抽樣。

▶ ㈡注意事項

配額抽樣乃根據研究需要而來，研究者在設計時，應儘量使其符合分層隨機的要求，以便使樣本更為接近代表性。其次，研究者應對母體的特質有較深入的瞭解，才能使配額臻於理想。最後在執行調查時，應依照指示選擇配額，不可任意更改。

此外，若將配額抽樣與判斷抽樣加以比較，其區別如表 7.2：

▼ 表 7.2　配額抽樣與判斷抽樣的比較

區別項目	配額抽樣	判斷抽樣
方　法	⑴分別由母體各層次中抽出若干樣本	⑴從母體的某一層次中抽出若干符合條件的典型樣本
特　色	⑵注重「量」的分配	⑵注重「質」的條件
難易程度	⑶抽樣方法複雜	⑶抽樣方法簡單

第四節　抽樣方法的選擇

抽樣方法大致可劃分為機率抽樣法與非機率抽樣法兩大類，已如前述。這兩種抽樣方法優劣互見，各有其適用場合。本節將就：1.估計值的可靠度；2.統計效率的評估；3.母體的資訊；4.經驗和技巧；5.時間；6.成本等六項，分別來比較機率抽樣法與非機率抽樣法的優劣，並將其結果彙總於表 7.3。

▼ 表 7.3　抽樣方法的比較

比較項目	機率抽樣法	非機率抽樣法
估計值的可靠度	可算出估計值的抽樣誤差及母數的信賴區間	無法用客觀方法算出估計值區間的可靠程度
統計效率的評估	可用機率原理來評估各種不同抽樣方法的統計效率(比較抽樣誤差的大小)	無客觀方法可用以比較各種非機率抽樣法的相對效率
母體的資訊	所需的有關母體資訊較少	對母體資訊的依賴較大

經驗和技巧	需要高度專業化的經驗和技巧	不需要有很多的經驗和技巧
時　間	所費時間較長	所費時間較短
成　本	成本較高	成本較低

 估計值的可靠度

　　只有採用機率抽樣才能求得不偏的估計值，算出估計值的抽樣誤差，並可估計包含母體母數在內的信賴區間。至於在非機率抽樣法下，估計值可能包括難以衡量的偏差，也無法根據非機率的樣本，客觀地評估樣本估計值的正確性。雖然我們也能算出其信賴區間，但卻無法用客觀的方法，求出這個信賴區間能包含母體母數在內的信賴程度。

 統計效率的評估

　　只有在採用機率抽樣時，才能評估各種不同的抽樣設計之統計效率；然而卻沒有任何客觀的方法可用來比較各種非機率抽樣設計的相對效率。譬如，我們可比較簡單隨機抽樣與簡單集群抽樣的相對效率，看看兩者的抽樣誤差孰大孰小。但是我們卻無法用客觀的統計方法比較在某一情況下配額抽樣與判斷抽樣孰優孰劣，也沒有一種客觀的方法可用來決定在何種情況下，配額抽樣會比便利抽樣更有效率。

 母體的資訊

　　機率抽樣所需有關母體的資訊通常較少，基本上只要(1)知道母體中基本單位的總數，及(2)有一個確認每一母體單位的方法；即可進行機率抽樣。當然，如果能夠獲知有關母體的較詳細資訊，則可增進一個機率抽樣的抽樣效率。至於非機率抽樣，特別是配額抽樣所需的母體資訊較多，對母體資訊之依賴性較大。

四 **經驗和技巧**

　　機率抽樣的設計與執行，通常需要高度專業化的經驗和技巧。而非機率

抽樣的設計與執行通常都比較簡單，不需要有很多的經驗和技巧。

五　時　間

規劃及執行一個機率抽樣所費的時間，通常要比設計及執行一個範圍相同的非機率抽樣所費的時間長，因為機率抽樣的事前準備工作較多較繁，實地的抽樣工作也比較費事費時。

六　成　本

假定樣本大小相同，則一個機率抽樣的成本通常要比一個非機率抽樣大得多。機率抽樣之設計費用較多，因為我們必須經由這種抽樣設計以計算各單位被選為樣本的機率；機率抽樣的執行也較花錢，因為我們要求觀察或訪問預先指定的抽樣單位。在此，我們只是比較二者的單位調查成本，並未考慮調查結果的品質；此即由於非機率抽樣的可靠度無法客觀地衡量，因此我們無法比較這二種抽樣方法在相同的可靠程度之下，其相對成本的大小。

由上面的討論中，我們知道機率抽樣與非機率抽樣都各有其優、缺點。在實際選擇抽樣方法時，必須針對調查之目的及實際的情況做通盤地考慮。以下所列出的四個原則，或可提供選擇抽樣方法時參考：

1. 如果必須獲得不偏的估計值，則應該採用機率抽樣；如果只要概略的估計值就夠了，則可考慮採用非機率抽樣。
2. 如果必須以客觀的方法評估抽樣設計的精密程度,則應該採用機率抽樣；否則，可考慮採用非機率抽樣。
3. 如果預期非抽樣誤差乃是調查誤差的主要來源，則可考慮採用非機率抽樣。
4. 如果抽樣調查的可用資源極為有限，則應以採用非機率抽樣為宜。

實際上，要從動態的母體單位中取得一個純粹的機率樣本，即使不是不可能，也是困難重重。機率抽樣能客觀地衡量並控制抽樣誤差，使調查的結果具有較大的說服力，易為大家所接受。不過客觀性固然重要，但不應是選擇抽樣方法的唯一標準。在實際運用時，抽樣人員應權衡利弊，比較各種方法的優劣，並考慮到人力、財力及時間等種種限制，然後選擇一種既可達成

調查目的，並在可用資源限制之內的抽樣方法。事實上，有時亦可以機率與非機率抽樣兩種方法混合使用，各取其長。譬如，要在某城市抽取若干家庭住戶為樣本，則可以先用機率抽樣法抽選若干街道區，再從樣本街道區中利用配額抽樣法或其他的非機率抽樣法抽選若干住戶為樣本戶。

本章摘要

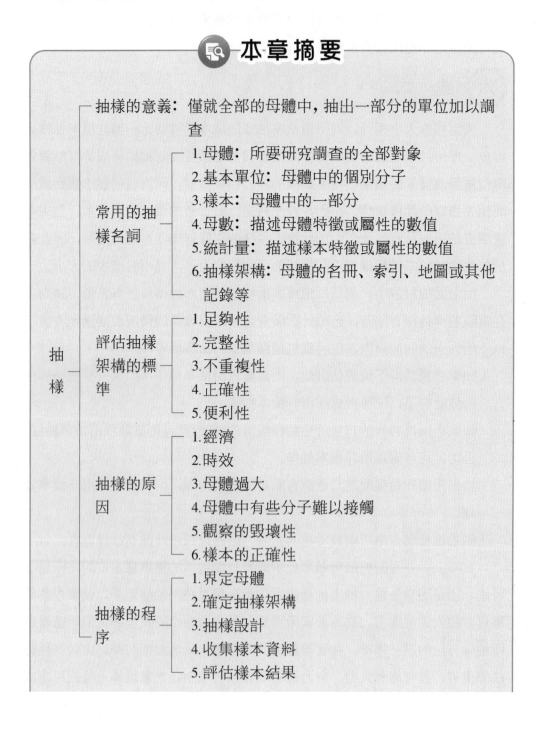

抽樣
- 抽樣的意義：僅就全部的母體中，抽出一部分的單位加以調查
- 常用的抽樣名詞
  - 1. 母體：所要研究調查的全部對象
  - 2. 基本單位：母體中的個別分子
  - 3. 樣本：母體中的一部分
  - 4. 母數：描述母體特徵或屬性的數值
  - 5. 統計量：描述樣本特徵或屬性的數值
  - 6. 抽樣架構：母體的名冊、索引、地圖或其他記錄等
- 評估抽樣架構的標準
  - 1. 足夠性
  - 2. 完整性
  - 3. 不重複性
  - 4. 正確性
  - 5. 便利性
- 抽樣的原因
  - 1. 經濟
  - 2. 時效
  - 3. 母體過大
  - 4. 母體中有些分子難以接觸
  - 5. 觀察的毀壞性
  - 6. 樣本的正確性
- 抽樣的程序
  - 1. 界定母體
  - 2. 確定抽樣架構
  - 3. 抽樣設計
  - 4. 收集樣本資料
  - 5. 評估樣本結果

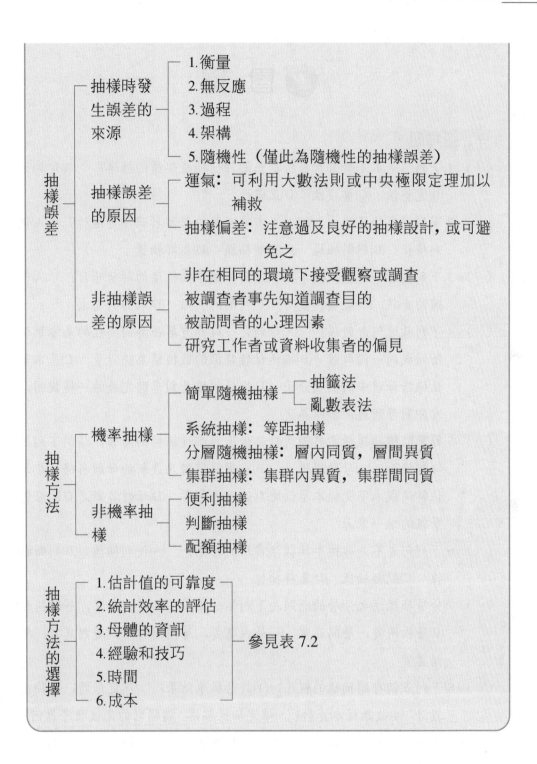

習　題

一、選擇題

(　　) 1.下列何者不是學者葉茲所提出的評估抽樣架構的標準?　(A)足夠性　(B)完整性　(C)重複性　(D)正確性

(　　) 2.下列機率抽樣法中，何者不需要完整的母體名冊即可進行?　(A)便利抽樣　(B)判斷抽樣　(C)配額抽樣　(D)集群抽樣

(　　) 3.下列何者不是比較機率抽樣法與非機率抽樣法的評估項目?　(A)母體的資訊　(B)經驗和技巧　(C)時間的長短　(D)人力的需求

(　　) 4.下列敘述何者錯誤?　(A)母體是一群具有某種共同特性的基本單位所組成的一個群體　(B)描述母體特徵的數值稱為統計量　(C)基本單位係指母體中的個別分子　(D)抽樣架構是對母體定義的一種說明，亦即對母體範圍加以界定

(　　) 5.簡單隨機抽樣通常只適用於具備下列四種條件的場合，請問下列那項有誤?　(A)母體規模大　(B)有周詳完備且最新的母體名冊　(C)單位訪問成本不受樣本單位地點遠近的影響　(D)母體名冊是有關母體資訊的唯一來源

(　　) 6.下列何者不是非機率抽樣法常用的方法?　(A)便利抽樣　(B)判斷抽樣　(C)配額抽樣　(D)集群抽樣

(　　) 7.分層抽樣法之分層的原則是下列那一項?　(A)層內同質，層間同質　(B)層內同質，層間異質　(C)層內異質，層間同質　(D)層內異質，層間異質

(　　) 8.下列五個有關抽樣的程序: (1)評估樣本結果; (2)界定母體; (3)抽樣設計; (4)收集樣本資料; (5)確定抽樣架構。請問它的先後順序為何?　(A)(2)(3)(5)(4)(1)　(B)(2)(5)(3)(4)(1)　(C)(5)(2)(3)(4)(1)　(D)(3)(5)(2)(4)(1)

(　　) 9.為了補救系統抽樣在週期性母體時所遭遇到的困難，變通的方法是採用何者?　(A)隨機系統抽樣　(B)次序系統抽樣　(C)重複系統抽樣　(D)分層系統抽樣

（　）10.集群抽樣法之集群的原則是下列那一項？　(A)集群內同質，集群間同質　(B)集群內同質，集群間異質　(C)集群內異質，集群間同質　(D)集群內異質，集群間異質

（　）11.下列敘述何者正確？　(A)一般而言，機率抽樣所花的時間與成本皆較非機率抽樣之時間與成本來得高　(B)由於機率抽樣較具客觀性，因此為達客觀的調查，我們僅能採用機率抽樣法　(C)機率抽樣與非機率抽樣的比較，前者所需的母體資訊較多　(D)如果抽樣調查的可用資源極為有限，則應以採用機率抽樣法為宜

（　）12.梅爾與布朗兩位學者將抽樣時發生誤差的來源分成五類，請問下列何者不是？　(A)衡量　(B)反應　(C)過程　(D)架構

（　）13.配額抽樣與判斷抽樣的比較，下列何者正確？　(A)前者較著重「量」的條件，後者較著重「質」的分配　(B)前者較著重「質」的條件，後者較著重「量」的分配　(C)前者較著重「量」的分配，後者較著重「質」的條件　(D)前者較著重「質」的分配，後者較著重「量」的條件

（　）14.下列敘述何者正確？　(A)在機率抽樣法中，若缺乏完整的母體名冊時，仍可採用集群抽樣　(B)在同一項調查中母體的基本單位僅能有一種　(C)系統抽樣是最簡單的機率抽樣法　(D)亂數表法是配額抽樣法的一種

（　）15.下列敘述何者錯誤？　(A)一般而言，抽樣調查比普查較為經濟，且具時效性　(B)所謂抽樣設計是指決定樣本的選擇方法及樣本大小　(C)抽樣架構與抽樣母體不相符合，亦是構成抽樣誤差的來源之一　(D)由於觀察或調查方法與過程不妥當所造成的誤差稱為抽樣誤差

二、填充題

1.我們所要研究調查的所有對象稱為＿＿＿＿＿，而母體中的個別分子稱為＿＿＿＿＿。

2.描述母體特徵或屬性的數值稱為＿＿＿＿＿，而描述樣本特徵或屬性的數值稱為＿＿＿＿＿。

3. 抽樣架構係指母體的_____、_____、_____或其他記錄，
   即是對母體定義的一種說明。

4. 為何要抽樣？即抽樣的原因有那些？請寫出其中四個：_____、
   _____、_____及_____。

5. 抽樣程序的第一個步驟為_____，而最後一個步驟為_____。

6. 樣本與母體之所以有差異，其主要原因有二：一是由於樣本中含有特殊的
   基本單位，此種誤差稱為_____；一是由於觀察或調查的方法與過程
   不妥當，此種誤差稱為_____。

7. 造成抽樣誤差的可能原因有二，即_____與_____。

8. 抽樣方法的兩大類型即_____與_____。

9. 機率抽樣法常用的方法有那些？_____、_____、_____及
   _____。

10. 依據調查者自身的方便程度，任意抽選調查樣本，稱為_____；研究
    者根據其個人的主觀判斷來抽選樣本，稱為_____。

三、問答題

1. 請簡述抽樣的意義，並說明為何要抽樣？

2. 請詳述抽樣的程序。

3. 如何評估一個抽樣架構的好壞？請簡述之。

4. 何謂抽樣誤差？抽樣時發生誤差的來源有那些？請簡略說明之。

5. 請簡述簡單隨機抽樣的抽樣方法及其注意事項。

6. 請簡述分層抽樣與集群抽樣的抽樣方法，並就此二種抽樣方法加以比較分
   析。

7. 何謂判斷抽樣？何謂配額抽樣？並請比較此二種抽樣方法。

8. 如何比較機率抽樣與非機率抽樣？請簡述之。

9. 為何說便利抽樣適合市場調查中的預試階段？請說明之。

10. 當你在選擇採用機率抽樣或非機率抽樣時，可依循那些原則？請簡述之。

第 8 章

市場調查的應用(一)

學習重點

1. 瞭解市場分析的意義與各種因素對市場分析的重要性。
2. 熟悉商品生命週期與家庭生命循環的意義與在市場分析上的重要性。
3. 瞭解消費者市場調查的重要性與基本問題。
4. 概括認識消費者購買動機調查在市場調查上的應用與重要性。
5. 瞭解消費者固定樣本調查的意義、特色、功能與利弊。

　　廣義的市場調查，其調查對象包括消費者及一切市場行銷之活動。所謂市場行銷活動，簡言之，是指製造公司或銷售公司，將他們的產品或商品設法移轉到消費者手中的一切活動。當然，要設法將產品移轉到消費者手裡，首先要製造適當的產品 (Product)，並且訂出適當的價格 (Price)，再經過適當銷售通路，在適當的地方 (Place) 展示在消費者的面前，而且還得想出適當的推廣 (Promotion) 活動（如廣告、贈獎、銷售競賽等），以促進消費者之購買慾望。以上所提及的活動乃行銷學傳統的 4P 之觀念，即產品、價格、通路及推廣，因其英文字首均以 P 開始。

　　上面提到 4P 時均加上「適當」兩個字；此乃因為只製造出一個產品並不很困難，可是如果要製造出適當的產品（亦即消費者所願意購買的產品），則非易事。因此，必須製造適當的產品才能賣得出去，也必須訂出適當的價格，經過適當的配銷通路，再配合適當的推廣活動，產品才能銷售出去。然而，如何才能做到適當的地步呢？關鍵在於必須調查消費者真正的需要是什麼？購買動機為何？他們現在願意出多少錢購買？以及他們平常在那些地方購買？平常會注意什麼樣的廣告等等問題。換句話說，公司經營活動中，必須特別為了適當的產品而從事市場調查，也需要為了適當的價格、適當的推廣活動以及適當的配銷通路而從事市場調查。因此，產品調查、價格調查、推廣活動調查（其中以廣告調查更為重要）以及通路調查，皆屬市場調查的應用範圍。

　　此外，一切的市場調查活動皆起源於對市場的瞭解以及對消費者的認識，因此市場分析以及消費者調查，亦屬於市場調查活動的領域之一。圖 8.1 表示整個市場調查活動的應用範圍，此即本章及下一章所要介紹的課題。

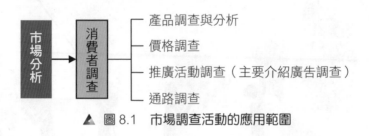

▲ 圖 8.1　市場調查活動的應用範圍

第一節 市場分析

　　市場是商品生產與商品交換的產物。商品的生產愈發展，社會分工愈專業化，市場的範圍便不斷地擴大。現代社會的市場已不僅是商品交換的場所而已，而是含有貨幣、信用、證券、價格等，反映著商品交換者的相互關係之總和。

　　市場是晴雨表，具有反映社會需求的功能。透過市場的商品交換乃是實現需求、生產、交換、消費、再需求的循環手段，它具有促進生產、擴大流通的作用。市場亦是調節商品供需的重要手段。市場綜合反映了國民經濟的情況，以及國民經濟各部門之間生產和消費以及商品結構之間是否協調。

圖 8.2 　市場是晴雨表，具有反映社會需求的功能，亦是調節商品供需的重要手段

　　因此，市場的功能應加以重視。然而市場的變化卻是頻繁而快速的，企業的經營必須針對這些市場變化加以分析，才能掌握市場先機，為企業帶來成功的契機。

　　市場分析主要是分析市場潛力 (Market Potential)（即指整個市場最大之可能的銷售額）及銷售潛力（指企業本身最大之可能的銷售額）；前者屬於需求面分析，而後者屬於供給面分析。一般而言，企業應先把握市場潛力，然後以此潛力為基礎再分析自身的銷售潛力。因此，市場分析與需求預測和銷售預測皆有密切的關係。

　　此外，市場分析的範圍相當廣泛，舉凡影響市場活動的各項因素皆可列入其範圍，例如人口分析、購買力分析及市場機會分析等，本節將針對其中幾項較重要的市場分析提出來討論。

一 市場預測

　　何謂市場預測？目前有各種不同的說法，茲將較常見的定義敘述如下：

1.市場預測是透過各種手段，瞭解國內外市場在一定期間之內的需要，包

括產品種類、規格、品質、數量、價格、供貨時間與地點等。

2.市場預測乃是透過科學分析，對市場商品需求發展趨勢的分析和預見。

3.市場預測乃是運用科學方法，對影響市場需求變化的諸多因素進行調查研究、分析及預見其發展趨勢。

上述的三種定義皆著重於市場商品的需求面，然而商品的供給與需求，乃是市場的兩個主要因素，而且兩者之間相互關聯、相互影響與相互牽制。因此，市場預測其重點應該是分析研究和測算市場商品供需的發展趨勢。同時，為了研究市場商品供需變化，也需要研究與市場商品供需有關的各種必需因素。綜合言之，市場預測乃是運用科學方法，對市場商品的供需發展趨勢以及與之相關的各種因素變化，進行調查、分析、預見、判斷及估算。

由上述對市場預測之涵義的說明，可知市場預測的內容相當廣泛，以下我們僅就一些重要的課題加以介紹。

➤ (一)市場需求變化的預測

市場需求預測即是商品購買力及其趨向的預測。商品購買力從廣義來說，係指一定時期內整個經濟體系，透過市場購買生產物質和消費商品的貨幣支出能力。

而市場需求變化，除了研究整個經濟社會在市場上購買商品的貨幣支付能力外，還需研究社會潛在的購買力。潛在購買力有兩種情況：一是由於受貨幣支付能力的限制，而未能實現的需求。例如，某地區智慧型手機普及率目前只達到40%，假如飽和的普及率為90%，則表示還有50%的潛在購買力。另一種情況是，消費者手中的現金與銀行裡的儲蓄存款，這筆巨額儲蓄存款是一股潛在的購買力，也是市場的潛在衝擊力。

預測市場需求，必須研究產業結構的發展趨勢、公共建設的規模、儲蓄與消費的比例變化、生活型態與水準的變化等等，用以判斷市場需求變化。

➤ (二)購買力趨向的預測

購買力趨向預測即是市場需求結構的預測，係指商品購買力在各類商品之間的分配比例。一般按商品性質與用途分類，例如：通常按食、衣、住、

行等分類。每一類都包括若干種商品。由於人們的生活水準不斷提高，商品的更新，商品價格結構的調整與變化等種種因素，消費者對商品需求在種類上、數量上是不斷變化的。譬如，有些商品需求量較大，有些商品需求量較小；同樣的，有些商品需求量的變化較快，有些則較慢；有些商品的需求量逐年上升，有些則逐年下降。因此，在一定時期內，購買力的趨向變化必然引起商品需求量以及各種商品的消費結構之變化。人民貨幣所得水準的不同會直接影響購買力趨向的變化，對同類商品的品質需求也隨之不斷地變化。

預測消費結構變化，不但要研究消費者的購買力、消費者的偏好、生活習慣，還要研究消費者的心理狀態與社會風尚的變化。譬如，不同地區、不同消費者，對商品的需求亦有所不同。有的注重商品的品質、壽命；有的追求花色、式樣等。

➤ (三)銷售預測

市場需求預測是指經濟社會的商品需求量，這是總體預測。至於銷售預測是指企業本身的商品銷售量，包括花色、種類、規格、式樣等的預測，如何使商品銷售順暢，滿足消費者的需要，這是個體預測。

企業透過銷售預測，可以瞭解消費者的具體需求，並可找出商品銷售在市場上存在的問題，從而研究改進，提高經營管理的水準。在同一地區，好幾個企業經營同一種商品，在預測整個市場商品需求量的同時，必須預測本企業所經營的商品銷售量，在整個市場商品需求量與銷售量中所占有的比例，這就是通常所稱的市場商品占有率的預測。從市場占有率的增加或減少，可以看出本企業的經營狀況，從而分析與改進經營中存在的問題，使外部的壓力變為動力。透過銷售預測，瞭解消費者需求的新動向，研究開拓市場，制訂行銷策略，包括選擇目標市場的策略、市場發展策略及銷售組合策略等。銷售組合策略是指為占有目標市場所制訂的策略，主要是為了擴大銷售，開拓市場，促使企業永續不斷地發展。

一般而言，市場對某種商品的需求預測等於，或接近於市場商品銷售預測。不過，某種商品的市場需求量是一個可變量，它會隨著價格、包裝、廣告、新產品的出現、社會風尚等各種因素的變化而變化。因此，必須透過銷

售預測，深入的分析影響市場需求量的各種因素，判斷商品需求變化的趨勢，以便有目的、有計畫地展開商品的行銷活動。

圖 8.3　電子商品的生命週期愈來愈短，企業紛紛投入大量資源及人力開發新產品

▶ ㈣商品生命週期的預測

市場上的任何產品與其他事物皆一樣，有其誕生、成長、發展及衰亡的過程。具體言之，商品從試驗成功投入市場至被淘汰退出市場的全部過程稱為商品生命週期 (Product Life Cycle)。各種商品不斷地產生與衰亡，新陳代謝、新舊更替；一種新商品投入市場銷售之後，它的生命週期就開始了；直到另一種新產品的出現，在價格、功能、效用、流行性及適時性等超過了它，因而被淘汰退出市場。接著另一種新商品又代替了前一種商品，如此不斷更新，促使商品生產的不斷發展。

商品生命週期大致可分為四個階段，即(1)導入；(2)成長；(3)成熟；(4)衰退；以下分別簡要地介紹各階段的一些特徵：

1.導入階段

此一階段，產品正在試製與試銷；生產這種產品的企業很少，市場競爭者不多。產品設計還未定型，品質不夠穩定，需要廣泛地徵求消費者的意見，提高產品品質。由於試銷，生產量小，成本高，廢品率也較高，利潤較低，甚至可能發生虧損。

2.成長階段

消費者對此一產品的性能與特點，已較普遍地有所瞭解，銷售量迅速增加，並且上升幅度很快。隨著生產量的增加，生產成本相對地減低，銷售費用相應地減少，利潤隨之迅速增加。由於利潤的大增，吸引了一些企業競相仿製這種產品，並積極地投入市場，從而促使市場競爭加劇。

3.成熟階段

商品供應量基本上達到了市場容量所能接受的程度，市場需求相對地減

弱，銷售量上升緩慢，市場競爭激烈，利潤逐步下降，有的企業甚至採
取降價措施以增加商品銷售。一般而言，此一階段要比前兩階段的期間
來得長。

4.衰退階段

此一階段產品銷售量下降，利潤降到最低的水準，不具競爭力的商品首
先被淘汰，退出市場。隨著新產品的出現，許多企業生產的舊產品相繼
退出市場，一直到這個產品的生命結束。

研究商品生命週期有利於企業作出比較正確的經營決策與經營計畫，以
促使商品的銷路順暢，減少商品存貨積壓。此外，瞭解商品生命週期的概念，
亦有利於促進新產品的研製與發展，以擴大市場。最後，根據商品生命週期
各階段的特徵，重點性地加強銷售措施，從而促進商品銷售量的提高。

二 市場商品的供需型態

前面提及市場預測，而要使預測準確，便需要分析市場供需型態。所謂
市場供需型態係指各類商品市場供需趨向的規律性。儘管市場千變萬化、十
分複雜，但若仔細地分析與觀察，仍然可以找出它的規律性。根據一般的市
場狀況，市場商品供需型態大致可分為以下四種：

▶ ㈠穩定型態

穩定型態係指商品的需求，基本上是處於平衡狀態或供需均衡狀態。也
就是說，某地區每年、每月對商品的需求量基本上是穩定的，每個週期的變
化不大，而且其需求量不會是忽高或忽低。例如，米、食鹽、燃料等民生必
需品，且需求量亦皆相當均衡與穩定；另外，肥皂、毛巾、牙膏、牙刷、餐
具等日常用品，家家戶戶都需要，其需求量也是比較均衡與穩定。日常用品
與生活必需品的需求量，不論是絕對量、相對量、平均量或成長率，都是處
於穩定狀態，而且只要按照人口數的增加或減少，均衡地供應，即可處於基
本均衡狀態。這類穩定性商品，其可變性程度小、可控制程度大，影響市場
供需因素較小、需求彈性較小。因此，一般可根據人口數與消費水準來衡量
其需求量。

▶ (二)趨勢型態

趨勢型態其特點是各個時期（年、季、月）的需求量或供應量，呈直線上升或下降的趨勢。例如，手錶、智慧型手機、液晶電視、電冰箱、紡織品、皮鞋等，每年需求量的成長基本上呈直線上升趨勢。隨著經濟日益發展，人民的生活水準日益提高，許多商品的需求量或供應量呈上升的趨勢型態。分析這類型的商品，其關鍵在於掌握大量的歷史資料，找出其變化的規律性，並利用其演變的規律來推測未來的情況。

▶ (三)季節性型態

季節性型態係指商品需求量或供應量的變化是隨著時間的推移，季節的不同而呈現出週期性，每年出現相似的週期曲線。由於某些商品受生產條件的限制，氣候條件的變化，人們消費習慣的形成等種種因素，消費不是全年性、均衡性的，而是呈現季節性。季節性的反映也有強弱之分，季節性較強的如冬天賣厚棉被、夏天賣涼被，反映出明顯的季節型態；也有許多商品，如糖果、糕點、酒類、肉食品、文具用品等，雖然是全年消費，但也有其季節性，只是這些商品反映出較弱的季節性。廠商在進貨，計算商品庫存量時必須考慮季節性，如果不考慮季節性，就會造成大批商品的長期積壓，從而資金凍結、利息增加及保管費用的增加。

▶ (四)隨機型態

隨機型態係指某些商品在某些時期的需求量呈現不規則的變化，沒有一定的規律性可循。在此，往往由於國家政策的調整，經濟體制改革的深入發展、工資與物價的劇烈變動、自然災害的發生以及社會風尚的變化等，皆可能引起某些商品需求量的忽高或忽低的不規則變化。一般而言，這類型的商品大多屬於中、高級商品與奢侈商品，而非生活必需品。

透過市場商品供需型態的分析，有助於深入瞭解與剖析市場動態的變化，並有利於重點性地選擇合適的預測方法，以達到事半功倍之效。

三 人口分析

人口分析是市場分析的重要項目之一，蓋人口的多寡是市場構成的主要因素。有關人口分析，我們可依⑴人口分佈；⑵家庭生命循環；⑶性別與年齡等三項，分別分析其對市場的影響。

▶㈠人口分佈分析

人口分佈的分析又可按總人口、區域分佈以及都市鄉村分佈等狀況來分析。

1.總人口分析

總人口數是一個市場的總指標，以臺灣地區的人口而言，每年似乎皆有小幅度的成長，因此我們或可推斷臺灣地區的民生必需品之市場需求，也有逐年擴大的現象。然而，近年來由於老年化與少子化的影響，已呈現漸緩的趨勢。

2.人口的區域分佈

臺灣地區的人口密集地區包括：臺北、高雄、臺中、臺南等地區。人口的多寡顯然會影響各種商品的市場需求，但是亦需配合其他條件，如氣候、宗教、生活習慣及其他因素。例如，高雄與臺南等南部地區由於天氣較臺北地區為熱，且期間亦較長，因此夏季用品如飲料、冰品、冷氣機等的市場銷售時間，一般皆較北部為長，需求程度也較殷切。有關這類的現象，從事市場分析的人員必須特別加以注意。

3.都市鄉村的人口分佈

在一個由農業社會逐漸走向工業化社會的過程中，人口一般是由鄉村向都市移動，形成都市人口的密集。鄉村人口流向都市，顯示農耕機械市場的成長。由於農業機械化，農村的人力需求減少，因而大量的農村人口湧向城市，從事工業與服務業的生產。從另一個角度來看，人口往都市密集，也造成了都市的建築市場之發展。但人口的過度密集，勢必又使人口從城市中心向郊區發展，此種以大都市為中心往郊區成輻射狀的發展，也是一種市場發展的趨勢。從事市場分析的人員，亦應注意此種

趨勢的發展。

近年來由於人口的不斷集中，使臺北市快速成長，儼然成為國際性大都市，變成很多高級品、豪華品、創新品等的最佳市場。由於人口往都市集中，使原本過著樸實生活的鄉村居民的生活型態改變，而這種改變也是市場的新契機。

高雄市的特色是「工業生產都市」，以工業生產（特別是石化工業）為市民之生計，也是工業品的大好市場，如機械、原料等。當然，一般性的消費品也隨著人口的增加而需求擴大。

▶ ㈡家庭生命循環分析

有些商品市場與家庭戶數有關，亦即以戶數為消費單位，如冰箱、洗衣機、烤箱、鋼琴、微波爐以及電視機等。這些商品在普及之初期，其消費單位係以戶為單位，研究此種商品之市場潛力時，應先瞭解所轄的銷售地區之家庭戶數，並參酌各該商品目前之普及情形，才能推算出潛在市場的大小。此外，「家庭生命循環」對於市場分析亦有很大的功用，例如，不同的家庭生命循環階段，對各種商品有不同的需求。一般而言，家庭生命循環可分為六個階段：單身家庭、已婚年輕無子女家庭、已婚年輕有子女家庭、已婚年老有子女家庭、已婚年老子女已獨立家庭，以及年老獨身家庭。此六個階段與其市場需求的特徵，如表 8.1 所彙總。

▼ 表 8.1　家庭生命循環與市場需求

家庭生命循環階段	市場需求
單身家庭	對於流行事物接受度較高，經常以娛樂、享受人生為生活導向，故時尚 3C 產品、休閒用品為推銷對象。
已婚年輕無子女家庭（新婚家庭）	對家庭用耐久消費財，如冰箱、電視機、洗衣機、音響、傢俱等之需求較為殷切。
已婚年輕有子女家庭	家庭消費比例由耐久財轉移到與嬰兒有關的產品，如奶粉、嬰兒用品、鋼琴等。已決定不再生育之後，對於高價之耐久財如汽車、房屋、化妝品、服飾等更為熱衷。
已婚年老有子女家庭	財務能力轉強，子女已屆少年，主婦較閒，有些會謀職工作，有些則熱衷社團，此一階層家庭偏好新穎高貴及非必需品，如高級傢俱、電動按摩椅等。

已婚年老子女已獨立家庭	子女已達獨立生活之年，所得穩定，不動產之購買轉向為子女著想，對於購買較偏向理智，熱衷出國旅遊，對於公益事業興趣強，健康長壽意識增強，醫療服務需求提高。
年老獨身家庭	年紀老大，配偶一方已逝世，在我國這個年齡階段通常與子女一起生活，對於家庭消費有牽制力量。消費趨向保守，如有財富，喜好收集古玩、藝品自娛。

⊳ ㈢性別與年齡分析

1.性別分析

性別在市場分析中，是一個非常重要的分野。當產品設計時，就需考慮是針對男性市場或女性市場，以往很多商品認為只屬於單一性別市場，這種觀念必須加以修正。例如，機車在我國市場上，過去一直以男性為主，在廣告訴求上強調馬力強大及男性的表徵。但近年來由於女性騎乘機車風氣盛行，生產廠商為順應此一潮流，相繼生產女性專用機車，以滿足市場需求，如山葉、光陽、三陽等廠商紛紛推出女性專用輕型機車系列，市場情況頗有發展的潛力。另外，以往一直把化妝品列為女性市場，現在也逐漸朝向男性市場擴展，例如男性香水及男性化妝品等，漸漸被廣大的男性所接受。因此，當我們按性別分析市場時，必須兼顧以上兩種趨勢，才不致在預測市場潛力時，產生偏差。

圖 8.4　男用香水有發揮個人魅力的加乘效果，因此受到男性所喜愛

2.年齡分析

年齡對市場分析與性別同等重要，蓋有某些商品市場完全依據年齡作明顯的劃分，例如，針對嬰幼兒的嬰兒奶粉以及嬰兒用品的商品市場，而25～35 歲的人口則是結婚、創業、生育的時期，對於耐久消費財如冰箱、電視機、房屋的需求最為迫切。

另外，5～13 歲的人口，是一群不可忽視的市場。這群人口雖然沒有購

買力，但對購買力最具影響力。由市場分析的觀點來看，必須注意以下三項事實：

(1)兒童對於父母的購買決策具有影響力

尤其是身處都市，教育及所得較高的家庭，兒童不但是購買慾望的興起者，也是購買決策的影響者，所以很多的產品廣告，皆以兒童為訴求對象。

(2)兒童市場容納量大

人口政策促使子女數目的減少，因此家長對於子女的消費大都不加吝惜，以致形成高價的商品市場，如鋼琴等。近年來以兒童為對象的商店紛紛成立，如奇哥、麗嬰房等，正顯示這個市場的雄厚潛力。

(3)兒童的零用錢增加

由於國民所得的提高，父母給子女的零用錢也相對的提高，因此直接構成了兒童市場的潛力。很多商品的廣告，皆以兒童為對象，顯示兒童市場的龐大。

四 購買習慣分析

所謂購買習慣乃指對某特定商品選擇所喜好之買家，用以表示為何喜好它的專用語，稱之為購買習慣。與購買習慣完全不同的相對用語有所謂的購買動機，此乃當賣家尋求買家時，表示買方為何購買該產品之意。

分析市場值得注意的另一面，就是消費者購買習慣的變更，這與消費者生活水準的提高有關。由於生活水準提高，導致生活與購買習慣的改變。

就目前的大多數消費者而言，由於所得水準的提高，過去認為奢侈品乏人問津，但現在則成為日常用品或生活必需品。至於其他方面的購買習慣，亦有很大的改變。例如，目前一般的食物就與祖先們每日所食肉類與洋芋等大不相同，昔日用以區分貧富的衣著，時至今日，同樣款式與質料等，已可為所有人們共同享用。

由於人口、收入及購買習慣的改變，遂使消費者用品市場，如雨後春筍般地應運而生；同樣的，食品、房屋、衣服、醫療、娛樂、教育及旅遊等型態，亦皆發生變化。因此，銷售消費者用品以及勞務之企業，遂不斷地研究

各種不同的變化、不同的面向，以及不同的需要，以便提供更完美的服務與產品。

譬如，消費者對於購買某特定商品，喜歡何種包裝，是大包裝、小包裝，喜歡何種色澤，能接受何種價錢，喜歡在何處購買，購買時喜歡自我服務、自由觸碰或自由挑選，這些都與購買者習慣有關。便利商店目前在臺灣地區盛行，這亦與消費者購買習慣的改變有密切的關係。

今日的市場行銷，已成為解決消費者需求問題的一種藝術。在過去，我們常說：「為市場生產商品」，而今天則說：「為爭取有利的消費者而生產商品」。現代的行銷問題，乃是在想辦法找到什麼是人們所需要的，然後再去滿足他們的需要。

五 市場機會分析

市場情況變動不已，企業經營者，如能把握市場變化，在競爭上則無往不利。任何企業必須把握目前的市場機會，向未來的目標邁進。這種市場的變化，被稱為市場機會。

市場變化之原因甚多，其重要者包括：消費者嗜好之改變、廣告之影響、文明之進步、新產品之發明、環境之變遷、氣候之變化、人口之增加等等。例如，大城市家庭採用天然瓦斯者日漸眾多，則普通燃料之銷路將大受影響；公車、汽車、機車以及電車行駛後，馬車及人力車必遭淘汰。又如各大城市出現頗多公寓式房屋，結構精緻而實用，因而由於此種住宅之興起，小型的傢俱、地毯、沙發等，頓感需要。另外，隨著網際網路的普及與電子產品小型精緻化的出現，攜帶方便並結合上網功能的平板電腦、智慧型手機與平板手機的需求也日益增加。由此可見市場變遷之無常，因此市場分析不僅在創業之初，即使在經營進行中，亦應隨時密切注意，研究市場之變化，方足以應付自如。

有關市場機會分析，可分別針對目標市場 (Target Market) 與顧客特性兩個角度來分析。

▶ ㈠目標市場分析

廣大的市場中，利用市場分析的方法，將性質相同的消費者歸為同一類型，分析其共同特徵，然後得出其購買行為類型，作為廠商釐訂目標市場的參考。

市場至少可分為兩類，一為使用者市場，一為非使用者市場。使用者市場按其消費量的多寡，再細分為重級使用者、中級使用者及輕級使用者；若能分別針對三種市場採取不同的推廣策略，其銷售成果必可立竿見影。至於非使用者市場，則為新市場開拓的領域，必須運用開拓新市場的策略。

此外，利用市場區隔 (Market Segmentation) 的概念，從事目標市場的分析，可將複雜而不易說明的市場情況，很容易地將目標市場劃分出來。

▶ ㈡顧客特性分析

消費者行動基本上可分為內在因素與外在因素，內在因素包括生活體系因素、生活構造因素、生活意識因素；而外在因素則包括生活環境因素、購買狀況等因素。分析顧客的特性，應顧及這些因素。因為這些因素是消費者行動的導向，是促使消費者採取行動的原動力。

至於分析的方法，可將顧客的社會經濟及人口資料、心理因素與地理區域等三大類別，分別進行分析，即可獲得一個簡明的輪廓。有關顧客特性的分析，參閱圖 8.5 的彙總，由此便可瞭解應該分析那些重要的特性。

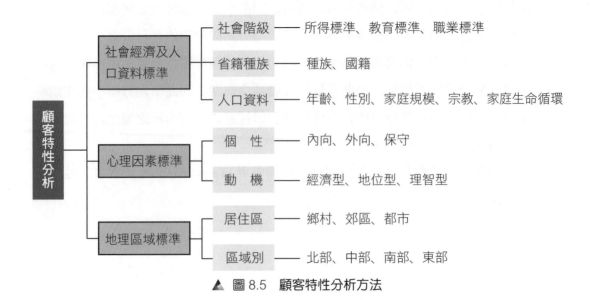

▲ 圖 8.5　顧客特性分析方法

第二節　消費者調查

市場商品與消費者乃市場調查的重要對象，前一節已分別針對一些主題來討論市場分析；本節將以消費者調查作為主要的探討內容，其主題包括：消費者市場調查、消費者購買動機調查以及消費者固定樣本調查。

一　消費者市場調查

▶ ㈠消費者市場之意義

所謂消費者市場，即指購買商品、消費商品之一群人的集團。所以說，消費者市場乃一切市場營運之活動的目標。從事商品生產，要徹底地把握消費者的需求，並計畫出合適的商品、包裝式樣以及價格，然後將這種適合消費者需要的商品計畫，送交工廠開始生產。商品生產出來之後，行銷部門就要開始展開推廣促銷活動。此時，推銷人員可直接向消費者或零售商推銷，但一般情形，大都向批發商從事推銷活動。這是一種「批發商→零售商→消費者」的商品流通過程，是由上而下加以推銷的過程。

但與此同時並行，對零售商、消費者也要展開促銷活動。例如，提供贈品、抽獎、分發樣品、舉行各類造勢活動等。這些活動的目的，不外在於促使消費者能夠快速獲得此一產品的資訊，並進而購買商品。在廣告部門，要透過報紙、雜誌、電視臺、廣播電臺、電視牆、網際網路，甚至 DVD、VCD、海報等大眾傳播媒體，展開廣告活動，直接向消費者說明商品特徵，加深其印象，激起其採取購買行動。

具體言之，所有的商品都是為了消費者的需要而生產，而市場營運活動、廣告活動也皆以消費者需要為目標。一言以括，所有的企業（消費財企業）之活動目標，可以說完全針對消費者的市場。以廣告的立場而言，所謂消費者市場是利用廣告力量勸服消費者購買其商品，成為廣告訴求的對象。因此，企業的行銷主管或廣告代理業者，對其產品之消費者，有關人口數目、階層、購買力、商品之使用及購買等各種實況，例如購買動機等心理因素，必須具有豐富的資訊與知識。執行廣告者，藉此可以發現適當的訴求重點，作成適

當的廣告計畫。

　　研究消費者的方法有二：第一要分析國勢調查報告、家庭收支調查報告，以及各官方或機構團體所公開的統計資料與調查報告等。第二直接對消費者進行調查，包括訪問消費者或採觀察與實驗方法，以獲得必需的資料，此即所謂的市場調查。這兩種方法各有利弊，第一種方法係利用現有的資料，故費用較少、時效較快。反之，第二種方法需要相當的調查費用，調查結果之統計分析亦較費時；然而，有某些資料無法從第一種方法取得，因此必須採用市場調查法。

▶ ㈡消費者市場調查之意義

　　所謂市場調查乃直接由調查對象，獲得必要的資料。此一調查活動之對象，除了消費者以外，尚有零售商、公司企業、工廠及其他事業場所等，均可作為調查的對象。至於，若以消費者為主要對象的市場調查，則可謂消費者市場調查。由於它與廣告有密切的關係，因此是市場調查活動中最基本也是最重要的項目之一。

　　本書所討論到的廣告調查、消費者固定樣本調查、購買動機調查等，皆以消費者為對象，亦屬於市場調查活動的範圍。

▶ ㈢消費者市場調查之四項基本問題

　　消費者市場調查的四項基本問題如下：

1.從眾多的消費者中，應選出那些人來作為調查對象（抽樣問題）？
2.用什麼方法，從調查對象獲得資料（調查方法問題）？
3.調查員訓練問題。
4.問卷擬定問題。

　　茲就上列四項問題分別討論如下：

1.調查對象的選取

　　消費者人數眾多，欲調查所有的消費者是不可能的，必須選擇其中一部分作為調查的對象。然而，要調查那些人？要調查多少人？這是調查作業中一個最基本的問題。為了對數百萬數千萬的消費者，作正確的評估；

對那些必須調查的人，用什麼方法，選出多少人才算合理，以期所調查的結果能合乎科學。這些問題皆與「抽樣調查法」有密切的關聯。

抽樣調查的結果是否足以信賴，在於樣本數大小與抽樣方法等問題。樣本數雖多，但抽樣方法錯誤，也得不到正確的調查結果；反不如樣本數少，但抽樣方法正確，所得的結果才能合情合理，獲得信賴。例如，在臺北市最熱鬧的東區商業圈，訪問逛街的過路人。通過此地的人數雖然眾多，但多半是一些上班族、青少年、逛街購物的人，以這些人的訪問結果來推測全體臺北市民，是不具代表性、不夠客觀的。

2. 從消費者獲得資料的方法

用何種方法從被抽樣出來的對象，獲得必要的資料？一般可考慮下列三種方法，即：訪問法、觀察法及實驗法。這些方法在前面的章節中皆已有詳細地討論過。

3. 調查員的訓練

從事市場調查，由於調查對象與數目繁多，並非調查計畫人員一人所能勝任，必須動用數人乃至數十人的調查人員。然而，調查員之良莠乃左右整個調查之成敗，故必須重視其所具備的條件與訓練的問題。以調查員的條件而言，學識與經驗同等重要。理想的調查員之性格必須外向、穩重、誠懇，並善於與陌生人交談、頭腦敏捷、隨機應變、勤勉耐勞、忠厚篤實，對於所指定的工作，絕對按照指示進行，絲毫不苟地如期完成；不論遭遇任何阻礙，不做不實的填報，甚至做假資料以欺瞞主管當局。至於專業知識方面亦是必備的，如心理學、商業基本知識等，都是市場調查人員所必須具備的；另外，語言方面，更是要求國、臺語皆須流利，以免在調查之時困難橫生，易發生有虧職守之行為。

我國現有各調查機構所採用的調查人員，大都非專職，而是聘用各大專院校之學生兼職擔任，依所調查的件數，按件計酬。由此可知，專業與優良的市場調查人員之培養與訓練，應是市場調查工作推展的主要關鍵。

4. 問卷之擬定

問卷之擬定，要特別注意其內容、表現、口吻、詢問順序等，否則甚難獲得正確的答案。有關問卷的設計，讀者可詳閱本書第五章問卷之設計，

以下僅提出問卷擬定所必須遵循的一些原則：

(1)問卷之開頭必須以親切的口吻詢問。

(2)不可用不易瞭解的問句或模稜兩可的問法。

(3)不可詢問難以記憶的事項。

(4)詢問的句子要儘量客觀，避免讓受訪者做過度的思考和主觀性的答案。

(5)注意問句措詞之強度。

(6)使用提示方式回答時，須注意提示事物的順位，應做合理的變換，以免誤導受訪者之回答。

(7)注意虛榮心會影響受訪者回答的結果。

(8)一個問句中只限一個主題。

(9)問卷以簡短為佳。

二 消費者購買動機調查

▶ (一)動機調查的概念

一般較基本的市場調查方法，都是市場上既存事實的調查，其重點在於明瞭過去之事實。此種調查所獲得的資料雖有其利用的價值，但是其價值遠不如導致此種事實之原因有關的資料來得重要。例如，對衛生機構而言，其所在地之胃病患者人數，以及其男女性別、年齡別、職業別之分佈情形等資料，雖為極具價值之資料，但遠不如有關「為何有如此多的胃病患者？原因為何？」等等患病原因的資料。

此種情形對工商界亦復如此。例如，對某一公司而言，各種不同品牌之商品的銷售量、使用人數、使用者之年齡別、地區別、所得別等的分佈情形之資料，雖然可供該公司業務上的參考，但是如能獲得「為何有些消費者喜歡購買某一特定品牌之產品？他們購買的動機為何？」等資料，則其參考之價值將更大。

在消費者導向的時代，企業經營尤應以滿足消費者的需求為前提，故如何去瞭解消費者需求及其對產品或服務之購買動機，將關係到企業經營的成敗。

　　購買行為是指由需求的產生至購買決定之一連串過程之有關行動，經由這個過程可使消費者或購買者決定是否應該 (Whether)，於何種時機 (When)，在何種場所 (Where)，以什麼方式 (How)，以及向那一位銷售者 (From Whom)，購買那一種 (What) 特定品牌的產品或服務。有關以研究消費者的購買過程之調查，稱為購買行為調查。而在購買過程中，如以研究消費者購買某一特定產品或品牌之理由 (Why) 為目的的調查，則稱為動機調查 (Motivation Research)。

　　動機是指為消除某種特定之緊張狀態而由個人內心所引發出來的驅力 (Drive) 或衝動力 (Urge)。在心理學的觀點上，緊張狀態是指需求 (Need)，為了消除緊張狀態而付出的精力，稱為驅力或衝動力，而引導精力支付的方向謂之誘因。因此，動機是由需求、驅力及誘因等三大要素所形成。對消費者而言，影響購買動機的理由，絕大部分是屬於一種隱藏性的理由 (Subconscious Reason)；即缺乏自覺 (Lack of Awareness) 或無法對第三者坦白的理由。例如，消費者對冰箱的購買可能是基於保持食品的新鮮度，或是為了減少購物的次數，或是用來製作冷凍食品或清涼飲料，或是要求周圍鄰居所認同等之形形色色的理由，而這些理由卻往往隱藏於消費者的心理深層，左右對產品的購買。因此，企業若無法瞭解影響購買動機的隱藏性理由，僅依表面的理由來作為行銷決策之依據，則可能會將行銷活動導入於錯誤的境界。

　　所謂動機調查是指為求瞭解消費者為什麼 (Why) 要購買，或拒絕購買某一特定產品或品牌之隱藏性理由為目的之調查。根據亨利 (Henry) 教授的解釋：「動機調查雖然是以調查購買理由為目的，但為了與一般的直接調查法有所區別起見，必須以著重調查方式之觀點作為定義的基礎。」總而言之，動機調查是利用間接調查方式，作為瞭解購買理由的調查工具，故若採用直接調查法，其

圖 8.6　2014 世界盃足球賽開打，其周邊商品受球迷熱烈瘋狂搶購，你認為消費者的購買動機可能有那些？

目的雖然也是在瞭解購買理由，但此種直接方式的調查方法並不能視為動機調查。例如，若僅調查吸煙者的年齡、性別、職業等資料，分析吸煙者的人文特性、購買特性、吸煙理由等，來瞭解為什麼要吸煙，則依亨利教授的看法，不能將其視為動機調查，因為直接調查只能瞭解某一特定集團對某一特定現象所持有的實態，而無法理解個人內心對此特定現象的實際想法。

與直接調查法相比較，動機調查乃是採用間接調查的方式，利用臨床心理學作為研究及分析的基礎，以個人作為研究個案的對象，並利用面談法或投影法作為工具，來瞭解為何要購買某特定產品或品牌之心理方面的問題。總而言之，動機調查是以個人為中心，採取少量的樣本所從事的調查，其目的在於瞭解介於刺激與反應間之各種中介變數 (Intervening Variables) 對動機的影響，利用「探索」(Probe) 技術，一層層地解開深藏於消費者心底深處的問題。故在調查的特質上，動機調查是屬於一種「質」的調查 (Qualitative Research)。雖然動機調查所調查的是少量的樣本，但對市場調查而言，並不可因少量樣本而否定調查的適用性，而是應更進一步地利用動機調查的結果，實施大量的樣本調查，期能更正確、更完整地掌握消費者的購買動機，擬訂更能確實滿足消費者需求之行銷策略。在市場調查的過程中，動機調查是屬於正式調查實施之前的探測性調查；利用動機調查所獲得的資料作為全面性調查之依據。

▶ ㈡市場營運活動與購買動機

市場營運過程中的各項活動皆應與消費者的購買動機產生密切的關聯，如此才能確保達到營運活動的目的。以下我們介紹一些相關的營運活動與購買動機之關係。

1.市場營運與購買動機

現代的企業從商品化計畫 (Merchandising) 開始，便不斷地從事推銷、促銷、廣告及其他市場營運活動。這些活動的目的，都是為了如何使消費者購買商品。

首先分析一下，如何「使消費者購買」的問題：

⑴儘量把商品陳列在零售店醒目的地方。

⑵請商家向顧客推薦該商品。

⑶促使消費者自動選擇該商品。

企業的各種市場營運活動雖其形式不同，強弱有別，但都和上列三項或其中某項有關。

就商品計畫而言，產品品質、特性、功用、包裝、價格等，必須適合消費者的需要。如能適合消費者的需要，零售店自然樂於向顧客推銷，甚至消費者本身也會主動選購該項產品。另一方面，企業對零售商舉辦經營指導訓練、限定特定期間特價供應或給予回扣，以及贈送店面廣告材料、分發公司刊物等，這些促銷活動都是為了使零售店樂於經銷其商品，且能主動向顧客推薦其商品。

另外，廣告之目的是為了直接向消費者訴求，說明商品特色，激起其購買的慾望。廣告對零售店老闆雖也有告知商品，使其確信並樂於經銷及主動向顧客推薦的效果，但廣告的主要目標乃是針對消費者。

由此觀之，各種市場營運活動，不論直接的或間接的，一切都集中在使消費者購買商品的目標上。而在消費者選購商品的行為當中，係用何種形式的市場營運活動，其力量強弱如何？如能明白這些重點，就能判斷出何種市場營運方法有效，何種方法無效等癥結所在。

如果能夠調查出「提供贈品」、「增加廣告費用」、「對零售店折扣」等市場營運活動，對消費者選購商品的行為有何影響時，便能夠得出各種營運活動方法之優劣的結論。換句話說，根據所調查的消費者購買動機，對現行之市場營運活動，何處有問題，便可一目瞭然。

2.廣告與購買動機

廣告的主要作用就是告知廣大的消費者，有關商品之性質、用途、價值等知識。構成消費者購買動機最強烈的一點，就是首先要獲知有該項商品。然而消費者獲得商品知識的途徑不一，例如聽別人說的、商家告知的、報紙上看到的、從電臺廣播收聽來的，以及從其他廣告活動而獲知的。

在消費者獲得商品知識的各種途徑當中，企業本身有可資控制的部分，也有不能控制的部分。對於能控制的部分，由於積極的控制，使得消費

者熟知該企業的產品，而在告知商品的各種活動中，最有力最經濟的方法，就是廣告。

消費者從廣告獲知了商品品質、用途、價格及其他各點，再到零售店加以確認，當獲知和自己所要求的一致時，便購買了它。

3. 企業印象與購買動機

一般而言，消費者購買商品並非完全因為商品的特性，被其優良的特性所吸引而購買，反而經常因為企業的印象才購買的。消費者與廠商最重要的接觸點，可以說只是商品本身以及商品廣告，因為大部分的消費者不會特地研究廠商，更不會主動地去參觀工廠。消費者經過一再看過廣告之後，才認為那個商品是有名的，那個廠商是一家足以信賴的大公司。

消費者並非專門的技術人員，無從辨別品質良否，只是知道該項商品的名稱、廠商名稱，而在無意識中信賴該商品，進而激起購買動機。

4. 商品印象與購買動機

由於生產技術的進步，即使一流廠商所生產的商品與一般產品之間，也幾無差別。消費者在眾多同類的商品當中，可能只盲目地選購其中一種。如果問他選購的理由，他的回答可能是：因為品質好、是高級品、有現代感等。

事實上，與其他同類的商品比較，其品質既非特別優良，也不是高級品，更無現代感，只是消費者作如是想而已。換句話說，只是消費者主觀上的判斷。

消費者對於商品，具有各種知識、感情、評價等，此稱之為印象(Image)。消費者按其對商品的印象選擇商品。當然，商品的印象大都和客觀的事實相符，但也有或多或少與客觀事實不相符合的情形。

本來一件粗劣的商品，使消費者相信是優良的商品是不可能的，可是如果與其他廠商大致相同的商品，使消費者認為這種商品比其他公司的品質好，或者是高級品，有現代感，這是有可能的。然而，這種力量完全要靠廣告。所以說，在只以品質優越來號召幾乎無法達到目的的情形下，廣告的作用是不容忽視的。

但是，廣告裡直接打出某某商品品質好、高級品、現代感等等，也不一

定能打動消費者的心，必須運用各種廣告活動，設法加深消費者對商品或企業的印象，才是上策。

5. 購買動機與訴求點

透過廣告把商品的訊息告知消費者，但商品的特性那麼多，且消費者亦可能無法全部領會，因此廣告僅能訴求一些重點。然而如何選擇其中的重點呢？最重要的是，必須把與消費者購買動機最有關係的特性，列入廣告之訴求點。

對於某一廣告商品，消費者想要什麼，選擇品牌的依據是什麼？這些都需要根據實際的調查結果，將這些結果在廣告文案裡，作重點式的陳述。

▶ ㈢動機調查的方法

在市場調查的應用上，動機調查的方法主要可分為面談法 (Depth Interview) 與投影技術法 (Projective Technique) 等兩大類，其中面談法最常見的是深入面談法，而投影技術法又可分為語句聯想法 (Word Association Test)、文句完成法 (Sentence Complete Technique) 及卡通法 (Cartoon Test)，以下我們分別介紹這幾種方法。

1. 深入面談法

以一對一的面談方式，由受過心理學專業訓練的調查員，向被調查者探尋隱藏性意識或動機之有關行為資料的收集方法，稱為深入面談法。

對深入面談法而言，其成敗的關鍵繫於調查員的素質與年齡。一位理想的調查人員，除了須有心理分析之經驗外，還得對市場狀況及商品等具有相當程度的專業知識。至於年齡，則須考慮到被調查者的年紀；為降低被調查者的抗拒，調查者的年齡應大於被調查者。在性別方面，女性的調查對象應選派女性調查員，但男性的調查對象，則可以不必太顧慮到調查員的性別。

深入面談法的時間，通常以 1 小時 30 分至 2 小時為最恰當。調查應循一定的順序進行。在被調查者與調查者相互自由交談下，適時的提出適當的問題，並在被調查者回答問題的同時，調查員還得隨時詳細觀察被調查者的態度與反應，以便發覺被調查者的動機。面談的問題應由個人日

常生活上之有關問題開始，如此方能縮短雙方之距離，降低被調查者之警戒心。在一連串的回答問題之過程中，調查員還得考慮如何發覺各個答案間的矛盾，以便進一步地挖掘問題的根源。此外，在面談進行的過程中，還得注意避免面談內容偏離主題。因此，深入面談的實施應事先編製「面談手冊」，以作為引導調查員收集資料的依據。表 8.2 為面談手冊的範例。

▼ 表 8.2　面談手冊範例

(1)產品的用途。
(2)是否僅限於同一用途。
(3)相同產品，不同之用途，最初是因何種用途而購買。
(4)特別偏好某一特定品牌之理由。
(5)若為特定目的而購買，則該產品是否能滿足該特定目的。
(6)雖然沒有使用過該項產品，但曾聽過該項產品的品牌，則對該品牌的看法如何。
(7)提示各種有關之品牌，並請被調查者發表意見。

2.語句聯想法

由被調查者閱讀或傾聽某一特定之字眼或辭句，然後請他立即寫出或回答所能聯想到的任何事項，藉以探測被調查者之隱藏性意識的調查，稱為語句聯想法。在立即反應下，可使調查者獲知「刺激字眼」(Stimulus Word) 相對應的聯想。例如，由調查員說出「香皂」之字眼，若被調查者立即聯想「洗澡」、「美化肌膚」、「泡沫」等，由此則可推斷香皂相關連的功能。

實施語句聯想法時，調查員必須特別注意被調查者所聯想出來的第一個答案與其聯想時間。聯想時間以不超過 3 秒鐘為原則，如此方能確定被調查者對「刺激字眼」心理反應的強弱程度。在市場調查的應用上，語句聯想法可作為品牌印象調查、產品命名調查以及廣告標題設定調查等之用。

語句聯想法又可分為自由聯想法 (Free Association)、限制聯想法 (Controled Association) 及引導聯想法 (Guided Association) 等三種。凡不對聯想範圍給予任何限制的方法謂之自由聯想法；例如，「當您聽到『蘋

果』這二個字時，您立刻會想到什麼?」限制聯想法是指對聯想結果加以某些範圍限制；例如，「當您聽到『蘋果』這二個字時，您立刻會想到什麼品牌的產品?」此一問句已明確地將被調查者的答案限制於「品牌」的範圍之內。至於引導聯想法則指由調查員提出一張刺激字眼與調查主題有關之調查問卷，然後再請被調查者根據調查問卷上的字眼中，逐一選出某些適當的字眼來形容特定的問題。茲以汽車品牌的態度調查為例；在調查問卷上列出下列之形容詞，然後由被調查者在各刺激形容詞中，選出某些適當的形容詞來形容各品牌之汽車的特點：

　　　堅固　　美觀　　安全　　舒適　　省油

　　　高級　　輕快　　現代　　俗氣　　豪華

語句聯想法之刺激字眼的數目，應介於 10 至 50 個之間。至於刺激字眼所產生的聯想又可分為好多類別，參見表 8.3 所示者。

3.文句完成法

此種調查方式是由調查者列舉某些不完整的辭句，要求被調查者依自己的意見或意識，將不完整的部分加以補充完成。在特性上，文句完成法是利用不完整的「刺激字眼」，藉著被調查者的反應來瞭解被調查者的潛在心態，使調查者獲得有關消費者對某一特定現象的感受、看法或態度等之深藏於心底的資料。

▼ 表 8.3　聯想的類別

聯想的類別	說明與舉例
(1)心情聯想	反應的字眼包括主觀的感情，好惡、願望等，如「乾淨」、「骯髒」、「好壞」等。
(2)敘述聯想	反應字都帶有客觀評價的色彩，如「小鳥─會唱歌」。
(3)性質狀態聯想	反應字包括客觀的性質、形態等，如「冬天─很冷」。
(4)動作聯想	反應字敘述習慣性動作，如「鉛筆─書寫」。
(5)添加聯想	將別的字附加在刺激字眼而說成另一個字句，如「蛋─煎蛋」。
(6)無意義聯想	在刺激字眼與反應字眼之間，不具有任何關係的字，如「飯碗─鞋」。
(7)共同存在聯想	例如「飯碗─筷子」。
(8)因果聯想	例如「互毆─受傷」。
(9)同類聯想	例如「日光燈─檯燈」。
(10)要素聯想	例如「自動鉛筆─筆心」。

(11)場合聯想	例如「晨跑—國父紀念館」。
(12)例示聯想	例如「算數—加法」。
(13)對立聯想	例如「戰爭—和平」。
(14)間接聯想	例如「手錶—遲到」。
(15)印象聯想	例如「蘿蔔—女人的小腿」。
(16)摹本聯想	例如「地球—地球儀」。

由於文句完成法是要求被調查者將一句未完成的辭句加以完成，故「不完整的文句」絕不可有任何誘導性或暗示性的因素存在。在調查方法上，計有：(1)以自己為中心，如「我認為國際牌電冰箱是：＿＿＿＿」；(2)以他人為中心，如「大多數的人皆認為國際牌電冰箱是：＿＿＿＿」；(3)預先設定項目，然後由被調查者依自己的興趣選擇項目回答，如《時報周刊》的廣告是：(a)很漂亮的＿＿＿＿，(b)很醒目的＿＿＿＿，(c)很具體的＿＿＿＿，(d)很誘人的＿＿＿＿等四種。有關調查問題的數目，宜以 20 題為原則。在資料的分析與解釋方面，須運用專門性的知識來解釋被調查者所填寫之辭句的真正意向；若僅依表面上的回答辭句，則無從瞭解被調查者的真正心態。例如：

「擁有一部汽車是：很好的事」；

「擁有一部汽車是：必需的」。

在上述之兩種不同的答案中，「很好的事」是表示汽車乃非必需品，而「必需的」則意味著汽車是必需品，這是兩種不同的心態，而在行銷的應用上具有截然不同的意義。表 8.4 為文句完成法的一個範例。

▼ 表 8.4　文句完成法的範例

　　請根據您的想法，將下列辭句之不完整部分加以補充完成之：
(1)您的車子：＿＿＿＿＿＿＿＿。
(2)多數新車是：＿＿＿＿＿＿＿＿。
(3)當我要高速度開車之際，我會：＿＿＿＿＿＿＿＿。
(4)最適合於汽車的顏色是：＿＿＿＿＿＿＿＿。
(5)我寧願要：＿＿＿＿＿＿，而不要汽車。
(6)我把我的汽車命名為：＿＿＿＿＿＿，其理由是：＿＿＿＿＿＿。
(7)我願意買：＿＿＿＿＿＿，而不買汽車。
(8)當我駕駛的是一部自動排擋的汽車時，我會：＿＿＿＿＿＿。

運用文句完成法時，需注意下列幾點：

⑴刺激字眼愈短，回答的範圍愈廣，反應也愈多樣化。例如：「我的母親是：＿＿＿＿＿」之答案，一定較「到了百貨公司，我的母親經常是：＿＿＿＿＿」來得廣泛。因此，在使用文句完成法時，刺激字眼不可太短。

⑵對被調查者而言，採用第三人稱比第一人稱較能夠突破防衛的心態。故在應用上，應將第一人稱與第三人稱混合併用。

⑶可以將調查結果予以計量化。

⑷廠商名稱或品牌出現的次數不可太多。

⑸避免出現誘導性刺激字眼。

⑹儘量避免採用否定語句或肯定語句。

4.卡通法

此方法是由調查者向被調查者提示卡通或圖片，並請被調查者依自己的理解來虛構故事，再根據被調查者對卡通或圖片所虛構的故事，分析對某一特定事項的關心程度之間接態度。

卡通法的設計，通常須考慮到對立原則，亦即在問卷上所出現的卡通或圖片上的人物，必定有一位是屬於對某一特定事物具有欲求不滿心態之人物，針對欲求不滿的人物，再描繪另外的對立人物，即對某一特定事項具有滿意的心態者，然後以站在欲求不滿者的立場，請被調查者根據卡通或圖片陳述「虛構故事」。例如，在圖片上畫了一位站在電視機面前的小男孩，及一位正坐在電視機前專心看報紙的父親，在圖片上附有小孩子對其父親提出的問題：

「爸爸，電視節目好精彩，你也一起來看吧!」

請被調查者以父親的立場，根據卡通的圖面，想像當時的環境，然後以「虛構故事」方式，回答小孩子所提出的問題。

和語句聯想法及文句完成法相比較，在動機調查的應用上，卡通法具有如下的優點：

⑴提高被調查者接受調查的興趣。

⑵比較容易回答。

(3)無法以辭句表示之現象，藉著卡通或圖片比較容易表示出來。

(4)借助第三者的回答，可以使被調查者提高坦白的程度。

▶ ㈣動機調查的評價

動機調查之目的是在於探求一般調查事實之調查方法所無法調查出來的真正之動機，因此自有其特殊的意義與價值，方法上也可認為是一種較為進步的調查方法。不過由於有如下的缺點，在執行上頗有困難，因而也限制了其應用的範圍。

1.專業化的調查人員或分析人員

主持調查者需要具備較豐富的調查經驗與技巧，同時也應具備心理學的知識。例如，需要誘導談話之方向，使被調查者在不知不覺中透露真情，或從旁觀察被調查者之反應，以判斷真實情形等，都需要高度之經驗及技巧。但是，這類人才並不易多求。

2.調查時間較長

一般而言，動機調查多在自由交談中進行，因此費時較長。

3.容易產生偏誤

由於調查樣本之數目較少，影響對母體之代表性。動機調查因對每一樣本單位所耗費時間較長，且調查人員亦難以尋找，因此，自不能抽出充分的樣本實施調查。

4.統計處理上的困難

動機調查之結果，往往無法以數字表示（即難以數量化），僅能以質的觀點來解釋。因此，其在應用統計方法處理上較為困難。

三 　消費者固定樣本調查

▶ ㈠固定樣本調查的意義

所謂固定樣本調查 (Panel Survey)，即是對固定的調查對象在一定期間內施以反覆數次的調查。其主要目的在於明瞭消費者之習慣在長期間內的變化，變化之前因後果及商品銷售情形之長期變化，變化之原因等問題。至於其調

查之實務程序，則與一般訪問調查法或觀察調查法相同，只不過把實務程序之一部分，重複若干次而已。

對整個市場的動向、各品牌的市場占有率、購買動機、季節需求的變動等，都是市場營運所不可或缺的資料，而這些資料正可借助固定樣本調查而得。雖然固定樣本調查具有如此重大的任務，可惜在國內並未被普遍採用。

固定樣本調查一般常用的方式是，利用日誌，將日誌分送給被隨機選出來的受測對象，如家庭主婦，請她將每日購買的日用品、逐日據實記錄，其項目包括購買的日用品之種類與品牌、包裝單位、價格數量、購買場所、購買者、贈品名稱，以及收看電視、廣播節目、訂閱報紙、雜誌等名稱。

調查員每週（或固定期間）訪問受訪者家庭一次，收回記錄的日誌，並將資料輸入電腦，經過統計分析並繪成統計圖表。

固定樣本調查法所需的人力、財力相當龐大，所以需要有雄厚實力的公司才有辦法實施，但亦可透過各市場調查機構購買報告書。如美國市場調查公司 M.R.C.A.，就有提供全國消費者固定樣本 (Consumer Panel)。其調查方式是以 10,000 戶為樣本數，實行全國具有代表性的固定樣本調查。調查表格稱為購物表，於星期一早上由被調查者寄回，每月按商品類別、品牌占有率、購買量、購買地點等，詳細地編製成統計報告，使許多企業受益匪淺。除了上述的資料外，它也提供了地區別的分析、時間數列的分析，以及固定樣本調查的最大特點——品牌相互消長情況與原因分析。表 8.5 為固定樣本調查之調查記錄表的範例。

▼ 表 8.5　固定樣本調查記錄表範例

產品名稱		布　丁			
購買日期					
所買品牌					
口　味	水　果				
	雞　蛋				
	杏　仁				
單　價					
數量（盒）					
總金額					

	量販店				
	一般超級市場				
	連鎖超級市場				
購買地點	一般便利商店				
	連鎖便利商店				
	百貨公司				
	其　他				
用　途	自　用				
	送禮用				
最近是否有看過所買品牌的廣告	是				
	否				

➤ ㈡固定樣本調查的特色

固定樣本調查的特色在於能正確地調查出消費者家庭購買日用品的數量。例如，某市場調查人員問到「府上自今年以來，是用什麼牌子的牙膏？每次購買多少？」對於這類問題，誰都沒有辦法回答得很正確，但如果請家庭主婦把所購買的牙膏記在日誌上，那麼她家裡所購買的牙膏與數量，便可以很容易地推算出來。

一般的市場調查無法從事動態的分析，如以女性的化妝品作調查，調查 A、B 兩種品牌的化妝品之使用率，調查結果其使用率相等（各為 15%），這只不過是在數字上所表示的 A、B 兩種品牌化妝品使用率相同而已。如果進一步地分析，或可發現 A 品牌主要為年輕階層所愛用，但 B 品牌主要為中年人階層所愛用，可是年輕人對化妝品的消耗量和中年人相比，卻有很大的差別，購買週期亦較短。因此，僅以 15% 這個數字來判定 A、B 兩種品牌化妝品的銷貨情形，是不正確的。

➤ ㈢固定樣本調查的功能

固定樣本調查除具有上述的特色外，其所調查的資料相當廣泛，因此應用範圍極其廣泛。以下列述一些常見的應用範例：

1.新產品滲透情形

固定樣本調查是長期不斷地實施，因此可隨著時間的流逝，調查新產品到達消費者手裡的時間，以及其滲透的過程。

2.廣告投資量與購買之間的關係

企業所投下的廣告費用，對於市場究竟有多少影響，這是企業經營者所希望知道的重要資料。事實上，這類資料並不易獲得。但是，借助固定樣本調查所實施的繼續不斷地資料分析，將可獲得相當客觀的結果。

3.品牌忠誠度

「品牌忠誠度」(Brand Loyalty) 一詞，其所包含的意義，包括購買者的誠意與意志；此種資料唯有從固定樣本調查中得到。品牌忠誠度的高低，受被調查家庭特性（身分、興趣、年齡及性別等）的影響很大，因此必須將忠誠度與家庭背景配合分析。

當然，利用固定樣本調查所獲得的品牌忠誠度，也有它測量方面的先天缺陷。根據固定樣本調查所獲得的資料是「購買類型」(Purchase Pattern)，而不是直接對品牌忠誠度加以衡量的結果。因此，只能根據購買類型來推測品牌忠誠度。譬如，固定樣本調查的結果可能發現某一個家庭主婦連續十次購買 B 品牌的洗髮精，這種 BBBBBBBBBB 的購買類型，很可能只是由於 B 品牌洗髮精最便宜，亦可能由於她常去購買的那家商店只銷售 B 品牌。

4.購買週期

大部分的調查資料，只是代表各別家庭的購買率、使用率。換言之，就是僅將消費者購買與消費的全部過程，取下某一瞬間來觀察而已。因此，因時間而變化的情況就無法把握。只有透過固定樣本調查才能獲知每隔幾天購買一次、單位量可以使用幾天，以及累積的情形等問題。

5.購買通路、購買方法的推定

消費者通常在那裡購買以及購買方法等購買習慣，雖然相當固定，但有時也會產生變化。尤其百貨公司、超級市場、便利商店等，皆為企業界所不可忽視的市場通路。從固定樣本調查中，可以獲得消費者購買通路及購買方法等的資料。

6.每戶購買率與購買金額的分析

根據固定樣本調查結果繪製統計圖表，可分析每戶對各種商品購買率之高低，以比較各種商品的銷售情形。另外，由每戶購買金額的統計數字，可以瞭解該戶花用在該項商品的費用；亦可根據統計總金額計算出同一種商品不同品牌的各別市場占有率。例如，某商品的總購買金額為 10 萬元，而 A 品牌商品之購買金額在其中占 4 萬元，則可推算出 A 品牌商品在市場的占有率約為 40%。

7.購買理由分析

根據固定樣本調查結果，可分析消費者購買某一品牌的商品是受到那一因素的影響，從而可提供企業從事促銷活動的參考依據。

▶ ㈣固定樣本調查的利弊

利用固定樣本調查，有其優點與缺點，茲分別說明如下：

1.優　點

⑴可以明瞭調查事項之變化動態，因此對長期趨勢之調查而言，利用價值很大。此種優點，是其他僅以記憶或統計預測方法尋求長期資料之調查方法所不及的。

⑵問卷調查表之回收率可提高。因為固定樣本調查之次數不只一次，通常都編列預算對被調查者贈送禮品。而且調查者與被調查者之間也可以逐漸建立友誼關係，因此回收率較高。

⑶利用固定樣本調查可以連續觀察一群消費者的活動型態，從而瞭解消費者行為與態度的規則性或其變動的趨向，這是其他的調查方法所難以辦到的。

⑷利用固定樣本調查，只對同一樣本做連續的、多次的調查，不需要每次都重新找樣本。第一次調查時把樣本建立之後，以後的調查所用的樣本大致不會有太大的變動。因此，可以減少抽樣設計的麻煩。

⑸在收集資料時，為了統計分析之用，常常也要收集一些基本的分類資料，如年齡、性別、職業、教育程度及所得等等。如果利用固定樣本，這些分類資料用不著每次重複收集，這樣可以使研究人員將注意力集

中於特定的資訊需求上。

2.缺　點

⑴因調查時間較長，費用很高，亦常失去時效。

⑵被調查者在調查次數增加之後，容易敷衍了事。

⑶被調查者在中途因遷移或表示不合作時，無法繼續調查，而需另行補充樣本。但如此做，則已失去固定樣本的意義。

⑷記錄誤差：其原因主要包括：(a)記錄者不知道其家人的購買；(b)忘了他們的活動而漏記應該加以記錄的事項；(c)記錄時由於記憶模糊而記錯；(d)偽造或曲解問題。

⑸反應偏差：人們可能因為加入消費者固定樣本而有了不正常的反應；譬如，一個家庭平常都喜歡收看某一電視節目，但在加入一項收視率調查的固定樣本之後，可能因警覺到他們的收視行為將經由記錄器而自動記錄下來，因而改看其他節目。

本章摘要

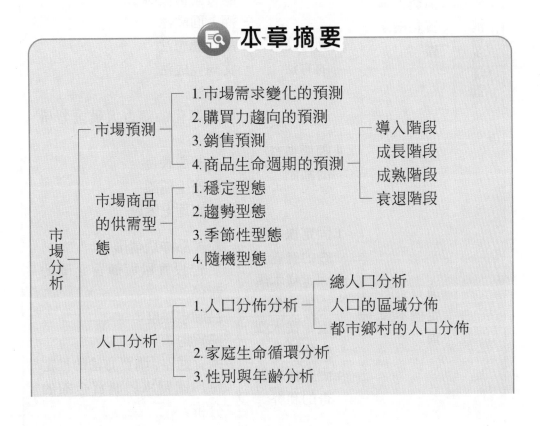

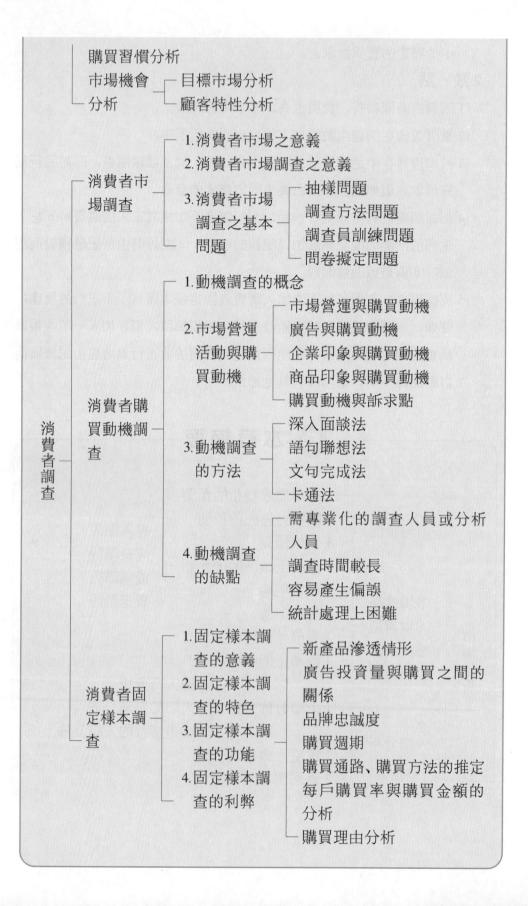

習　題

一、選擇題

(　) 1.下列有關市場的敘述，何者有誤？　(A)商品交換的場所　(B)有反映社會需求的功能　(C)能提升商品的市占率　(D)能調節商品的供需

(　) 2.目標市場分析是屬於下列那一項分析的內容？　(A)市場預測分析　(B)商品供需型態分析　(C)購買習慣分析　(D)市場機會分析

(　) 3.下列那一種商品供需型態的分析，其關鍵在於掌握大量的歷史資料，找出其變化的規律性，並利用其演變的規律來推測未來的情況？　(A)穩定型態　(B)趨勢型態　(C)季節性型態　(D)隨機型態

(　) 4.關於問卷擬定的基本原則，下列何者有誤？　(A)問卷之開頭必須以親切的口吻詢問　(B)一個問句中不限一個主題　(C)所詢問的句子要儘量客觀　(D)不可詢問難以記憶的事項

(　) 5.下列何者不是固定樣本調查法的應用範圍？　(A)購買週期　(B)品牌忠誠度　(C)顧客滿意度　(D)購買通路的推定

(　) 6.下列何者不屬於動機調查法中的投影技術法？　(A)深入面談法　(B)語句聯想法　(C)文句完成法　(D)卡通法

(　) 7.卡通法的設計，通常須考慮到下列那項原則？　(A)互斥原則　(B)吸引原則　(C)反應原則　(D)對立原則

(　) 8.市場分析主要是分析市場潛力及銷售潛力，請問下列何者正確？　(A)前者屬於供給面分析，後者也屬於供給面分析　(B)前者屬於供給面分析，後者則屬於需求面分析　(C)前者屬於需求面分析，後者則屬於供給面分析　(D)前者屬於需求面分析，後者也屬於需求面分析

(　) 9.下列那項調查方法的最大特點為「品牌相互消長情況與原因分析」？　(A)深入面談法　(B)語句聯想法　(C)固定樣本調查　(D)卡通法

(　) 10.下列語句聯想法的例子：「互毆─受傷」，屬於那一種聯想的類別？　(A)例示聯想　(B)印象聯想　(C)動作聯想　(D)因果聯想

(　) 11.日常生活必需品屬於下列那一種商品供需型態？　(A)穩定型態　(B)

趨勢型態 (C)季節性型態 (D)隨機型態

( ) 12.下列有關深入面談法的敘述何者錯誤? (A)調查者的年齡應大於被調查者 (B)不需顧慮到調查員的性別 (C)通常以 1 小時 30 分至 2 小時為最恰當 (D)成敗的關鍵繫於調查員的素質與年齡

( ) 13.在家庭生命循環階段中,那一階段對家庭用耐久消費財,如冰箱、電視機、洗衣機、音響、傢俱等之需求較為殷切? (A)單身家庭 (B)已婚年輕無子女家庭 (C)已婚年輕有子女家庭 (D)已婚年老有子女家庭

( ) 14.下列何者不是消費者市場調查的基本問題? (A)問卷擬定問題 (B)調查方法問題 (C)調查員訓練問題 (D)記錄誤差問題

( ) 15.下列有關動機調查的敘述,何者有誤? (A)動機調查是屬於一種「量」的調查 (B)為求瞭解消費者為什麼(Why)要購買的調查 (C)以個人為中心,採取少量的樣本所從事的調查 (D)屬於正式調查實施之前的探測性調查

二、填充題

1.行銷學傳統的 4P 觀念,即:_____、_____、_____及_____。

2._____是指經濟社會的商品需求量,這是總體預測。至於_____是指企業本身的商品銷售量,包括花色、種類、規格、式樣等的預測,如何使商品銷售順暢,滿足消費者的需要,這是個體預測。

3.商品生命週期大致可分為那四個階段?_____、_____、_____及_____。

4.人口分析有那三項?_____、_____及_____。

5.顧客特性分析的三大類別為:_____、_____及_____。

6.動機是由_____、_____及_____等三大要素所形成。

7.由被調查者閱讀或傾聽某一特定之字眼或辭句,然後請他立即寫出或回答所能聯想到的任何事項,藉以探測被調查者之隱藏性意識的調查,稱為:_____;由調查者列舉某些不完整的辭句,要求被調查者依自己的意

　　見或意識，將不完整的部分加以補充完成，稱為：＿＿＿＿＿。

8.語句聯想法可分為那三種？＿＿＿＿＿、＿＿＿＿＿及＿＿＿＿＿

9.研究消費者的購買過程之調查，稱為＿＿＿＿＿調查。

10.在市場調查的應用上，語句聯想法可作為＿＿＿＿＿、＿＿＿＿＿及
　　＿＿＿＿＿調查等之用。

三、問答題

1. 試討論市場分析的意義，以及市場分析的目的，而為了達成這些目的，則
　 必須進行那些分析或調查？

2. 商品有其生命週期，而家庭有其生命循環，試比較並討論此二者在市場分
　 析上的意義及扮演的角色。

3. 性別與年齡分析對市場分析的重要性如何？

4. 請說明消費者市場調查的重要觀念，以及其可能面對的基本問題。

5. 消費者購買動機調查的重要觀點為何？以及採用此種調查方法的利弊為何？

6. 消費者固定樣本調查，可能提供那些市場調查上的應用？

7. 消費者購買動機調查在市場調查上的應用為何？

MEMO

第 9 章

市場調查的應用(二)

學習重點

1. 瞭解產品市場調查的意義、方法與調查要點。

2. 熟悉新產品的發展階段與商品分析的概念。

3. 瞭解價格調查的意義與方法。

4. 瞭解配銷通路的意義與調查要點。

5. 瞭解廣告調查的基本概念與廣告調查的方法。

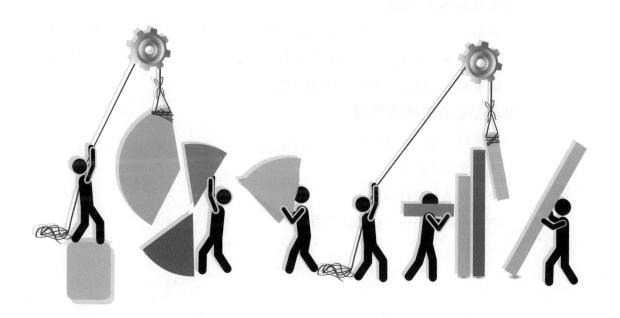

　　本章與第八章皆介紹市場調查的一些應用，第八章包括市場分析與消費者調查，這是市場調查之兩大基本組成。本章接著介紹市場營銷的各項活動，即產品、價格、通路及推廣等 4P，透過市場調查的應用，將可提供企業在這些營銷活動制定決策的參考。

第一節　產品調查與分析

　　本節先介紹有關產品活動在市場調查上的應用，包括產品調查、新產品測試及商品分析等三個課題。

一　產品調查

▶ ㈠產品調查的意義

　　不管產、銷新產品或舊產品的企業，都需要經常調查消費者的需要，以配合發展更能適合消費者需要之產品。為了此種目的，研究消費者對產品之需要而所從事的調查，稱為產品調查 (Product Research)。

▶ ㈡產品調查的範圍及研究方向

1.產品調查的範圍

產品調查的範圍包括產品之品質（含所使用的材料、設計、顏色及式樣等）、包裝及價格。因價格調查之重要程度不亞於品質及包裝，故另以專節來討論。在此僅論述品質與包裝。

2.產品調查的研究方向

可依循下述三條途徑：

⑴有否新的需要？

⑵舊產品有沒有缺點？

⑶舊產品能不能尋找出新的用途？

▶ ㈢產品調查的方法

產品調查的方法，在實施步驟上與訪問調查之步驟大致相同，因此以下僅就不同之處提出說明：

1. 先要準備各種不同種類之樣品，以作為調查之對象。如果是新產品，則此步驟必須先試製樣品；如果是舊產品，則選擇不同尺寸或不同顏色之既有樣品即可。

2. 同時也必須選擇適當的比較樣品，稱為「管制品牌」(Control Brand)，以便比較優劣點。因為對某一產品提出批評意見，每一被調查者之衡量標準不一致，恐怕產生不確實的結果，因此必須以同一類其他品牌之樣品作為比較的尺度。通常此種比較用的樣品，都選擇已經在市面上具有聲譽的品牌，以避免有一部分比較用樣品被調查者熟悉，而又有一部分不熟悉的情形。

   此外，調查樣品與比較樣品之間，除了比較項目不同之外，其他條件應儘量求其相同。例如，要研究新產品之顏色是否適當時，其他條件如產品材料、尺寸、形狀等，應該完全相同，以便專心比較顏色。

3. 被調查者之抽樣，應注意限於過去用過同類產品之消費者，否則無法提供正確之意見。

4. 在實地調查時，往往為調查方便需要隨身攜帶調查樣品及比較樣品，以提示被調查者。在提示樣品時，應該注意每次調換提示樣品之順序與位置，以免被調查者因樣品提示順序或位置而產生不正確的意見。例如，要調查改變產品顏色後之顧客反應，把新舊產品提示被調查者，如果第一次是先拿新產品出來，則第二次就得先拿出舊產品，或者如果第一次是新產品放在舊產品之右邊，則第二次應放在左邊。

▶ ㈣產品之市場調查的要點

企業所生產或製造出來的產品，最重要的是能夠符合市場與消費者的需要，而欲達此目的則需針對產品進行調查，以瞭解並收集一些相關的資料，此即產品調查的要點。產品調查的要點應包括下列幾項：

1.與產品有關的資料

一般而言，消費者對產品的各種具體要求，可歸納為下列幾點：

⑴顏色 (Color)

消費者對產品顏色的選擇，其中所包含的不光是喜愛的問題，還有某種象徵性與感情方面的價值。同是一種色澤，用在某種產品就合適，但用在他種產品就不合適。此外，人們對產品顏色的愛好與要求，在一定的準則範圍內經常發生變化，這在服飾類商品上表現得特別明顯。

⑵風味 (Taste)

不同市場，甚至同一市場但不同類型的消費者對產品的風味各有不同的要求。

⑶規格大小 (Size)

消費者對產品規格與大小的要求與偏愛，亦是多樣性的。例如：選購汽車有些人喜歡輕巧小型汽車，有些人則喜歡愈大愈好。

⑷式樣 (Style)

有關消費者對產品式樣的要求，可以和對產品顏色的要求同時進行瞭解。但重要的是，應瞭解產品銷售的目標區隔市場之各類消費者所偏好的式樣與類型，以及其可能發生的變化情況。

⑸性能 (Performance)

消費者對產品性能（如方便保養、耐用、功率、防水等）的要求各有不同，而這些要求可能涉及價格要素的考慮，但亦常與用途和使用方法有直接關聯。

⑹技術規格 (Technical Specification)

產品技術規格於工業產品尤其重要，但對消費品也是相當重要的。產品技術規格包括尺碼、公差、電壓、等級、硬度等具體項目。有些技術規格可能是法定的，有些也可能是個別顧客或用戶根據特殊需要而自行訂定的。

2.與包裝有關的資料

瞭解市場與消費者對產品包裝的需求，亦是相當的重要。產品的包裝一

般可分為運輸包裝與直接包裝兩種。

(1)運輸包裝

由於包裝具有保護產品的作用，因此產品在運送之前必須先瞭解「為配合產品的運輸，產品的包裝形式應如何」。例如，運輸時間、裝卸方法、防盜防竊、溫度濕度的變化、配銷條件以及包裝成本等，都是運輸包裝所需考慮的資料。

(2)直接包裝

係指產品的銷售包裝，可連同產品一起銷售。如果是工業產品，則產品的直接包裝一般皆按顧客的要求而定，且需要便於使用。市場調查人員應該瞭解顧客的具體要求，並提供相關的資料，包括：存放方法、啟用方法、識別內容物標誌、可否重複使用、回收及處理方法等。

如果是消費品，其直接包裝的問題就較為複雜；因為直接包裝會對產品產生多方面的影響作用。市場調查人員必須瞭解到究竟有那些影響作用，然後去瞭解實際的情況並收集相關的資料。具體言之，這些影響作用包括：保護作用、訊息作用、推銷作用、法定要求以及顧客的習慣等。例如，消費品的直接包裝應向顧客提供有關產品的訊息，讓顧客更瞭解產品，以便選購。另外，當法令亦有所規定時，消費品的直接包裝亦應說明內容物、產地及製造日期等。

3.與用戶有關的資料

關於產品的市場調查，除了必須瞭解市場具體情況對產品進行分析之外，尚須瞭解產品的用戶 (User) 對產品的具體要求。

無論所調查的產品是屬於消費品還是工業品，均須瞭解下列有關用戶的資料：

(1)產品用戶是誰？

(2)用戶使用產品的情形為何？

(3)用戶購買產品的頻率為何？

(4)用戶為何要購買這些產品？

茲將產品的市場調查之要點彙總如圖 9.1 所示。

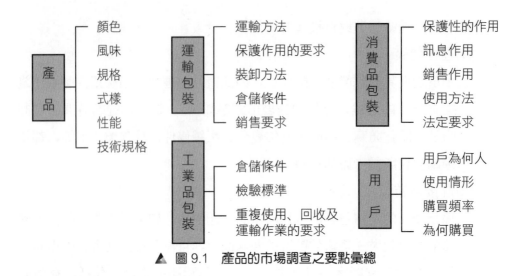

▲ 圖 9.1　產品的市場調查之要點彙總

二　新產品測試

　　每一公司皆會執行新產品發展的工作，因為公司現有的產品最終皆會走向衰退的階段。此外，消費者大多渴求有新產品的問世，而且競爭者亦將會盡全力的提供。對公司而言，新產品的取得主要是靠公司的新產品開發活動。本節將探討有關新產品的一些重要的課題，包括新產品的定義、新產品的開發與新產品的測試等。

▶ ㈠新產品的定義

　　「新產品」的涵義極為廣泛，包括公司經由自己的研究發展而開發出來的原始產品 (Original Product)、改良的產品 (Improved Product)、修正的產品 (Modified Product)，以及新品牌 (New Brand)。

　　有些學者根據產品對公司及市場的新穎程度，而將新產品分為六類：

⑴新問世的產品 (New-to-the-world Product)

　　創造一全新的新產品。

⑵新產品線 (New-product Lines)

　　使公司能首次進入某現有市場的新產品。

⑶現有產品線外所增加的產品 (Additions to Existing Product Lines)

　　補充公司現有產品線的新產品。

⑷現有產品的改良更新 (Improvement in Revision to Existing Product)

　　能提供改進性能或較大認知價值及取代現有產品的新產品。

⑸重新定位 (Repositioning)

　　將現有的產品導入新市場或新市場區隔。

⑹降低成本 (Cost Reduction)

　　提供性能相同但成本較低的新產品。

　　雖然「新產品」有上述的六種類別，然新產品之定義中最為重要的是，消費者是否將它們視為「新」產品，以及是否接受它們。

▶㈡新產品的觀念

1.新產品的創造

　　新產品可能因許多因素而產生，新構想與巧思也許就能創造新的產品。在既有的產品上做一些改變也能使其成為新產品。大部分行銷人員將焦點放在對於原有產品上做小小地改變，以期望其能成為新產品；但這些微小的改變，並不能確保在長期的市場競爭上獲利。優良的行銷策略是找出更好的方式以滿足消費者的需求（也許這些需求目前看不到或不存在），然後建立一個良好的「行銷組合」（即 4P）來滿足這些需求。這時可能需要一個真正「新」的產品，但開發這新產品的同時，必須耗費巨大的財力、人力，不過如果成功的話，它可能創造出別人無法跟隨的機會 (Break-through Opportunity)。

2.新市場亦可能使既有的產品成為新產品

　　例如自行車，在過去自行車主要作為代步的工具；但是當人們的所得與生活水準提高之後，便紛紛改乘用汽車或機車。此時，自行車漸漸地變成運動或休閒的用品。又如馬卡龍本來是一種食品，但由於西風

圖 9.2　騎自行車已成為時尚又健康的戶外休閒活動

東漸，人們也常用馬卡龍作為饋贈親友的禮品，使得原有的產品進入另一市場（禮品市場），而成為新的產品。

▶ ㈢新產品的發展階段

新產品發展過程一般包括八個階段：創意的產生、創意的篩選、概念的發展與測試、行銷策略、商業分析、產品發展、市場試銷及商品化，參見圖9.3。

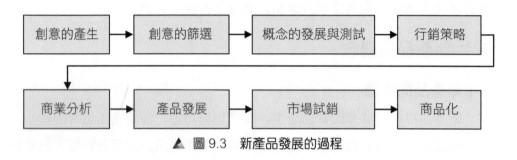

▲ 圖 9.3　新產品發展的過程

以下我們簡要地介紹此八個階段的重要步驟：

1. 創意的產生 (Idea Generation)

新產品發展的過程始於創意的尋求，而創意的尋求並非是偶然的或無止境的。高階層管理當局應界定公司所要強調的產品與市場為何，亦即應該明確地陳述新產品的目標，想掌握多少市場占有率，是否為高現金流量，抑或其他的目標等。此外，亦應說明要投入多少努力於發展原始的產品、修正現有的產品，以及模仿競爭者的產品等。

至於新產品創意的來源有多種途徑，包括：消費者、科學家、競爭者、員工、通路成員及高階層管理當局等。依據行銷的觀念，消費者的需要與慾望是尋求新產品創意的起始點；公司亦會依賴科學家、工程師、設計人員及其他的員工，提供新產品的創意，因此成功的公司基本上皆已建立了一種公司文化，激勵每一位員工尋求改進公司的生產、產品及服務等方面的新創意；公司也可經由檢視其競爭者的產品與服務，以產生好的創意；公司的銷售人員與中間商也是新產品創意的極佳來源之一，因為他們擁有顧客需要與抱怨的第一手資料，他們亦是第一個知道競爭

者的發展動向；最後，高階主管同樣也是新產品創意的另一個主要來源。

2. 創意的篩選 (Idea Screening)

創意產生的目的在於增加創意的數目，而往後產品發展的每一階段則都在減少創意的數目，以獲得吸引人且可行的少數創意；而刪減創意的第一個步驟即為篩選 (Screening)。

在篩選的過程中，公司必須極力避免犯上兩種類型的錯誤。當公司草率地剔除一個有潛力的創意時，則容易犯上「捨棄的錯誤」(Drop-error)。若公司犯了太多的捨棄的錯誤，則顯然公司的標準太過於保守了。而當公司接受了一個壞的創意，並將之發展且商品化，則犯了「採納的錯誤」(Go-error)。篩選的目的在於儘早確認及捨棄不好的創意，其理由乃基於：產品發展的成本隨著發展階段的進行將大幅提高。因此，當產品到達愈後面的階段，管理當局覺得已經投資了這麼多的錢在上面，故產品勢必推出上市以收回部分投資。但這等於劣幣驅逐良幣的作法，而正確的作法應該是儘早結束這些不好的產品創意，而不該讓其繼續發展下去。

圖 9.4　創意的篩選必須謹慎、妥當，以避免捨棄的錯誤及採納的錯誤

3. 概念的發展與測試

具吸引力的產品創意應再進一步地發展成可測試的產品概念。在此，我們應先區別產品創意、產品概念及產品形象三者間的差異。所謂產品創意係指公司本身認為可提供給市場之可能的創新產品；產品概念係指將產品創意進一步精緻化後，而以有意義的消費者術語加以表達；而產品形象則指消費者從實際或潛在的產品中所獲得的特定看法。

因此，產品創意是一種較抽象且尚未知是否可實現的產品，而行銷人員必須將產品創意開發成某種意識型態的產品概念，並分別衡量各項產品概念對顧客的訴求後，再從中選出一項最佳的產品概念。

所謂概念的測試是將各項產品概念，要求適當的目標顧客群來評定，以瞭解他們的反應。此時可利用顧客的需要調查、購買動機調查、人口結構分析、所得結構調查等方式獲得基本的資訊。但所謂產品概念的「交付」，可以只是一種意象的表達，當然也可以是實體的表達。在產品開發程序的此一階段中，往往只用一份圖片或者只是一份說明書，便可以表達產品的概念。當然，表現的方式愈實際，對於消費者的刺激也就愈具體。也就是說，對消費者所表達的應該是產品概念的一種生動的具體圖像。

4.行銷策略

此一階段即在發展一套行銷策略計畫，以作為將產品導入市場的準備。此行銷策略包含三個部分，第一部分是描述目標市場的大小、結構、行為、所計畫的產品定位、最初幾年內的銷售量、市場占有率與利潤目標等。

行銷策略的第二部分是列出產品的預期價格、配銷策略及第一年的行銷預算。行銷策略的第三部分則在描述長期銷售與利潤目標，以及未來的行銷組合策略的演變。

5.商業分析

當管理當局發展出產品概念與行銷策略之後，就必須評估此一方案對企業的吸引力。管理當局必須審視未來的銷售、成本及預估利潤，以確定其是否能達到公司的目標。如果可以達成公司的目標，則此一產品概念即可進入產品發展的階段。另外，隨著新資訊的不斷收集，公司可進一步地修正此一商業分析。

6.產品發展

若產品概念通過商業分析之後，即可將此一概念交由公司的研究發展部門及工程部門，進入產品發展的階段，開發成一項具體的產品。在此一階段之前，產品概念迄今仍僅為一段文字敘述，一份藍圖或一個簡單的產品模型。在產品發展階段中，公司往往需要大舉投資。此一階段必須確認在技術上或商業上，是否能將此產品創意轉化為產品。若為不可行，則公司到此階段所有累積的投資將全部損失，除非能在此發展過程中獲

得其他有用的資訊。

研究發展部門將產品概念發展成一個以上的實體產品，其目的在於找出能滿足下列標準的產品原型 (Prototype)：消費者認為實體產品已將產品概念所描述的重要屬性予以實體化；在正常使用情況下，此原型能夠安全、有效地執行其功能；此原型能在預算的製造成本範圍內成功地生產出來。

因此，當原型準備妥當後，它們必須經過嚴格的功能性測試與消費者測試。功能性測試 (Functional Test) 一般皆在實驗室及現場進行，以確定此產品能有效且安全地執行其功能。而消費者測試 (Consumer Test) 的方式有很多種：從把消費者引入實驗室測試並評等產品的方式，到提供樣品給消費者在家中試用的方式都有。

7.市場試銷

產品原型的功能性與消費者測試均臻滿意後，管理當局才可再安排生產部分的產品，供做市場試銷之用。市場試銷可說是產品和行銷的另一開發階段，目的在將產品推出於真正的消費者舞臺上，以求瞭解消費者與經銷商的行為，一方面為了掌握他們對產品的處理、使用與再次購買的實際情況，一方面也是為了瞭解市場大小。

大多數的公司也都瞭解到，從市場試銷中可以獲知有關使用者、經銷商、行銷計畫的有效性、市場潛力及其他事項等有價值的資訊。在此，主要的爭論點是：要做多少市場試銷？

市場試銷的多寡，一方面受到投資成本與風險大小的影響，另一方面也受到時間壓力與研究成本的影響。高投資風險的產品值得進行試銷，因為它不允許有絲毫的差錯；此時試銷的成本僅占整個方案本身的極小比例。高風險的產品或具有新奇特徵的產品，值得做更多的試銷。另一方面，若公司受到競爭者的壓力而推出新產品，且因為剛開始換季而競爭者亦準備推出新品牌時，則在這種情況下試銷可能會受到極大的限制。此時公司寧可冒產品失敗的風險，也不願冒失去高度成功產品的配銷或市場滲透機會的風險。另外，市場試銷的成本，也將影響到市場試銷的廣度及其選用方式。

8.商品化

試銷的結果，假設提供了管理當局足夠的資訊，以決定最後是否要推出該項新產品。如果公司決定將新產品商品化，它將面臨截至目前為止的最大成本項目。公司必須建造或租用全面生產所需的製造設備，而廠房的規模將是重要的決策變數。基於風險性的考慮，公司可以建造一座比銷售預測小的工廠。

新產品商品化所需決定的事項包括：時機、地理策略、目標市場以及如何引進等問題。在新產品商品化的階段中，市場的進入時機是極為重要的；公司一般面臨三種選擇：率先上市、同步上市或延後跟進。公司亦須決定是否在單一地區、某一區域、數個區域、全國性市場或國際性市場推出其新產品。另外，在初期的市場內，公司必須將其配銷與促銷的活動，對準最具前景的顧客群，亦即必須確定新產品的目標市場。最後，公司亦必須發展一套行動計畫，以便將新產品引進至初期的市場。

三　商品分析

現今社會對商品的觀念，已無法從其物理的想法來說明，因為商品已演變成除具有可見的物理型態外，又存有視而不見的心理因素。例如，髮蠟的廠商所推銷的是英俊的希望；我們所購買的不僅是橘子本身的商品，還有新鮮的活力；我們並不只購買汽車，還購買社會地位。

上述的商品觀是市場行銷主義時代的商品觀，每一商品觀都在銷售商品上，發揮了效果。賴東明先生在其所著的《商品觀》一書中，列出了多種商品觀點，而每一種商品觀都對市場行銷、廣告活動的成敗具有決定性的作用。茲將這些商品觀簡略說明如下，提供作為商品分析的參考依據。

▶ ㈠傳統方面

1.軟性商品

流行商品，隨流行而銷售，其購買動機多屬心理因素，如服裝、飾品。

2.硬性商品

器具商品，如家電、傢俱等，以貼心服務、詳細說明、良好信用、分期付款等手段而銷售。

3.包裝商品

日常用品，如超級市場的商品，可用自取方式達成銷售。

4.服　務

不具形態，本質上可說是非製品的商品，如金融、保險、運輸及餐旅服務等。

5.生產性商品

極具技術性的商品，能提高產能、提高效率的機械，工具、儀器等皆屬之。

▶ ㈡生命週期方面

1.開拓期商品

消費者的性格，以先睹為快的激進人士為主，如太陽能熱水器等。

2.成長期商品

消費者的性格，以善於接受新觀念的理性派人士居多。

3.成熟期商品

到這階段才購買的人，以消極、不善交際、低收入者居多。

4.衰退期商品

在此階段仍購買的人，是屬於年紀較大，保守頑固的人。

5.返老還童商品

舊機種更新的商品，換言之，在產品生命週期各階段上，以變更型體方式，使商品又接受新生命的開始，如青箭口香糖。

6.新商品

市場未曾出現過的商品（全部更改）、改良的新商品（部分更改）。

➤ ㈢印象方面

1.商品印象型商品

須重視商品印象的商品包括：開拓期的新產品、尚不太為人知曉的商品、擬變更使用習慣的商品及改良的商品。

2.品牌印象型商品

商品印象業已建立，印象重點須放在品牌時，或已進入成熟期的商品，或競爭商品眾多時。

3.企業印象型商品

歷史悠久的公司，想利用過去的信譽，以發售新產品時；企業名稱與品牌名稱相同（如大同、福特）；商品規模小，難以創造獨立品牌時；硬性商品認為企業形象對於購買動機有重大影響時。

➤ ㈣消費者心理方面

1.聲望商品

商品成為消費者聲望的象徵，如汽車、住宅、服飾、傢俱及古董等。

2.成人商品

如香煙、化妝品、咖啡及酒等。

3.地位商品

表示使用該商品的消費者屬於社會上的何種階層，例如，吸雪茄的人象徵著屬於上流社會階層。

4.不安商品

指能減輕社會的不安之商品，如保健食品、保險等。

5.快樂商品

使消費者產生感覺上的魅力、氣氛上的享受，如亮麗的髮型、美麗的服飾等。

6.機能商品

硬性商品即屬於機能商品，因此類商品必須強力訴求機能方面的優點。

▶ ㈤行銷組合方面

1.廣告中心型商品

認為廣告可以達成銷售目的的商品，有時被稱為大眾傳播的商品，亦即愈有名愈暢銷。如牙膏、藥品、飲料、口香糖及速食品等。

2.銷售網中心型商品

如全省連鎖的新光三越百貨，使其銷售大幅增加。本型商品種類包括：化妝品、電化製品、傢俱等。

3.推銷員中心型商品

依賴推銷員之辛勤推銷的商品，如人壽保險、醫療器具及不動產等。

▶ ㈥競爭條件方面

1.先進商品

在業界中最先發售的新產品。

2.跟進商品

先進商品在市場上獲得成功之後，就陸續出現跟進的公司生產跟進的商品。

3.獨占商品

少數受專利權保護的商品，如旋轉拖把組、菸酒等。

4.寡占商品

少數品牌霸占市場，如汽車、水泥等。

5.多占商品

競爭商品雖多，卻無獨步占有市場者。一般而言，乃由於產品大眾化所致，如服飾、金飾等。

6.鉅額廣告費型商品

在競爭上，與別家或別品牌，有更多的廣告費用可資利用。

7.小額廣告費型商品

在競爭上，無法比別種品牌有更多的廣告費用可資利用。

▶ ㈦商品要素方面

1. 從包裝看

包裝是商品的象徵，是無言的推銷員。

2. 從品名看

商品品名會引起消費者對於商品之看法與想法的改變。

3. 從價格看

價格除代表商品的價值外，也是自我滿足的表現。

4. 從服務看

服務應是附屬於商品的一部分。

5. 從創意看

如馬桶造型冰淇淋、多用途手工具，可稱為創意商品。

▶ ㈧購買習慣方面

1. 易購商品

如衛生紙、醬油、味精、糖等皆是。

2. 選購商品

購買時，會對品質、價格、式樣等，特別加以比較、考慮的商品。

3. 特殊商品

指不惜代價取得而稱快的商品，如藝術品、嗜好品、珠寶等。

▶ ㈨廣告媒體方面

1. 偏重電視廣告的商品

商品必須是短時間內可以使消費者瞭解者；藉著表演、示範、色彩、音響及動作等，可獲得傳播效果者。

2. 偏重報紙廣告的商品

訴諸於消費者思考的商品，需要較長說明者。

3. 偏重雜誌廣告的商品

商品對象極為明顯，可針對其階層所閱讀之雜誌作為媒體，例如欲接觸

大部分的年輕母親，則可在育嬰雜誌上刊登廣告。

4. 偏重電臺廣告的商品

商品須藉由音響或主持人感性的語調播出或不利於顯露的商品。

5. 偏重 DM 或 POP（DM：直接郵寄推廣；POP：販賣點廣告）廣告的商品

適於直接向所選定的潛在消費者訴求的商品，如藝術品、嗜好品及套書等。

6. 偏重廣告傳單的商品

適於針對特定區域內不特定少數消費者訴求的商品。

㈩獨立性方面

1. 個性商品

消費者在購買服裝、裝飾品等，往往反映出其個性。

2. 速成商品

如速食品、成衣等。

3. 舶來商品

從外國進口的商品。

4. 姊妹商品

如洗髮精常由同一廠商推出不同的洗髮精，可視為姊妹商品。

5. 組合商品

將相關商品組合成套，如音響、沙發及文具組合等。

6. 必需商品

一種商品如具備人人生活上應該必須擁有的商品印象時，有些人若無此種商品，則會感到羞恥，而使得他一心想去購買，例如：液晶電視、電冰箱等。

對商品的看法，如上述有五十種之多，若再細分，還有更多。公司可繪製「商品觀一覽表」，對商品進行分析，將有助於確認商品性格，在市場上的定位，進而描繪出一個清楚的輪廓，讓行銷主管人員在做行銷組合、對象訴求、媒體廣告、訂價包裝、產品策略等決策時，能精確而果決。表 9.1 為「花王潤絲精」的商品觀。

▲ 表 9.1　花王潤絲精商品觀一覽表

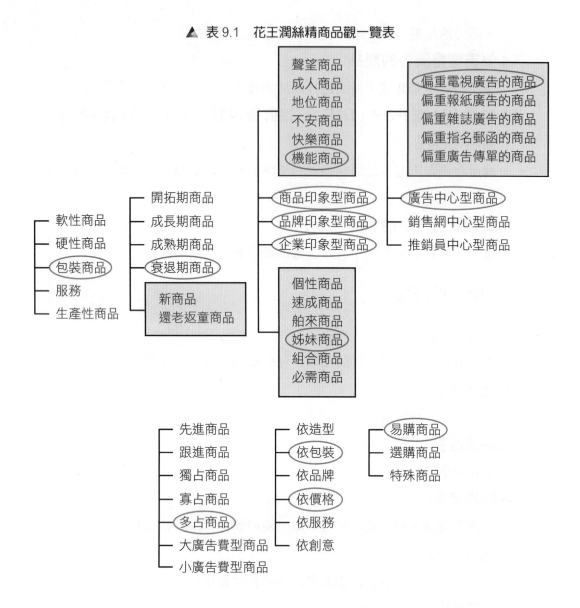

 第二節　價格調查

 價格調查的概念

　　公司擬定行銷策略時，應以適當的價格作為競爭手段之一，不可以最低的價格為唯一的競爭手段。所謂適當的價格，就是可以創造最多利潤之價格。為了尋求此種最適當的價格而進行調查，即稱之為價格調查 (Price Research)。

二　價格調查的方法

理論上價格調查的方法，可利用訪問調查法或觀察調查法，收集某一產品在某些單價下的銷售量，然後推算總銷售額、總成本及利潤，以決定最理想的單價。

不過事實上，往往市面上已經有其他公司的同類產品，或者有可代替使用的不同類產品。此時訂價之考慮因素，最主要的是同類產品目前的暢銷價格，或替代品目前的價格，而非能獲取最高利潤之價格。由此可見，在實際實施價格調查時，因當時所處環境之不同而調查對象亦有所不同。茲將價格調查的一些重點說明如下：

1.本公司的產品在市面上是屬於完全新的產品

此時的調查方法可依照上述典型的價格調查法，先求出理想的單價，然後如有替代品時，再參照替代品的價格，最後決定應該訂定那一價格水準。例如，在最初原子筆問世時，除應調查消費者之反應外，另應參考當時鋼筆及鉛筆（皆為替代品）的價格，以便最後決定適當的訂價水準。

2.對公司而言是新產品，但市面上已有同類的產品

此時的價格調查，事實上只要調查市面上同類產品之價格即可。不過應注意的是，調查市面上的價格，往往不能只根據標價來判斷，此種情形即使在徹底推行不二價的先進國家亦有可能以某種方式減價來推銷。例如，以退還貨款之 10%，美其名為車馬費之變相的打折銷售之情形。

另外，當製造公司調查價格時，往往只調查批發商買進之價格，但如可能最好從零售價來調查，再查批發價與出廠價。第一種調查法稱為上游主義，製造公司是貨物之來源，因此居於最上游。上游主義只希望知道本公司下一站之價格。第二種調查法稱為下游主義，希望從最下游之零售價格查起，瞭解每一站之價格。

一般而言，如果本身是製造公司，批發商買進之價格可以利用種種關係調查出來。因此上游主義較容易做到。但是下游主義要查出各階層之價格，實在困難很多，不過一旦調查出來，對製造公司訂價政策以及與批發商間的討價還價非常有用。此種情形尤其在外銷海外市場時更為明顯。

臺灣之出口商，如果瞭解產品在對方市場上的零售價、批發價等各階層之正常價格水準，就不致受到對方進口商之控制，不致於被壓低價格，壓低到只有最低之邊際利潤率。其調查方法，只有實地訪問各階層間的中間商，對其一一查詢。

3. 檢討本公司舊產品之價格

本公司之舊產品價格，往往因發生銷售量減少或利潤下降等現象，而需要再行調查目前價格之適當性。此時的調查方法，可以利用訪問調查法調查消費者之反應，或調查零售店是否有新的競爭品參與競爭。

第三節　配銷通路調查

一　配銷通路的意義

在今日的經濟制度之下，絕大多數的生產者並非直接將產品銷售予最終使用者。在生產者與使用者之間，存在著一群行銷（配銷）中間機構（它們各有不同的名稱，如批發商、零售商、代理中間商等），而這些行銷中間機構即組成了配銷通路 (Distribution Channel)。具體言之，配銷通路的定義如下：

「配銷通路可視為由一群相互關聯的組織所組成，而這些組織將促使產品或服務能順利地被使用或消費。」

生產者原本可直接將產品銷售給最終顧客，但為何卻要透過這些中間機構來執行配銷（分配）產品的功能呢？最直接的答案便是，生產者認為如此一來它可獲得某些利益。究竟有那些利益呢？茲簡要說明如下：

1. 許多生產者往往缺乏足夠的財力來推動直接銷售的方案。舉例來說，裕隆汽車公司新車銷售，便是透過其全國各地許多的獨立經銷商。可見財力雄厚如裕隆汽車公司，也無力將這些經銷商全數收歸自營。

2. 公司如果採行直接銷售的方式，則一家生產者為求達成大量配銷的經濟規模，勢必可能成為別家生產者的其他產品之中間商。舉例來說，味全公司系統下的行銷公司——康國公司原以配銷母公司味全產品為主，但因考慮經濟規模與配銷效益，目前已成為大型的食品配銷商，其所配銷

的產品包括了國內各大食品製造廠的產品。

3. 即使生產者擁有足夠的財力，能夠發展公司自有的通路系統，但投資報酬率往往遠低於將這筆資金投資於其主要的事業上。例如，如果公司在生產製造方面能有 20% 的投資報酬率，而預計投資於零售推銷的報酬率只有 10%，則它沒有理由去從事直接行銷的業務。

4. 利用中間商機構，主要在於這些中間商可促使產品觸及更大範圍的市場，且在接近目標市場上有較高的效率。行銷中間機構由於其接觸層面廣，經驗豐富，專業化及大規模的營運，因此能達到更優異的銷售成果。

二　決定通路的目標與限制

　　配銷通路的決策乃管理當局所面對的重要決策之一，蓋公司對其所選定的通路將大大地影響到其他的行銷活動。然而公司應如何設計其通路決策，其首要工作在於先設定通路的目標，並考慮到其限制條件。所謂通路目標，包括預期對顧客服務的水準，以及希望中間商所擔任的行銷功能等等；而在設定目標的時候，必須分析顧客特性、產品特性、中間商所能提供的服務、競爭者所採用的策略、生產者本身的資源與限制以及公司所處環境等因素。

▶ ㈠顧客特性

　　通路的設計深受顧客的特性所影響。當公司欲接觸廣大且零散分佈的顧客時，運用短通路勢必無法達成目標。此時公司基於顧客數目及其地理分佈等因素的考慮，勢必建立較長的通路，以服務到所有的顧客。若顧客採取少量多次購買的方式，此時亦應採用長通路，以節省因量少而頻繁的訂單銷售方式所帶來的巨額成本支出，同時亦便利顧客的採購。

▶ ㈡產品特性

　　產品的特性也會影響通路的設計。易腐壞的產品為避免延誤與重複處理所引起的危險，通常都採直接行銷的方式。農產品因產地分散，而不得不透過果菜公司或其他中間商之手，但仍應儘量縮短生產者與消費者之間的中間階層數目。有一些產品因為體積較龐大搬運不便，如建築材料或軟性飲料，

此時在設計通路時應儘量使搬運次數最少，搬運距離最短。未標準化的產品，諸如顧客訂製的機器及專業化的商業表格，因為不易找到具有該專門知識的中間商，故通常只得運用製造廠商的推銷員直接銷售。至於一些售後需安裝、維護的產品，則經常由公司本身或授權的專售特許店負責銷售與維護。一些單位價值較高的產品，如珠寶、首飾則多半由公司推銷人員銷售，而不透過中間商。

▶ ㈢中間商特性

通路的設計會反映出不同型態的中間機構在處理各項任務時的優缺點。例如，製造商委託的中間商業務代表因為可經由數家客戶來共同分攤成本，因此能以較低的成本與顧客接觸。但是，業務代表對每位顧客的銷售努力，則遠不如公司的銷售人員。一般而言，各種行銷中間機構對於處理促銷、協商、儲存、連繫及信用條件上的能力各有不同。

▶ ㈣競爭特性

公司在設計通路時，也應該考慮競爭者所使用的通路形式。有些廠商（特別是食品業廠商）為使其產品能與競爭者產品相抗衡，會使用與競爭者相似或相同的通路出口；例如，肯德基炸雞店最喜歡在麥當勞的旁邊開設分店即是。但有時限於公司本身的條件或其他客觀環境因素的影響，廠商無法運用與競爭者相似或相同的通路出口，也有另外建立所創新的通路而獲利的；如雅芳公司不採用一般化妝品業所常用的零售店，而改用逐戶上門推銷的方式來銷售其化妝品，並從而獲得成功，即是一個好例子。

▶ ㈤公司特性

公司特性在選取通路出口時，扮演了相當重要的角色。公司的規模大小決定公司欲服務市場的大小及爭取中間商合作的能力；公司的財務狀況，對於決定行銷通路任務是由公司單獨完成或部分授權中間商執行，有很大的影響力。同理，公司之產品組合的廣度與深度也會影響通路的設計；如果產品組合的廣度愈大，則採直接行銷的可能性愈高；如果產品組合的深度愈深，

則採獨家或選擇性的代理商愈有利。另外，公司的行銷策略也會影響通路的型式，譬如一項對最終顧客提供快速運送服務的政策，自然會影響中間商承擔通路功能的內容，最終通路出口及倉儲地點的數目，以及所使用的運輸方式等。

▶ ㈥環境特性

隨著經濟環境的改變，通路也應該作適當的調整。譬如，經濟不景氣時，製造商為了降低貨品送到顧客手上的成本，可能會採用較短的通路，並且省略若干較不重要的服務，以期能以較低的價格供應給消費者。另外，也需要注意當前的法律規定及限制，以避免所設計的通路違法。

三　評估通路可能的方案

公司擬訂其通路方案時，一般需確認下列三項要素：中間商型態、中間商數目以及通路成員的條件與責任。

公司首先必須決定所欲進行的通路工作可交由那些型態的中間商執行，如公司自有的銷售人員、製造業代理商、產業配銷商、批發商、零售商、專賣店等。接著，公司必須決定各通路階層所需的中間商數目；依中間商數目與市場涵蓋的範圍，公司有三種策略可資利用：密集式配銷、選擇式配銷或獨家式配銷。最後，決定通路成員的條件與責任，使公司與中間商之間能更有效地配合，以達成銷售或配銷的目標；這種商業關係包括價格政策、銷售條件、配銷商的區域配銷權，以及相互間的服務與責任。

依據上述配銷通路的方案擬定方式，假設公司已找到了數個可以達成目標的通路方案，接著便須就各個可行方案中，選擇最能符合公司長程目標的方案。此即為通路可能方案的評估，而評估時應以經濟性、控制性及適應性等三個標準加以評估。

▶ ㈠經濟性

每一個通路方案皆會有不同的銷貨收入與成本。經濟分析的第一個步驟在於判定，究竟是公司的業務人員能創下較高的業績，還是銷售代理商能達

到較高的業績。就銷貨收入而言，大多數的行銷經理相信公司的銷售代表應該有較高的績效。一則由於他們的心力完全集中於公司的產品，二則他們在銷售公司產品方面有較佳的訓練，三則由於他們的前途繫於公司未來的發展，故工作態度較為積極，最後則為顧客會比較喜歡與公司直接進行交易。

從另一方面來說，透過代理商銷售亦可能比公司代表直接銷售更有效。其原因亦來自四方面：(1)人數上的差異，就可能使代理商有更大的銷售業績；(2)代理商銷售人員也可能和公司銷售人員一樣積極，完全視此產品與其他代理產品間報酬的差異而定；(3)有些顧客喜歡與代理多種品牌的代理商交易，因為如此可以有較多的選擇機會；(4)代理商多年來已與顧客建立了良好的關係，而公司的銷售人員則須從頭建立此種關係。

接下來，需考量不同通路方案的成本。一般而言，製造商自行銷售的固定成本較高，因需負擔設置營業處所、人事、水電等固定費用。但代理商銷售之每一單位變動成本較高，因製造商通常是按代理的銷售量來給予佣金。

➤ (二)控制性

為做進一步分析，這種評估範圍應該加大，同時考慮兩種通路的激勵、控制及衝突等方面的問題。例如，使用銷售代理商時，因其係一獨立的企業機構，以追求最大的利潤為目的。因此，他們可能只會專注於那些最重要顧客所購買的產品搭配上，而不會對某一製造商的產品特別感興趣。此外，銷售代理商對公司產品的技術細節可能不甚瞭解，亦不會有效地處理公司的促銷活動。

➤ (三)適應性

每一種通路或多或少含有某種程度的持續性與固定性。當製造商決定利用銷售代理商時，可能需簽訂五年的合約。在這五年內，即使其他銷售方式變得較有效率（如郵購），則該製造商亦不得任意與此銷售代理商解除合約。因此，一項涉及長期承諾的通路方案，必須在確定其經濟性或控制性方面具有很大的優點時，才有考慮的必要。

四 配銷通路的修正

　　生產者並不能僅以設計出良好的通路系統並開始運轉為滿足，因為通路系統可能隨著時間過去而變成不符合當前環境的需要。例如，當消費者購買型態改變、市場擴大、產品定位處於產品生命週期的成熟期、新競爭者的興起，以及創新性配銷策略的發展等等，都會促使企業修正通路方案。換句話說，為因應新的環境之變化，得於適當的時機做適當的修正。

　　通路的修正，大致可區分為三個不同的層次，茲分別討論如下：

▶ ㈠增加或刪減通路的成員

　　公司可以考慮在通路中增加某一中間商，或刪減某一中間商。但公司作此決定時，必須先作確實的經濟分析。本公司增加或刪減某一中間商，利潤數字可能出現怎麼樣的變化？如果在增減一家中間商之後，可能對其他的中間商產生重大的反應，則分析工作便將更形複雜。例如，一家汽車製造業者決定在同一市區再行增設一家授權經銷商，則不但應考慮該經銷商可能產生的銷貨，還必須考慮原有的各經銷商可能因此而造成的銷貨減少或增加。

▶ ㈡增加或刪減行銷通路

　　製造商有時還可能考慮增加或刪減一條行銷通路。例如，某些內衣公司除了在零售據點展售商品外，亦會因考慮消費者選購的私密性而增加網購的通路。又如，某家電公司打算利用公司的同一通路中的經銷商，除推銷公司的各型家電用品外，並推銷公司的另一項產品電腦。可是研究結果，考慮到此產品可能不受此經銷商的重視。也就是說，此經銷商擅於推銷一般家電，而不願意推銷電腦。因此，公司為了改善其電腦的銷售，只好另作打算，重設一條行銷通路。

▶ ㈢整個行銷通路的修正

　　關於行銷通路的決策，最困難者莫過於如何將公司的整個配銷系統重新佈置的問題。例如，一家汽車製造業者，也許考慮取消全部的獨立經銷商，

另行建立公司自有的直營銷售網；一家飲料公司，也許考慮取消各地的授權裝瓶廠，另行建立公司的自營裝瓶作業，並由公司直接銷售。這一類的決策，必須由公司的高階層管理當局決定。這樣的決策，不但使全部行銷通路為之改變，而且公司一向習慣的行銷組合與行銷政策也必須重新修正。

五 配銷通路調查

根據前述對配銷通路之意義與功能的瞭解，當公司在確定通路目標、擬定通路方案以及評估各可行的通路方案，甚至修正通路等活動，皆需有實際的資料作為基礎，而從事這些資料收集的工作，即稱為配銷通路調查。因此，配銷通路調查的目的即在於協助尋找出能夠使公司獲得最高利潤的配銷通路，而提供公司對某一特定的中間商之銷售情況，有深入的瞭解。

至於配銷通路的調查方法，最簡單而有效的方式就是調查現有同業所採用之較成功的配銷通路；唯此種資料較難獲得。不過，有時可以委託同業公會或專門經辦市場調查之公司，以第三者之身分代為調查，可以獲得概略的資料。

如果以上的資料無法獲得，則可以一般經營類似項目之批發商及零售商為對象，實施訪問調查。調查項目包括：經營項目、項目別營業額、利潤率、顧客階層及往來情形，對獨家總經銷之意見等等。

第四節 廣告調查

本章前面曾提及，製造公司為了要銷售他們的產品，不但要生產適當的產品，訂出適當的價格，經過適當的配銷通路，還要採取種種的推廣活動，來贏得顧客的芳心，引起顧客的購買慾望，才能順利地達到大量銷售的目的。其中所指的推廣活動，廣告占有相當重要的地位。因此，將僅針對推廣活動中的廣告部分，探討廣告調查之相關的課題。

一 廣告調查的基本概念

廣告調查係為了探求廣告對廣告接受者之影響而從事的調查；換句話說，

為了測驗廣告的效果，利用各種方法所從事的測驗或調查稱之。

▶ ㈠廣告調查的範圍

廣告調查的範圍包括：

1.主題調查

為獲得適當的廣告主題，對得自消費者之資料與主題加以測驗，以探知其效果如何。

2.文案調查

對廣告文案及報章雜誌等印刷品廣告，所做的廣告調查。

3.媒體調查

對報紙、雜誌、廣播、電視、網路乃至海報、戶外廣告、造勢活動及其他媒體等，測驗消費者如何與這些媒體接觸？各媒體「質」的特性如何？

4.廣告活動效果測定

對某一產品展開廣告活動之全部效果的測定，及企業廣告活動效果測定等。

▶ ㈡廣告調查的概念

1.廣告效果能測驗出來嗎？

儘管廣告事業一日千里，仍有許多廣告主對廣告效果產生懷疑。究竟公司花了大筆人力、財力，投入於廣告之中，對於產品的銷售實際上效益為何？這些問題經常會在行銷主管的腦海中盤旋，揮之不去。於是，一套藉由市場調查方法，經科學化、數據化的處理，大略能將廣告的效果測定出來。

2.什麼是廣告效果？

通常我們會說某一廣告有效，某一廣告無效。到底什麼樣的廣告才有效？如何預知這種廣告有效？

一般我們評斷某一廣告是否有效，乃根據下面的說法：某一廣告主由於做了廣告，而使得其產品的銷售量增加，營業額增加，就認定該廣告有效；反之，雖做了廣告但產品銷售量並未有顯著的增加，因此就懷疑廣

告的效果，認為該廣告無效。這種只看結果而不探求原委的武斷作法，
頗值得商榷。

其實廣告的效果一般有兩種說法，一是「銷售效果」，另一是「廣告本身
的效果」。前者是狹義的說法，意指廣告乃促銷的一種手段，因此產品既
然做了廣告，銷售量就必須和廣告費用成正比的關係增加，否則廣告就
是白做了。事實上，這種「廣告－產品－消費者」的關係，含有太多的
變數，錯綜複雜；並非是做了廣告，便能讓銷售量獲得立竿見影的改
善。消費者從獲知此一產品到產生購買行為，此過程中受到非常多且難以察
覺、預估的因素所左右。例如，突然的經濟不景氣、整個市場縮小或是
社會風尚、流行突然改變、新產品的競爭者加入等情況下，行銷主管亦
不能一口否認或輕視了廣告的力量。因為如果此時未做廣告，也許銷售
情形會變得更糟。

因此，廣告費用與銷售額之間的關係，並非絕對成正比，必須多方考慮
才能公平而精確地測出廣告真正的效果。所以廣告效果除了廣告的「銷
售效果」之外，還需測定廣告本身的效果。所謂廣告「本身的效果」，並
非直接以銷售情況的好壞作為評斷廣告效果的依據，而是以廣告的收視、
收聽率、產品知名度等間接促進產品銷售的因素為根據。譬如，一個贈
獎活動在報紙廣告刊出之後，獲得讀者的反應；又如因為提供電視節目，
收視率大為提高等。通常這種情形就被認為達到了廣告的「本身效果」，
而不一定要促進產品的銷售。因為廣告在消費者購買產品的過程中，能
擴大他們的耳目，增加他們對商品的注意，提高對商品的興趣與記憶，
加強商品的印象，然後激起他們購買產品的慾望，培養購買氣氛，最終
使消費者購買該產品。

因此，引起消費者注意乃是廣告的「本身效果」之一。因為注意是購買
行為的先決條件，消費者唯有注意到某一產品，才可能去購買該產品。
調查某一廣告有多少人看到（聽到），以此作為衡量廣告效果之依據，此
即所謂的讀者率、收視、收聽率調查的問題。有時我們需要將產品塑造
成特定對象，在眾多市場定位，尋求潛在的顧客，此時我們就可以調查
廣告的標題、文案內容，看看它們能否使消費者的記憶猶新？對消費者

產生了何種影響？商品在消費者心中的印象為何？這就是對廣告的品質
所做的測驗。通常我們在從事廣告調查時，應將焦點放在五個部分，即
⑴引起多少人注意？⑵引起什麼樣的人注意？⑶是否有興趣？⑷具有何
種商品印象？⑸能激起消費者的購買慾望嗎？

3.廣告效果如何測定？

所謂「測定」(Measurement) 係指測量某種事物而言；為了測量某種事
物，必須瞭解所要測量的是什麼？測量的單位是什麼？譬如，測量一張
桌子，有人測量其寬度與高度，也有人測量其重量。由此可知，測量的
單位因測量的項目不同而不同。

至於廣告效果，如同前述可分為「銷售效果」與「廣告本身效果」，因此
可分別針對此二種效果來討論測定的問題。有關廣告銷售效果的測量單
位，一般係考慮所花費的廣告費用與銷售額兩個要素。譬如，廣告費用
增加 100 萬元，銷售額也增加 100 萬元，則以銷售的增加數額用廣告費
增加的數額來除之，則得銷售效果的單位為 100%；如果銷售增加額為
500 萬元，則廣告銷售效果為 500%。

至於廣告本身的效果，由於所欲衡量項目頗多，因此其測定單位可能將
依衡量項目而定。譬如，「這個廣告有多少人（或多少 %）看過、聽
過？」此為讀者率調查，可用百分比的形式來衡量廣告效果。又如，「請
問你看過這個廣告嗎？」這是知曉率的效果衡量，亦可用看過人數除以全
體調查人數所得之百分比來表示。

廣告效果的測定乃廣告調查的重要一環,以下我們將介紹各種廣告調查,
並將論及其廣告效果的衡量之問題。

二　事前的廣告文案調查

廣告的目的在於使消費者購買商品；然而在未購買之前要運用廣告的力
量,以引起消費者對商品的注意,並感到興趣,進而對商品具有良好的印象,
最後激起購買行動。換句話說,一個廣告要達成它的使命,必須經過以下幾
個階段：

1.引起消費者注意。

2.告訴消費者一些訊息，使消費者對廣告中的商品增進瞭解，產生興趣。

3.改變消費者對該商品的情緒反應 (Emotional Response)。

4.造成一個良好的商品印象。

5.使消費者改變對該商品的態度，造成購買傾向。

6.引發購買行為。

　　文案測驗即是測驗一個廣告文案，在上述幾個階段中，發生了什麼作用。換句話說，文案測驗所要測定的是，一個文案能否引起消費者的注意，它能傳遞多少消息給消費者，這些消息在消費者心中，造成多深的記憶等。

　　文案測驗的基本構想在於，從消費者看到廣告至購買商品，其心理動態有下列九種情形：

1.消費者看到某一廣告，看到的方式是讀或者是聽（廣告知曉）。

2.瞭解該廣告，明白其意義。

3.記憶該廣告之全體或部分。

4.消費者對該廣告商品產生某種品牌印象（品牌印象）。

5.消費者對該廣告產生各種反應與評價（廣告評價）。

6.相信該廣告所主張的內容（確信）。

7.接受其主張（說服）。

8.打算購買所廣告的商品品牌（購買意圖）。

9.按廣告中的建議，採取某種行動。譬如索取目錄、樣品等（行動）。

　　假定消費者看到廣告之後，其心理動態有如上面所述的過程，則取其心理動態的某幾個構面加以測定，此即文案測驗的基本構想。

　　事前的廣告文案調查是指在廣告尚未付諸實施之前，對廣告文案之原稿從事讀者（或聽者）之反應調查，其主要目的在於從數則廣告稿中選出最佳的廣告稿。此處所指的廣告稿，不但包括報紙、雜誌、網路、廣告傳單等之書面的靜態文字與圖畫，也包括電視、網路、收音機等之活動影片及口頭念詞。此種調查，依實施方法之不同，可以再分為以下幾種調查方法：

1.意見調查法

　　意見調查法係將廣告原稿展示於被調查者面前，詢問其意見。此種調查

方法最好要有評判標準或比較的對象，如此才易得出具體的意見。例如，當看到甲廣告時李君說「好」，而陳君說「平平」；可是當再請李、陳兩君比較甲與乙兩種廣告文稿時，李君之意見是乙比甲好，而陳君之意見很可能是甲比乙好。可見在沒有比較之前，李君對甲稿之評價很高，可是在比較之後卻發現不盡如此。

因此，為了避免類似此種不合理的現象，實施此種調查時，可同時提示兩種廣告文稿請被調查者比較優劣。當然，亦可同時提示三種以上的廣告文稿，請被調查者評定第 1、第 2、第 3 等名次。

意見調查法的實施過程說明如下：

將幾幅廣告表現不同但廣告的商品相同之廣告文稿交給被調查者，並做如下的詢問：

「請問你對那一幅廣告感到最有趣味?」

「你最喜歡那一幅廣告?」

「你認為這幅廣告是訴求什麼?」

這種詢問方式可以測驗出那一幅廣告是最富趣味，那一張插圖最令人喜愛，廣告的意圖是否正確。

▼ 表 9.2　意見法表格

比較甲乙丙丁四張廣告稿，並針對以下項目評定名次					
	標　題	圖面顏色	圖案內容	圖內文字	合　計
甲　稿					
乙　稿					
丙　稿					
丁　稿					

如果要瞭解更詳細的意見，可以設計一張表格（如表 9.2），列出所希望調查之若干要點，逐一請被調查者比較評分。不過此時要注意的是，當要問第一項問題「標題」時，其他的問題暫時不去考慮，從甲稿一直翻到丁稿，只比較標題之優劣，並對之排列名次順序，然後再從頭比較第二項問題「圖面顏色」。

2. 儀器測驗法

目前市面上已普遍採用各種儀器來測驗被調查者對廣告文稿的反應，包括：眼相機 (Eye-camera) 測驗及皮膚電氣反射測驗。以下分別簡介此二種儀器測驗的方法。

(1)眼相機測驗

當人們看廣告時，最先被其一部分所吸引，然後逐漸將視線移向其他部分。眼相機測驗就是記錄看廣告的人，其所看廣告文案各部分之時間長短及其順序。人之所以看某種東西，一定由於某些地方值得注意與關心，而由眼相機測驗所得的結果，可對廣告佈局、插圖以及文案作自然之誘導，以修正其不適當之處。眼相機測驗亦可作影片廣告之測定。

(2)皮膚電氣反射測驗

皮膚電氣反射器通稱測謊器，利用此種儀器時，先把此測定汗腺之儀器連結在被調查者之手指上，然後放映或展示廣告文稿。如果被調查者因此受到刺激而出汗時，儀器上立刻可以顯示流汗之程度，因而可以測驗廣告文稿之效果。此種汗腺測驗法之主要優點就是可以利用人的汗腺作用之變化無法由本身之意識來控制，因此可測驗被調查者之反應。不過其缺點是並無法瞭解此種反應是良好的反應或不良的反應。為了補救此一缺點，可併用訪問調查法。

3. 節目分析法

此方法主要是用於電視節目之觀眾反應調查。電視節目往往時間較長，如果放映完畢後再詢問被調查者之意見，恐怕有很多地方已記憶不清，因此在節目放映中請被調查者隨時利用椅子手把上之紅綠兩種按鈕表示本身之感想。如果有好的反應，按綠鈕；如果是壞的反應，則按紅鈕。如此等放映完畢後，便可以得到紅綠兩鈕之分別紀錄時間，也可以藉此調查結果改善紅鈕較多的部分。

此種方法可以說改善了汗腺測驗方法無法瞭解正負反應之缺點。不過因為按鈕是人為之動作，往往看到好的節目後再意識到按鈕，已有一段時間之脫節。

三　廣告媒體的調查

針對廣告目的，運用適當的媒體，才能發揮廣告的效果。因為雖有一良好的廣告文稿，但是若沒有經過優良的廣告媒體在適當的時間地點做廣告，則其效果可能不盡理想。例如，農機與飼料之廣告如果在晚上十一點以後之電視或廣播節目中播放，那麼因為農民大部分都有早睡早起的習慣，在此種時間已不收看或收聽節目，因此此種廣告時間之選擇是不適當的。此外，又如化妝品之廣告在《國語日報》上刊登，或在南部表演之劇團在東部之報刊上登廣告等等，都是屬於廣告媒體選擇不適當的極端例子。由此可見，為了收到良好的廣告效果，必須先要瞭解那些廣告媒體是那些人利用？那些節目之收視率或收聽率怎樣等等問題。為了這些目的而做的調查稱為廣告媒體調查。

有關廣告媒體目前使用較多者包括報紙、電視、雜誌、廣播與網際網路等，以下我們亦以此五種媒體為對象，研究媒體調查所應調查之事項及調查的方法。

▶ ㈠報紙及雜誌

在報紙及雜誌之媒體調查中所應調查的事項包括：發行份數、讀者之階層、各種媒體之特性等問題。茲分別說明如下：

1.發行份數

每一種報紙或雜誌之發行份數，自然是直接影響廣告效果的最重要因素。不過廣告費收費標準也與發行份數成正比之增減。一般而言，發行份數之資料大都不公開，但都可以從有關公會或政府機構索得。如果這些機構仍無可靠的資料，也可以利用抽樣調查的方法估計大約之發行份數分配比率。

發行份數之調查，應該至少細查到地區別之資料。例如，《聯合報》臺北地區、臺中地區及高雄地區各為多少份等。假定在《聯合報》刊登一幅廣告，所花費的廣告費用是 10 萬元，則這 10 萬元的廣告費按地區別、份數比例而投入該地區。一般而言，地區別廣告費投入額與各該地區之

購買力幾乎成正比。如果調查出某一地區之購買力情形，則可參照該地區廣告費之投入額，即可獲知其梗概。

2.讀者之階層

廣告媒體之讀者階層是否與本公司產品之可能顧客同一階層，也將影響廣告的效果。例如，《儂儂》月刊的讀者可能大部分為年輕女性，與化妝品之可能客戶完全屬於同一階層，因此化妝品製造公司如果選擇《儂儂》月刊刊登廣告，應屬上策。

通常讀者之階層由性別、年齡別、職業別、所得別等因素來判斷分類，此種資料較難以收集。不過，如果比較專門的報紙雜誌，如《經濟日報》、《親子天下》、同業公會出版的雜誌、《儂儂》月刊等，因其性質特殊，其讀者階層也較容易判斷。

3.各種媒體之特性

有很多雜誌，除了發行份數、讀者階層因素之外，還有很多特殊的因素，可與其他媒體區別的。例如，在臺灣如要查閱財經資訊，可以找尋《經濟日報》、《工商時報》；如要查閱兩岸三地訊息，可以尋找《旺報》等等，都有與其他報紙稍有不同的特點。此種媒體的特性，應是媒體調查中所必須瞭解的因素之一。

▶ ㈡廣播及電視

在廣播及電視調查中所需要調查的項目主要包括：廣告節目及插播(CM)調查、視聽率調查等。前者在性質上同於事前之廣告文案調查，其調查方法大致上相同；因已在前面說明過，此處不再贅述。視聽率調查之主要目的在於瞭解某一節目有多少人看或聽？這些人之階層是屬於那一階層？等問題。

廣播調查之情形正式稱為收聽率調查，電視則稱為收視率調查，在此為方便起見合稱為視聽率調查，而且事實上在電視之情形，確也包括視與聽之作用在內，至於調查方法兩者大致相同。

視聽率調查方法，較為常用者包括下列幾種：

1.日記式調查法

日記式調查法就是將調查表以日記簿方式，請被調查者按日記載當天所收看或收聽的節目，以便彙總統計分析。此種調查方法因絕不可能以一天之調查結果為依據，因此需使用固定樣本調查法，連續調查一週或兩週。至於其調查內容應包括下列問題：

⑴所收看或收聽之節目？

⑵所收看或收聽之人數？其男女別、年齡別資料。因每天之節目繁多，最好調查表上印好所有電臺與節目之名稱，然後請被調查者選擇。

在辦理此種調查時，應注意所調查之對象要先規定以電視機（收音機）為單位或以個人為單位。如果以電視機（收音機）為單位，則任何一個人開啟此部被調查之電視機（收音機）都要記錄下來。如果以個人為單位，則只記錄此被調查者之收看（收聽）的情形。

2.電話調查法

電話調查法是利用電話在極短的時間內詢問若干家被調查戶目前收看電視或收聽廣播情形之一種調查方法。此種調查一定要在電話相當普遍之地方始有可能，而且因為要在同一節目播放時間內全部問完，因此一部電話機往往一次只能調查極為有限的樣本數目。這些問題是此種電話調查法實施上的困難之點。

另外，電話調查所問的問題要特別簡單，以免被調查者感到厭煩，而拒絕或敷衍答覆。以下為一個範例：

```
┌─────────────────────────────────────────────────┐
│ □□□□節目電話調查問卷              電話號碼：_____      │
│                              被調查者姓名：_____    │
│                                                 │
│ ⑴請問你現在是否正在看電視？                              │
│      ┌───是        否───┐                          │
│ ⑵請問你在看什麼節目？         ⑵請問是否看過「    」這個節目？    │
│                              ┌───有      沒有         │
│ ───────────────                                  │
│ ⑶請問你是否常看這個節目？      ⑶你認為該節目的製作品質好不好？   │
│   □是  □否                  □好 □不好                │
│ ⑷請問現在幾個人在看電視？                               │
│                                                 │
│ ───────────────                                  │
│                                                 │
│ 性別： 男        女                                  │
│ 年齡： 10～20  21～30  31～40  41～50  其他_____       │
└─────────────────────────────────────────────────┘
```

3.儀器調查法

這是把儀器裝置在電視機內，記錄電視機開關情形之調查方法。Video-research 方法就是一項典型的實例，係由日本電通廣告公司所使用的調查方法。此外，美國 ARB 公司所使用的儀器 ARBITRON 調查方法，也是屬於同一類型的調查方法。儀器調查法的優點在於調查結果沒有人為的錯誤因素，因此極為確實；但其缺點為無法瞭解收看或收聽人數及其階層等相關的資料。

▶ ㈢網際網路

網際網路是隨著資訊科技發展而興起的媒體，近年來愈來愈受到各方的重視，主要的原因在於網際網路擁有其他媒體所沒有的優勢，茲說明如下：

1.高互動性

以網際網路為廣告媒體，最大的優勢在於與使用者的高互動性。透過網路媒體的互動功能，網路廣告引導使用者到產品或服務的介紹網站，讓使用者可以立即下載試用版軟體或電子折價優惠券，甚至可以自由選擇想要的內容，或是要求想要的訊息，這些高互動性的網路廣告，相較於其他廣告媒體，能產生較好的廣告效果。

2.網路無國界

網際網路的特點之一，即是沒有時間、地域的限制。因此使得網路廣告消弭了國界的概念，可以全年無休、無所不在地傳播給全球的使用者，因此使得網路廣告能發揮最大的效用。

3.能迅速知道廣告的效果

以網際網路為廣告媒體的另一項特點就是，當使用者點選廣告或是瀏覽目的網頁時，能迅速得知廣告的效果，這是其他廣告媒體所無法做到的，如此可以提供廣告主或是廣告業者即時且確實的廣告效果。

4.廣告成本效益佳

由於網際網路的網站特色較為明顯，因此有別於其他廣告媒體，較能掌握使用者的特性，也使廣告主容易進行市場區隔，針對目標市場進行行銷，進而使廣告成本的效益提高。

而在網際網路的媒體調查中,所調查的重點在於該網站的網路流量分析,包括: 網路頻寬、上網人數、點閱率 (Hit Rate) 與網頁曝光 (Page Impressions) 等,茲分別說明如下:

1.網路頻寬

主要是依據該網站向網路服務業者 (ISP) 所承租的頻寬,去計算同一時間可能的最大瀏覽人數。但是此方面的資料並不容易取得。

2.上網人數

最可能作假,可自己重複刷新 (Re-fresh) 或是寫自動程式重複刷新,較好的作法是運用會員制,或是查詢 IP Address 位置,設定 Cookie 程式可以鎖定訪客是否來自同一部電腦。

3.點閱率

網站的「Hit」指的是瀏覽器向網站伺服器要求下載的檔案數,包括文字(如 HTML)、圖片,甚至是影片、聲音,每個被索閱的檔案都算是一次「Hit」。所以「點閱」數跟網頁設計大有關係,相似的內容多放幾個圖檔,伺服器所記錄的點閱數通常是上站人次的數十倍至數百倍,不可硬把這兩者視為相同。有些網站常常把它們的點閱率 (Hit Rate) 當作是上站人次,來增加網站的知名度。其實這是錯誤的,而且重要的是一個網站「點閱」次數如果很大,這只能代表主機很忙碌,卻不能證明其他事情,因為一個網站通常包括許多「點閱」,所以點閱數根本無法正確代表網站流量。

4.網頁曝光 (Page Impressions)

在 1997 年由澳洲、巴西、德國、日本、馬來西亞、西班牙、瑞典、英國及美國等國的發行量稽核局 (Audit Bureau of Circulation, ABC) 所共同組成的「國際發行量查核組織」已同意採用「網頁曝光」作為網站流量的稽核標準。「網頁曝光」成為公認衡量網站流量的標準,就像報章雜誌的發行量、電視廣播的視聽率一樣,廣告主可以據此選擇適當的媒體組合,對於網路的市場大有助益。

四 事後廣告效果的調查

▶ (一)銷售量調查法

此方法是在完成廣告後調查銷售額有無增加之方法。理論上來說，銷售量增加，則廣告效果良好；反之，則效果不好。不過事實上，影響銷售量之因素很多，例如氣候突變、法令更改等，可能使得再好的廣告，亦無法使銷售量增加。因此，以此種調查法來判斷廣告效果頗為困難。為補救此一缺點，可採用實驗調查法，即設定實驗市場及比較市場，並只在實驗市場做廣告，如果其銷售量確實較比較市場多，則可斷定此廣告效果良好。

▶ (二)記憶調查法

此種調查方法乃在所設定的廣告調查地區，詢問其記不記得廣告內容之方法。其方式是將以前所做過的廣告剪下來提示被調查者，再詢問「有沒有看過這個廣告?」有時亦可不提示任何廣告文稿，即詢問「近一週內看過那一種廣告?」前法稱為再確認法 (Recognition Test)，後一種方法稱為回想法 (Recall Test)。

▶ (三)來信調查法

此種方法是在廣告中附上一句:「歡迎來信索取說明資料及樣品」，或「歡迎來信指教，當奉送贈品」等字樣，然後以回信多寡來測定廣告效果之方法。此種方法之缺點在於來信索取資料、樣品或贈品的人，可能並非真正的顧客，大多為好奇的年輕人，因而無法測定真正的廣告效果。不過因為至少可以證明來信的人看過廣告，故仍不失為相當精確的調查方法。

🔍 本章摘要

產品調查與分析
- 產品調查
  - 1. 產品調查的意義
  - 2. 產品調查的範圍及研究方向
  - 3. 產品調查的方法
  - 4. 產品之市場調查的要點
    - 與產品有關的資料
    - 與包裝有關的資料
    - 與用戶有關的資料
- 新產品測試
  - 1. 新產品的定義
  - 2. 新產品的觀念
  - 3. 新產品的發展階段——8 個階段
- 商品分析
  - 1. 傳統方面
  - 2. 生命週期方面
  - 3. 印象方面
  - 4. 消費者心理方面
  - 5. 行銷組合方面
  - 6. 競爭條件方面
  - 7. 商品要素方面
  - 8. 購買習慣方面
  - 9. 廣告媒體方面
  - 10. 獨立性方面

價格調查
- 價格調查的概念
- 價格調查的方法
  - 1. 屬於完全新的產品
  - 2. 對公司而言是新產品，但市面上已有同類的產品
  - 3. 檢討本公司舊產品之價格

配銷通路調查
- 1. 配銷通路的意義
- 2. 決定通路的目標與限制
  - 顧客特性
  - 產品特性
  - 中間商特性
  - 競爭特性
  - 公司特性
  - 環境特性

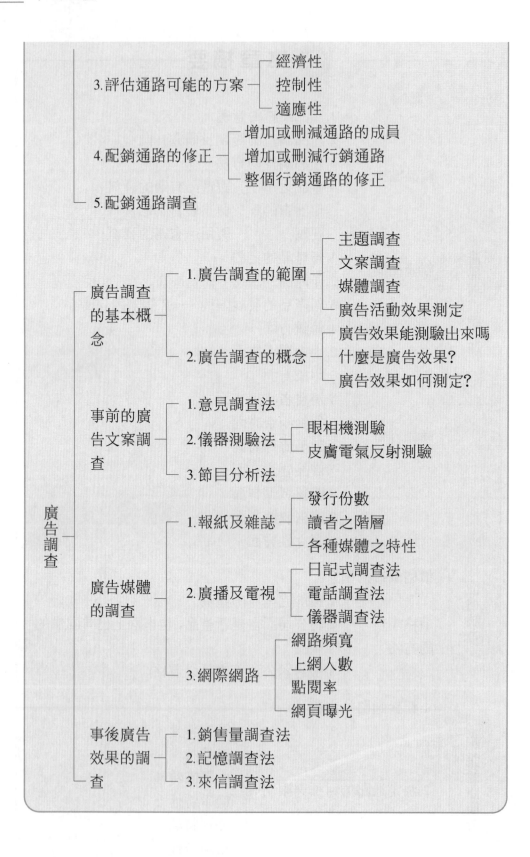

3.評估通路可能的方案 ─ 經濟性
　　　　　　　　　　　　 控制性
　　　　　　　　　　　　 適應性

4.配銷通路的修正 ─ 增加或刪減通路的成員
　　　　　　　　　 增加或刪減行銷通路
　　　　　　　　　 整個行銷通路的修正

5.配銷通路調查

廣告調查 ─
　　廣告調查
　　的基本概
　　念 ─
　　　1.廣告調查的範圍 ─ 主題調查
　　　　　　　　　　　　　 文案調查
　　　　　　　　　　　　　 媒體調查
　　　　　　　　　　　　　 廣告活動效果測定
　　　2.廣告調查的概念 ─ 廣告效果能測驗出來嗎
　　　　　　　　　　　　　 什麼是廣告效果?
　　　　　　　　　　　　　 廣告效果如何測定?

　　事前的廣
　　告文案調
　　查 ─
　　　1.意見調查法
　　　2.儀器測驗法 ─ 眼相機測驗
　　　　　　　　　　 皮膚電氣反射測驗
　　　3.節目分析法

　　廣告媒體
　　的調查 ─
　　　1.報紙及雜誌 ─ 發行份數
　　　　　　　　　　 讀者之階層
　　　　　　　　　　 各種媒體之特性
　　　2.廣播及電視 ─ 日記式調查法
　　　　　　　　　　 電話調查法
　　　　　　　　　　 儀器調查法
　　　3.網際網路 ─ 網路頻寬
　　　　　　　　　　 上網人數
　　　　　　　　　　 點閱率
　　　　　　　　　　 網頁曝光

　　事後廣告
　　效果的調 ─
　　查 ─
　　　1.銷售量調查法
　　　2.記憶調查法
　　　3.來信調查法

習題

一、選擇題

(　　) 1.下列何者不屬於視聽率調查常用的方法?　(A)節目分析法　(B)日記式調查法　(C)電話調查法　(D)儀器調查法

(　　) 2.消費品的直接包裝會對產品產生多方面的影響,請問下列何者不是?　(A)保護作用　(B)法定要求　(C)互補作用　(D)訊息作用

(　　) 3.在新產品發展階段中,指將產品創意進一步精緻化後,而以有意義的消費者術語加以表達,稱之為:　(A)產品概念　(B)產品陳述　(C)產品形象　(D)產品精神

(　　) 4.在商品分析中,「日常用品」若從傳統角度來看其商品觀,屬於下列何者?　(A)軟性的商品　(B)硬性的商品　(C)生產性商品　(D)包裝的商品

(　　) 5.在產品發展階段中,當產品原型完成後,必須經過嚴格的測試,此階段一般皆在實驗室及現場進行,以確定此產品能有效且安全地執行其功能,稱之為:　(A)現場測試　(B)功能性測試　(C)製造者測試　(D)消費者測試

(　　) 6.在報紙及雜誌之媒體調查中所應調查的事項不包括:　(A)發行份數　(B)廣告的總數量　(C)讀者之階層　(D)各媒體特性

(　　) 7.在商品分析中,若從廣告媒體角度來看「育嬰用品」,屬於下列何者?　(A)偏重電視廣告的商品　(B)偏重報紙廣告的商品　(C)偏重雜誌廣告的商品　(D)偏重電臺廣告的商品

(　　) 8.在網際網路的媒體調查中,所調查的重點為:　(A)網站的內容多寡　(B)網站的圖片豐富度　(C)網站的視覺設計　(D)網站的網路流量

(　　) 9.在產品調查的方法中,下列敘述何者正確?　(A)調查樣品與比較樣品之間,除了比較項目相同之外,其他條件應儘量求其不同　(B)在提示樣品時,應該注意每次調換提示樣品之順序與位置　(C)被調查者之抽樣,應限於過去沒用過同類產品之消費者　(D)調查中最重要

的是產品要能夠符合廠商的製造需求

(　) 10.下列何者不是配銷通路可能方案的評估標準？ 　(A)經濟性 　(B)控制性 　(C)適應性 　(D)固定性

(　) 11.下列有關價格調查之敘述何者有誤？ 　(A)市面上已經有其他公司的同類產品，此時訂價之考慮因素，最主要的是同類產品目前的暢銷價格 　(B)公司擬定行銷策略時，應以最低價格作為唯一的競爭手段 　(C)檢討本公司舊產品之價格，可以利用訪問調查法調查消費者之反應來判斷 　(D)實施價格調查須因所處環境之不同而調查對象亦有所不同

(　) 12.工業品的直接包裝所需考慮的因素，下列何者為非？ 　(A)識別內容物標誌 　(B)存放方法 　(C)製造方法 　(D)啟用方法

(　) 13.下列何者不是事後廣告效果之調查方法？ 　(A)銷售量調查法 　(B)記憶調查法 　(C)來信調查法 　(D)意見調查法

(　) 14.請問下列配銷策略何者不是企業依中間商數目與市場涵蓋的範圍，決定各通路階層所需的中間商數目時，可資利用的策略？ 　(A)分散式配銷 　(B)密集式配銷 　(C)選擇式配銷 　(D)獨家式配銷

(　) 15.下列有關廣告調查的敘述何者有誤？ 　(A)記憶調查法中詢問「有沒有看過這個廣告？」稱為回想法 　(B)廣告調查係為了探求廣告對廣告接受者之影響而從事的調查 　(C)意見調查法最好要有評判標準或比較的對象，如此才易得出具體的意見 　(D)所謂廣告「本身的效果」，是以廣告的收視、收聽率、產品知名度等間接促進產品銷售的因素為根據

二、填充題

1.產品包裝一般可分為＿＿＿＿＿及＿＿＿＿＿。

2.新產品創意的來源有多種途徑，請寫出任意三項：＿＿＿＿＿、＿＿＿＿＿及＿＿＿＿＿。

3.消費者的＿＿＿＿＿與＿＿＿＿＿是尋求新產品創意的起始點。

4.創意產生的目的在於增加創意的數目，而往後產品發展的每一階段則都在

減少創意的數目，以獲得吸引人且可行的少數創意；而刪減創意的第一個
步驟即為_____。

5.在創意篩選的過程中，公司必須極力避免犯上兩種類型的錯誤為
_____及_____。

6.市場試銷的多寡，受到那些方面的影響？_____、_____、
_____及_____。

7.在新產品商品化的階段中，市場的進入時機是極為重要的；公司一般面臨
三種選擇，即_____、_____及_____。

8.公司擬訂其通路方案時，一般需確認下列三項要素：_____、
_____及_____。

9.廣告調查的範圍包括_____、_____、_____及_____。

10.網際網路擁有其他媒體所沒有的優勢，主要有那四項？_____、
_____、_____及_____。

三、問答題

1.當你在從事某一項產品的市場調查時，調查的要點會包含那些資料？而這
些資料對公司的行銷活動有何影響？

2.試以你所熟悉的產品或品牌，詳細地繪製其商品觀一覽表；並說明從事此
種分析的意義與目的為何？

3.何謂價格調查？並請說明價格調查的方法。

4.新產品發展的階段為何？你認為市場調查人員瞭解這些發展階段有何重要
性？

5.何謂配銷通路？

6.如果公司主管要你擬訂一份通路計畫書，你將如何進行？此份計畫書應包
含那些內容？

7.請說明廣告效果的意義。又，廣告效果是否真能精確地加以測定？

8.何謂廣告媒體調查？其調查方法有那些？又各種調查方法所須注意的事項
為何？

9.請簡要說明記憶調查法，並指出其優缺點。

10.網際網路的媒體調查重點有那些？

MEMO

第 10 章

調查報告

學習重點

1. 瞭解市場調查報告的重要性、種類及撰寫方式。
2. 瞭解撰寫書面報告的目的與要點。
3. 清楚不同類型書面報告的大綱與內容。
4. 瞭解口頭報告的重要性與大綱。
5. 知道視覺輔助器材的應用與注意事項。

市場調查本身並不是目的，而是一種管理的手段。有效的市場調查必須具備兩個要件，一是良好的資料收集與分析，一是良好的溝通(Communication)——有效能和有效率的溝通。所謂溝通是指特定訊息對特定對象的傳遞，及特定訊息對特定對象所引發的刺激。市場調查的結果除了須顧及到其正確性與邏輯性外，還得具有引發有關的人員採取行動之功能，此時市場調查報告將扮演重要的角色。換句話說，調查報告的好壞決定了整個調查過程的良窳。

本章主要介紹調查報告的重要性、調查報告的種類及其撰寫的方式，另外摘錄一個實例提供讀者參考。

第一節　為何要寫好市場調查報告

市場調查報告是整個市場調查過程之最後的一個步驟，也是相當重要的一個步驟。因為市場調查報告的內容，撰寫的技巧與品質，關係到是否能將市場調查成果有效地傳達給公司相關的主管與人員，進而使這些主管與人員能夠有效地利用這些市場調查報告的成果作為決策的依據。有時候，一份寫作品質低劣的市場調查報告，甚至可以將一次組織精良的市場調查活動所取得的成果，全部化為烏有。

要撰寫優良的市場調查報告，必須使用清晰明白、富有說服力的文字，任何艱澀難懂的專業名詞與術語，應儘量避免使用。因為那些需要依據市場調查報告考慮決策的主管人員，不一定都能瞭解這些專業名詞術語及其他專業性技術資料的涵義。當然，對於市場調查的工作人員來說，他們必須能夠看懂或理解這些專業性的市場調查資料。

寫好市場調查報告亦必須相當注意所選用的材料，應該取材於市場調查的各個工作階段所收集到的全部有關資料，並要求能夠採用簡明、嚴密而又富有邏輯性的文體結構，以整理與彙總實地調查出來的成果。

市場調查報告的具體內容通常取決於市場調查的範圍和有關的主管人員所需要瞭解的問題。例如，某項市場調查的主持人員要求提供有關某個國家的全面性市場調查報告，以便能研究出向當地顧客出口產品之可行性與具體

措施，則這份「全面性的市場調查報告」就必須依此目的來撰寫，如此才能符合需要。換句話說，市場調查報告的撰寫方向，應依提供之對象不同而有所區別。

 第二節　書面報告

　　誠如前述市場調查報告必須發揮其溝通的功能，而其溝通的方式主要包括書面報告與口頭報告，或者二者並用之。口頭報告允許調查人員在報告過程中，迅速瞭解聽者的反應，並適度修改報告的內容，也可以在報告過程中隨時澄清對報告內容的可能誤解；但是如果只使用口頭報告的方式，聽者很可能記不清楚報告的全部內容，聽者如有疑問亦常常難以獲得完整而正確的答案。因此，口頭報告方式通常是和書面報告搭配使用。至於書面報告的方式固可單獨使用，但為了提高溝通的效果，通常亦宜輔之以口頭報告。

　　本節先介紹書面報告，下一節再討論口頭報告。

一　書面報告的目的

　　一般而言，書面報告應能達成以下的三項目的：

1. 使讀者認識市場調查的問題，並充分地解釋它的涵義，使所有讀者都能對所調查的問題有共同的瞭解。
2. 充分地展示有關的資料，使報告本身的資料能支持調查結果所有解釋與結論。
3. 為讀者解釋資料，並說明其在解決問題上所具有的涵義。

　　書面報告依其主要閱讀者之對象的不同，大致可分為技術性報告 (Technical Report) 與通俗性報告 (Popular Report) 兩類。技術性報告主要是給幕僚專業人員與其他研究人員閱讀的，而通俗性報告主要是給主管與非技術人員閱讀的。由於閱讀對象的不同，報告的格式與內容也應有所不同。

二 技術性報告

技術性報告是為受過市場調查方法訓練的幕僚人員與其他研究人員而撰寫的，故內容應力求詳盡，對於資料收集與分析方法、抽樣技術及調查發現等，均應詳加以說明。市場調查過程所使用的數量方法、有關的表格（如問卷、統計圖表等）及其他補充性的資料也應該包括在附錄中。

由於閱讀者大都接受過相當的專業訓練，故技術性報告可使用專門的術語。報告中如引用其他的研究或涉及其他的理論，通常也只要簡短地加以說明即可。

技術性報告的大綱大致如下：

序文部分：⑴題目；⑵授權信；⑶目錄；⑷綱要。

本文部分：⑴緒論；⑵調查發現；⑶摘要與結論；⑷建議事項；⑸附錄。

▶ ㈠序文部分

1.題 目

應包括調查報告的題目、提出報告的日期、報告為誰而寫、以及報告撰寫人。

2.授權信

多數報告不需要授權信，但如果某項調查研究是為某一特定客戶而做，則調查報告中通常應有一授權信，說明報告的目的與範圍，以及授權調查研究的事實。如果委託調查研究者有任何特殊的指示和限制，亦應加以說明。

3.目 錄

除非調查報告很短，否則均應有一目錄表（包括圖與表的目錄）。

4.綱 要

綱要不可太長，應簡明扼要，同時應把重點放在調查研究的發現上。通常綱要的最後三分之二到四分之三的部分，應用來簡述調查的發現與結果，剩下的三分之一或四分之一用於簡要地說明調查目的、調查範圍與方法，或者還包括從事此項調查的必要性。

▶ ㈡本文部分

1.緒　論

緒論中應簡短地說明調查的緣起、調查的目的、調查的範圍、調查的研究設計、資料收集和抽樣方法，以及調查的研究限制。所有的調查都有其研究限制，宜在緒論中忠實地提出報告。對於報告中所用的特殊名詞或術語，亦應在緒論中予以定義。

2.調查發現

這可能是調查報告中占篇幅最多的部分。調查發現應做有組織的整理與陳述，而不是只列出一大堆圖表。圖表應儘可能地予以簡化，便於閱讀者閱讀；至於較為複雜的表格應放在附錄中。圖表最好能和文字說明部分放在同一頁上，如果放不下，則可放在文字說明部分的次頁。

3.摘要與結論

將各項調查的發現簡要地予以重複陳述，有時調查發現的摘要亦可放在結論中。

4.建議事項

有許多調查報告也許是沒有建議事項的，因為調查的本質有時並不是在提供建議，研究人員並沒有被要求去提供建議。但也有些調查研究要求研究人員根據調查發現提供建議事項。

5.附　錄

此部分包括複雜的表格、統計分析、輔助性文件、所用的表格（問卷）、方法論的詳細說明、訪問人員的指示，以及其他輔助性的資料等。

三　通俗性報告

通俗性報告主要是為主管人員及缺乏專業訓練人員而準備的。這些閱讀者通常對調查研究方法的細節不感興趣，他們只對調查的主要發現與結論感到興趣。因此，在撰寫這類通俗性報告時，必須非常小心，善用寫作的技巧，一方面要能引起他們的注意與興趣，一方面要避免引起任何的誤解。有時候這類報告只是為某一主管而撰寫，在這種情況下，應先瞭解這位主管的個人

特徵、背景，以及他的決策需要，然後用最適切的方式去撰寫。

通俗性報告應使閱讀者能快速閱讀，並能迅速瞭解調查的主要發現與結論。報告的文字應力求簡潔，但一定要求正確。通俗性報告可多用標題、圖片與統計圖，少用表格。句子和段落應該簡短，並多留一些空白。為了要強調調查的發現，通俗性報告可在每一頁上只說明一項研究發現。最後，通俗性報告通常比技術性報告為短。

一份通俗性報告的大綱大致如下：(1)題目；(2)目錄；(3)調查目的；(4)調查研究方法；(5)調查發現；(6)結論與建議；(7)附錄。

1.題　目

此部分包括調查的題目、報告的日期、為誰而準備，以及撰寫人或報告人。

2.目　錄

如果調查報告不長，只有短短數頁的話，則可以不用準備目錄。

3.調查目的

此部分簡短地說明調查的動機、所要檢定的統計假設及所要解答的問題。

4.調查研究方法

對所使用的調查研究方法、樣本類型與大小及調查的研究發現等，做非技術性的簡短說明。

5.調查發現

將調查中所發現的基本事實資料簡要地予以提出；另外，統計資料應以簡單的圖或表來表示。

6.結論與建議

此部分摘要說明調查的主要發現，如有任何建議亦應在此處提出。

7.附　錄

此處附錄所包含的內容應遠比技術性報告的附錄所包含的內容為少，但應包括衡量工具（如問卷）、抽樣設計方面的技術性資訊、參考資料和書目、詳細的統計表等等。

第三節　口頭報告

一　口頭報告的優點與內容

除了書面的調查報告之外，研究人員有時還得提出口頭報告（或簡報）。口頭報告通常應由調查研究主持人來做，聽取口頭報告者通常是委託機構的高階主管人員。由於高階主管人員的時間寶貴，故口頭報告的內容必須簡明扼要，抓住重點，並應接受與鼓勵委託機構提出質疑和詢問，以及和對方做充分的雙向溝通。對調查研究人員而言，口頭報告可提供下列的利益或機會。

1. 更有效地傳遞調查的發現和建議。

2. 向合適的主管提出報告，並使他們全神貫注地聽取報告。

3. 澄清任何誤解之處。

4. 「推銷」該項特定調查研究及一般研究功能的價值，也可「推銷」研究人員自己。

5. 鼓勵做進一步的調查研究。

一般而言，口頭報告的大綱大致包含下列幾項：(1)開場白；(2)發現與結論；(3)建議。

▶ ㈠開場白

開場白係一簡短的陳述，或許不超過整個簡報時間的十分之一。開場白應該直接觸及問題，並能引起注意，它應說明調查研究個案的性質、緣起與目的。

▶ ㈡發現與結論

口頭報告可以採用邏輯式 (Logical Format) 或心理式 (Psychological Format) 的格式，前者是先提出調查發現，再提出結論；後者是在開場白之後先提出結論，再說明支持結論的調查發現。口頭報告通常採用心理式的格式或同時結合心理式與邏輯式的格式。

> ## (三)建　議

　　如果適合提出建議事項的話，應放在第三部分，使口頭報告達到一種自然的高潮。在建議事項提出之後，可要求聽取報告者提出問題。

　　口頭報告時除了要注意報告的內容之外，報告人本身也是影響口頭報告成敗的一項重要變數。熟練的口頭報告可以增加聽者接受報告內容的程度，但亦不應該把口頭報告當作是一場表演,使聽者忽略了報告所要提供的訊息。報告人的風度、姿態、服裝、儀容，以及說話的速度、發音清晰、手勢、音量、音調等等，都會影響到口頭報告的效果。

　　以下列出幾點口頭報告時所應注意的事項：

1. 必須考慮聽眾的需要，亦即應注意他們的知識、目標、偏見，以及可用的時間。

2. 口頭報告應力求簡單、簡短與直接。研究人員應該控制他們自己想去報告每一件事的心理需要，統計數字的數量應比書面報告為少。有關調查研究的方法也應大量刪減，口頭報告應該快速談到內容的重要項目。

3. 除了少數例外情況，語調應該是非正式的。做口頭報告時，應避免像發表演說似的。

4. 技術性和專門性術語應予以避免，因為大多數的聽眾都討厭滿口專門術語，並且把這些術語當成是「專業的高傲」，因而貶低研究人員。

5. 邀請聽眾提出問題，讓他們參與，利用補充資料，提及類比的經驗，以便讓聽者易於瞭解體會。

二　視覺輔助器材的使用

　　口頭報告時可以使用視覺輔助器材，它具有若干重要的功用：

1. 可表現其他方式未能有效溝通的材料。譬如，統計關係很難用文字表達，但使用一幅圖表就可表達得很好。

2. 可幫助報告人將他的主要論點說明清楚。利用視覺輔助器材來增強口頭說明，可使報告人能強調某些論點的重要性。此外，利用兩條溝通通路（聽和看）可以增加聽者瞭解與記住信息的機會。

3. 它可增進報告人的訊息之連續性與記憶性。口頭報告的資訊稍縱即逝，聽者一有疏忽就可能失去頭緒。但如利用視覺輔助器材的話，較有機會再重新回顧報告人早先提及的論點，因此較易記住。

　　使用視覺輔助器材可以提高口頭報告的效果，因此在做口頭報告時，應儘可能加以利用。常用的視覺輔助工具有電腦螢幕、投影機、雷射筆、講義等。電腦螢幕通常使用在沒有投影機的圓桌會議，優點是不需要大型設備，缺點是畫面太小；投影機是目前最常用的輔助器材，適合人多的場合，製作簡易，且可以遠距操控，只是準備工作比較費時，且當報告者照投影片的稿子念時，容易變成單向溝通；雷射筆可用來指示目前投影片上報告的地方；講義是最基本的道具。講義有輔助的效果，也可能造成聽眾猛看講義不聽報告者，這時報告者就要衡量要在講義上放什麼資訊。

　　在利用視覺輔助器材時，應特別注意以下幾點：

1. 利用投影片或圖表時，每次只能傳遞一項觀念。

2. 投影片文字要簡要，字數不宜過多，字體不宜太小。

3. 顏色要清晰，標題清楚。根據色彩學，深藍色的背景加上鮮黃色的文字最吸引人，還要注意背景太淺會投影不出來。

4. 格式和外觀要注重專業感，避免不必要的動畫和插圖。

5. 雷射筆的移動方式是畫圈、在底線移動，但如果到處點來點去、亂移，會讓聽眾看了眼花撩亂，非常吃力。

6. 要無情地壓制詳情細節。額外的資訊應該口頭表達；視覺輔助器材最好用來強調重點，吸引注意，及進一步討論的跳板。

7. 要確保有可操作的設備可用。事前要檢查電線是否夠長，有沒有螢幕、支架及黑白板，要弄清楚電源在那裡。

8. 要預期設備可能會臨時損壞，要準備好備用的其他裝備。最好還要知道在緊急時，那裡可以找到備用的裝備。

9. 要考慮房間之空間大小、麥克風和擴音器的使用情況，使每一個聽者都能看得到。

第四節　市場調查報告的範例

本節依據市場調查報告所包含的內容，分項說明之。

 ### 一　封面首頁

構成封面首頁的項目包括：(1)調查題目，如「觀光旅客意見調查報告」；(2)撰寫日期，如「民國 103 年 2 月 1 日撰」；(3)主辦單位，如「××大學商學院」；及(4)委託單位，如「交通部觀光局」等四項。所有登載於封面首頁上的文字均須大寫，項目與項目間要有間隔。

 ### 二　序　言

茲以「觀光旅客消費及動向調查」為例，說明其調查報告的序言如下：

××年來臺觀光旅客及動向調查，係××大學商學院在觀光局委託下進行，調查期間自民國 102 年 1 月 1 日至同年 12 月 31 日止，為期一年。

委託合約簽訂後，本院立即組合四位研究人員負責本調查計畫之執行。調查計畫進行當中，由××系市場調查研究小組協助資料之整理與查核。

本報告除中英文摘要之外，共分五大部分。第一、二部分簡述調查設計及方法，第三部分為調查結果，第四部分為結語，最後則為附錄。

本調查之所以能順利完成，必須感謝觀光局的全力支持，尤其是××組組長×××與×××副組長在數次諮商中所提供的意見。此外××組×××小姐隨時提供最新資料以供參考，也特別在此致謝。當然××大學商學院觀光小組訪問人員的辛勞也一併致謝。

××大學商學院觀光調查小組　識

 ### 三　目　錄

以前述之觀光調查為例，其目錄包括下列各項：

(一)序言

(二)調查設計概要

(1)調查目的

⑵調查項目

⑶調查對象

⑷調查地點

⑸調查方法與抽樣設計

⑹訪問人員甄選與督導

⑺整理與編製方法

⑻調查時間

⑼問卷設計

㈢調查結果分析

⑴抽樣調查基本資料分析

⑵觀光旅客動機與旅遊方式分析

⑶觀光旅客消費支出內容分析

⑷觀光旅客抵臺後之動向分析

㈣結語

㈤附錄

㈥圖表目錄

（圖 1）旅客在各地區之動向圖

（圖 2）全體旅客抵臺後之流程圖

（圖 3）桃園國際機場入境觀光客抵臺後之流程圖

四　調查設計概要

　　將市場調查之過程詳細說明，使報告閱讀者能全盤性地瞭解與評估市場調查之結果，乃為調查設計之主要作用。一般而言，調查設計概要的構成項目包括：

▶ ㈠調查目的

　　例：「瞭解觀光旅客與興趣傾向，供國際旅遊之宣傳推廣的參考」。

▶ ㈡調查項目

例：

1.調查旅客基本資料

國籍、性別、年齡、教育程度及職業等。

2.調查旅客的興趣傾向

旅客對飯店、旅行社、導遊、名勝古蹟、餐飲、購物、交通工具、服務態度之觀感及意見。

3.旅客再度來臺之意向

▶ ㈢調查對象

例：桃園國際機場出境旅客，但不包括下列人士：

1.臺灣地區居民。

2.在臺居留時間在 24 小時以內與超過 60 天之外籍人士與華僑。

▶ ㈣調查地點

例：臺灣桃園國際機場。

▶ ㈤調查方法及抽樣設計

例：

1.樣本數

在特定之期間、地點，符合被調查條件之出境旅客抽取 1,000 個單位為樣本。

2.抽樣步驟

⑴採用比例分層抽樣法，按月別分為 12 個時間層，以前三年之觀光旅客人數資料，決定抽取樣本的比例，以求每月之樣本數，其公式為：

$$月別樣本數 = 1,000 \times \frac{月別觀光人數}{總觀光人數}$$

⑵依前三年之各月國籍別資料，決定各月國籍別樣本數。

⑶於每個時間層內，分別以一、三、五、日及二、四、六為調查日期，每兩週交替調查日期，連續四週。

⑷每日預計抽樣數：按飛機離境時間與班次比例，分日、夜二段，由訪問人員輪換訪問。

3.抽樣方法

⑴根據桃園國際機場班機離境時間表，將每日班機依時間序列編號。每日由此等號碼中，以不放回方式隨機抽取 6 個號碼，以每個號碼所代表的班次，分別作為該訪問人員抽樣調查的起點。

⑵訪問人員於該起點班次前一小時，到達該航空公司櫃檯訂位處，以亂數表抽取正在辦理手續之旅客為訪問對象，若該旅客有不符合調查對象之資格，則依次順延一位，直至符合條件為止。

⑶每隔 30 分鐘訪問一位旅客，即選定訪問對象之後算起，30 分鐘後更換訪問對象。

⑷若前列編號隨機抽到最末班次或次末班次，為求調查時間之充裕，分別提前 2 或 1 班次作為工作之起點。

▶ ㈥訪問人員甄選與督導

例：

1.徵選外語（英、日）流利、態度認真且修習過市場學或社會調查之××大學生擔任，並經考核之後任用。

2.訪問人員督導控制辦法（監督辦法另定）。

⑴主辦單位經常派員至現場督導、考核。

⑵訪問人員在訪問時，如有特殊事件，應隨時報告主辦單位，以謀改善。

⑶每月於調查結束後，主辦單位應召集全體訪問人員共同檢討並改進。

▶ ㈦整理及編製方法

1.整理方法

問卷收回之後，分為人工處理與電腦處理兩個步驟。

⑴人工處理

①目　的

查核與剔除資料不全之問卷，並於完整問卷上編號，準備送往電腦室處理。

②人　員

由本校××系市場調查小組負責。

③方　法

- ·收回之問卷由市場調查研究小組分類；即每一位訪問人員之問卷分別放置於一處，以便查核各訪問人員的成效。
- ·調查研究小組查看各問卷上的數字是否矛盾及該答案的子題是否回答完全，若有不全，要求訪問人員就該項目依記憶填補完全，或將該問卷作廢。
- ·利用計算機將費用欄中之日幣、新臺幣等，換算成美元。
- ·調查研究小組再作最後審核，負責於完整的問卷上蓋章，並於登記簿上記錄該日收回之日文、英文及中文之問卷。
- ·在可用的問卷上填入電腦代號，以利電腦資料處理。

(2)電腦處理

經人工處理後的問卷於次月初送本校電腦中心利用電腦系統處理分析，存入硬碟中，於該季調查結束後編製表格。

2.編製方法

(1)每季次月上旬提出上季工作進度與調查結果摘要，簡要分析該季訪問的結果，並與母體資料比較，俾免抽樣發生偏差。

(2)正式報告內容分析項目。

①旅客基本資料分析。

②旅客意見分析。

▶ (八)調查時間

自民國 102 年 1 月 1 日至 12 月 31 日止。

▶ (九)問卷設計

如附錄（在此省略之）。

五　調查結果分析

　　市場調查研究是以事先所設定之假設作為求證問題癥結的依據，故調查報告須利用調查項目分別說明求證之結果。說明方法可利用文字、圖形或表格等交互應用方式敘述。以下為前述觀光調查之部分結果分析的範例：「對臺灣陸上交通之改進意見」。

　　由表 10.1 得知，觀光旅客認為臺灣陸上交通的安全性最需要改善者占 34.3%，其次是便利性占 27.3%，認為收費需要改善者僅占 2.1%。

▼ 表 10.1　改善項目表

改善項目	人　數	百分比 (%)
便　利	273	27.3
安　全	343	34.3
收　費	21	2.1
無意見	189	18.9
其　他	139	13.9
無回答	35	3.5
合　計	1,000	100.0

　　觀光旅客對於臺灣陸上交通之觀感，就民國 101 年與 102 年相比，102 年較 101 年為優（此係假想數據）。

$$評價係數 = \frac{(64.99)(47.179)(61.490)}{(65.510)(42.770)(47.929)} = 1.404$$

　　由於評價係數大於 1，故 102 年之滿意度大於 101 年之滿意度，亦即 102 年觀光旅客對於陸上交通之觀感優於 101 年之觀感。

　　認為便利性需要改善者，以交通擁擠占最大比率，達 35.16%，其次是城市中心交通秩序混亂，占 34.07%，再其次是斑馬線效果差，占 10.99%。參見表 10.2。

▼ 表 10.2　便利性之改善項目

改善項目	人　數	百分比 (%)
城市中心交通秩序混亂	93	34.07
斑馬線效果差	30	10.99
交通號誌不當	14	5.13

交通擁擠	96	35.16
司機不懂英文	10	3.66
車班太少	10	3.66
其　他	20	7.33
合　計	273	100.00

認為安全性需要改善者，以計程車司機危險駕駛所占比率為最高，達 29.15%，其次為車輛未禮讓行人，占 27.70%，不守交通規則居第三，占 19.24%。詳見表 10.3。

▼ 表 10.3　安全性之改善項目表

改善項目	人　數	百分比 (%)
計程車司機危險駕駛	100	29.15
車輛未禮讓行人	95	27.70
不守交通規則	66	19.24
路狹、危險	14	4.09
摩托車太多	28	8.16
車速太快	40	11.66
合　計	343	100.00

六　結　論

市場調查研究之結果，應依調查目的，將所分析的調查項目加以彙總或比較，使調查報告的閱讀人員能很清楚地瞭解調查結果，正確地掌握重點。例如，「由統計的資料中顯示，公司的產品普及率相當高，而且通路的設計亦相當健全。但若詳細分析，則可知道造成高普及率的原因之中，批發商的功勞居重大的地位；換句話說，公司之所以能達成高普及率，多半是由於批發商所促成的。透過批發商的經銷，固然有許多優點，但亦難免產生不良的後果，可謂利弊參半」。

七　建議事項

市場調查研究的結果，應由市場研究人員將所發現或獲得之事實，依個人的立場擬訂改善或運用方案，以提供有關人員參考。例如，「……我們都知

道只有顧客才能告訴公司應該做些什麼，以及該如何去做，故建立一套完善的制度，把所有的顧客納入系統化的管理，乃是公司提高經營水準的有效途徑之一，而『客戶基本資料』與『信用卡交易』的設置，正是建立該系統的一項基本且必要的工作。」

此一部分一般須附上調查問卷（在此我們省略之），且在可能的情況下，亦應附上調查設計、抽樣方法、調查名冊、分析方法或電腦處理等資料。

🔍 本章摘要

撰寫調查報告之重要性
- 1.調查報告必具備兩個要件：良好的資料收集與分析，以及有效能與有效率的溝通
- 2.撰寫低劣的調查報告會破壞組織完善的調查工作，導致調查結果無法為人所接受
- 3.市場調查的溝通，主要靠良好的調查報告才能有成效

書面報告

書面報告的目的
- 1.使閱讀者認識問題
- 2.展示相關的資料
- 3.解釋結果與資料

書面報告的類型
- 1.技術性報告：針對幕僚專業人員與其他研究人員閱讀
- 2.通俗性報告：提供給主管與非技術人員閱讀

技術報告之大綱
- 序文部分
  - 題目
  - 授權信
  - 目錄
  - 綱要
- 本文部分
  - 緒論
  - 調查發現
  - 摘要與結論
  - 建議事項
  - 附錄

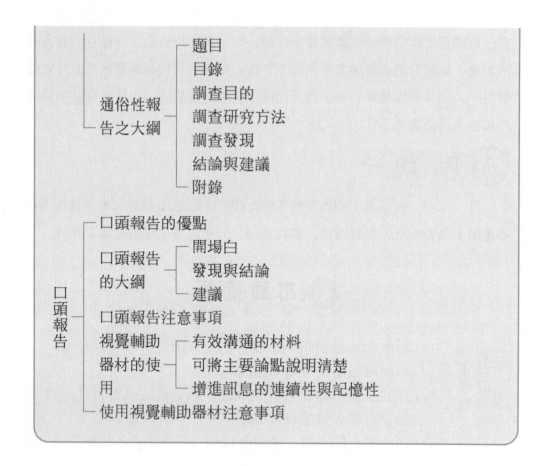

習 題

一、選擇題

( ) 1.下列敘述何者有誤？ (A)市場調查本身不是目的，而是一種管理手段 (B)市場報告的內容乃依接受對象而定 (C)使讀者充分認識市場調查的問題，乃是書面報告的目的之一 (D)撰寫市場報告要多用一些專業性術語與名詞

( ) 2.市場調查的結果須顧及到的要點，下列何者錯誤？ (A)正確性 (B)邏輯性 (C)簡單性 (D)引發性

( ) 3.報告內容應力求詳盡，對於資料收集與分析方法、抽樣技術及調查發現等，均應詳加以說明的是： (A)技術性報告 (B)通俗性報告 (C)口頭報告 (D)專業報告

（　）4.市場調查報告的具體內容通常取決於：　(A)調查目的　(B)調查範圍　(C)調查流程　(D)調查方法

（　）5.在技術報告中，通常占最多篇幅的是那一部分？　(A)綱要　(B)緒論　(C)調查發現　(D)摘要與結論

（　）6.在技術報告中，綱要撰寫的重點應放在那部分？　(A)調查目的　(B)調查範圍　(C)調查方法　(D)調查發現

（　）7.在通俗性報告中，下列那個部分不一定需要？　(A)題目　(B)目錄　(C)調查目的　(D)調查研究方法

（　）8.下列敘述何者正確？　(A)技術性報告是針對主管人員而寫的　(B)通俗性報告的大綱可分為兩大部分，即序文部分與本文部分　(C)綱要部分通常需以三分之二至四分之三的篇幅來摘述調查目的、調查範圍與方法　(D)技術性報告的序文部分包括有授權信的說明

（　）9.下列敘述何者有誤？　(A)通俗性報告可在每一頁上只說明一項研究發現　(B)技術性報告中所用的特殊名詞或術語，應在附錄中予以定義　(C)技術性報告中如引用其他的研究或涉及其他的理論，只要簡短地加以說明即可　(D)調查研究是為某一特定客戶而做，則調查報告中通常應有一授權信

（　）10.口頭報告通常應該由下列何者來報告？　(A)調查訪問員　(B)研究分析員　(C)調查研究主持人　(D)高階主管

（　）11.下列有關口頭報告的敘述何者有誤？　(A)口頭報告在「發現與結論」的部分，通常採用邏輯式的格式，而非心理式的格式　(B)「推銷」該項特定調查研究及一般研究功能的價值，也可「推銷」研究人員自己，乃口頭報告的優點之一　(C)應儘量利用視覺輔助器材　(D)口頭報告可以輔助書面報告的不足

（　）12.有關口頭報告的注意事項何者有誤？　(A)必須考慮聽眾的需要　(B)除了少數例外情況，語調應該是正式的　(C)技術性和專門性術語應予以避免　(D)口頭報告應力求簡單、簡短與直接

（　）13.在利用視覺輔助器材時，投影片或圖表，每次最好能傳遞幾項觀念？　(A)一項　(B)二項　(C)三項　(D)多項

（　） 14.下列何者不是視覺輔助器材？　(A)書面報告　(B)電腦螢幕　(C)投影機　(D)講義

（　） 15.最基本的視覺輔助器材是：　(A)書面報告　(B)電腦螢幕　(C)投影機　(D)講義

二、填充題

1.有效的市場調查必須具備二個要件，即：_____與_____。

2.市場調查報告必須發揮其_____的功能，而其溝通的方式主要包括_____與_____。

3.書面報告一般又可分為兩大類，即_____與_____。

4.寫給專業幕僚人員看的報告是_____，寫給主管人員看的是_____。

5.技術性報告的大綱大致可分為兩大部分，即_____與_____。

6.通俗性報告的大綱可分為：(1)題目，(2)目錄，(3)_____，(4)_____，(5)_____，(6)_____及(7)附錄。

7.口頭報告的大綱包含三項，即_____，_____及_____。

8.口頭報告時，_____和_____術語應予以避免。

9.使用視聽器材可增進報告人的信息之_____與_____。

三、問答題

1.市場調查報告的重要性如何？請詳述之。

2.書面報告一般需達成那些目的？請說明之。

3.技術性報告的序文部分包括那些項目？請就各項目簡單說明之。

4.技術性報告的本文部分包括那些項目？並請簡要說明之。

5.通俗性報告的大綱為何？請簡要說明之。

6.試就書面報告與口頭報告之功能，做一簡單的比較。

7.口頭報告的大綱大致包含那些項目？請簡述之。

8.進行口頭報告時，有那些必須注意的事項？請說明之。

9.視聽器材的功用為何？請詳述之。

10.利用視聽器材時，有那些注意事項？請說明之。

附　錄
市場調查實例

本書最後摘述兩個市場調查實例，提供讀者參考。

 # 某大學學生對洗髮精購買行為研究

 ## 一 前 言

目前的洗髮精市場可謂品牌林立，競爭相當劇烈，而且不斷地有改良後的產品與新產品的推出。另外，洗髮精的購買者與使用者以年輕的男性與女性居多，尤其是在校的學生構成一個很大的市場。因此，擬以某大學學生為對象，調查其對洗髮精購買（消費）的情況，藉以瞭解其對洗髮精使用的習慣與接受的情形，以及其他影響購買的因素。

 ## 二 文獻回顧

由於本項調查目的在於探討某大學學生對洗髮精的購買行為，因此在文獻這部分我們有必要先界定購買行為、購買行為的模式，以及有關行銷管理的行為基礎等。然而本實例僅是舉例性質，且為避免占過大的篇幅，因此僅作購買行為模式的簡單文獻探討。

所謂模式是指以抽象的架構來表示複雜的真實現象，可提供我們一個研究的參考架構，並幫助我們做系統性的思考。

購買行為的模式頗多，茲僅提出「霍華─希史」模式說明之。此一模式係源自派夫洛夫之「刺激─反應」的學習模式。在刺激或投入變數方面，基本上可分為三大類：

➤ (一)實體刺激

即指廠商與其競爭者之行銷組合的實體，例如產品品質、價格及服務等。

➤ (二)象徵刺激

即有關上述實體刺激之印象資訊為消費者所知覺者。

▶ ㈢社會刺激

係指消費者可能得自其他社會群體的資訊，如家庭與參考群體等。

上述三種變數均代表來自「黑箱」之外的投入變數，這些資訊首先進入消費者的知覺子系統，但會產生何種作用，則與下列的二個因素有關。

1.消費者對這些資訊之注意程度與內容。

2.這些資訊本身的清晰程度及消費者對於所獲得資訊之偏差 (Bias)。

經過知覺子系統後，再進入學習子系統，此時所投入的資訊可能引發消費者的動機及不同的強度。如果動機強烈但資訊不足，則消費者可能會主動尋求更多有用的資訊，以作為品牌之「決策標準」，從而產生對品牌的態度。此種基本態度加上對品牌的看法，影響其對某一品牌購買的意向，而從「意向」更進一步會產生「購買行為」。

三 研究架構

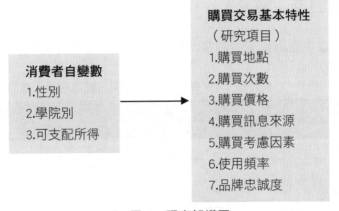

▲ 圖 1　研究架構圖

四 研究內容

▶ ㈠研究假設

1.性別與親自購買洗髮精有關。

2.性別與多久購買一次洗髮精有關。

3.性別與購買受訊息來源影響有關。

4.性別與購買洗髮精單位價格有關。

5.性別與購買考慮因素有關。

6.性別與洗髮精使用頻率有關。

7.性別與洗髮精品牌忠誠度有關。

8.學院別與購買受訊息來源影響有關。

9.學院別與購買洗髮精單位價格有關。

10.學院別與購買考慮因素有關。

11.學院別與洗髮精使用頻率有關。

12.學院別與洗髮精品牌忠誠度有關。

13.每月可支配所得與購買地點有關。

14.每月可支配所得與洗髮精單位價格有關。

15.每月可支配所得與購買考慮因素有關。

16.每月可支配所得與購買品牌有關。

▶ ㈡調查對象（範圍）

此次調查主要對象是針對某大學日間部的各系學生進行調查。

▼ 表 1　××大學 1××學年度第 1 學期日間部在學人數統計表

院　別＼人　數	合　計	男　生	女　生
文學院	2,654	962	1,692
法學院	1,686	752	934
藝術學院	387	137	250
管理學院	2,432	1,096	1,336
外語學院	1,280	168	1,112
理工學院	2,415	1,591	824
合　計	10,854	4,706	6,148

▶ ㈢研究方法

1.抽樣方法與結果

本次進行之「某大學學生對洗髮精購買行為研究」，所採之抽樣方法經多

次組內討論，以符合葉慈 (F. Yates) 所提之五大抽樣標準，包括：

a.足夠——足夠之調查所需母體。

b.完整——包含母體中之所有單位。

c.不重複——抽樣單位不重複。

d.正確——力求配合母體之動態性。

e.便利——抽樣架構易於取得能配合抽樣目的而變動。

以下為本研究之抽樣方法之說明和抽樣樣本數及分配情況。

⑴抽樣母體之決定

　　本次之母體界定在「1××學年度××大學日間部學生全體」為依據，共計人數為 10,854 人，分為六個學院，文、法、藝術、管理、外語和理工學院。所使用之資料依據為××大學教務處所編製。

⑵抽樣方法之決定

　　本次研究所採之抽樣方法為機率抽樣。由於目前母體數字已確知，以機率理論抽樣，可免除抽樣偏差和集中某一部分 (母體) 抽樣之傾向。而本組採用之方法為分層後，再行比例分配之抽樣方法，按學院別為分層之標準，先將每層所抽之樣本數決定，再依照系別，依各系男、女生各別占全院學生之比例，再行分配所得之樣本數。所考慮之因素，在於希望能使樣本分佈均勻，使調查之可靠性增加，並能於調查後做各層間之比較，找尋是否為「層內同質，層間異質」。歸納如下：

a.共計分為二層。

b.分類基礎為學院及系別。

c.各層樣本均依比例方式抽樣。

⑶抽樣大小之決定

　　本次樣本數之大小，乃是根據預測之結果和抽樣公式：

$$n = \frac{Z^2 \sigma^2}{e^2}$$

n: 樣本數、Z: 常態定值、σ^2: 母體變異數、e: 容許誤差值而決定。但因其中 σ^2 必須根據預測題目中，與本次研究內容最具關聯性之量化性題目回答所得，而本次研究主要在於明瞭研究對象之態度，故很

難加以決定。經由某廣告公司之調查部指導，本組將原抽樣公式做一修改：

$$n = \frac{Z^2 P(1-P)}{e^2}$$

P：預測問卷之成功機率、1 – P：失敗機率，故依此推得：

常態定值為 Z = 1.96（取 95% 之信賴度）

成功機率為 P = 0.8（由預測而得）

容許誤差值為 e = 0.05

$$n = \frac{1.96^2 \times 0.8 \times 0.2}{0.05^2} = 245.86 \cong 246$$

估計應至少需要 246 份問卷方能代表全母體之態度意見。為防有未能收回、無效之問卷，以一般寬容度 5% 計算，（即 246 × (1 + 5%) = 258 ⇒ 260）故本組決定以 260 份問卷作為本次調查發出之總問卷數。

⑷抽樣之分佈狀況

樣本數決定後，便依照各學院之所占全校人數比例加以分配，再依各系男、女生占所屬學院之人數比例再行分配，以求均勻分配。以下為各系的男、女生所占比率和決定之抽樣份數。

以文學院為例，文學院占全校人數比例：2,654/10,854 = 24.45%，共抽取 64 份。

▼ 表 2　文學院的抽樣分佈

系　別＼項　目	男生所占學院人數比例	份　數	女生所占學院人數比例	份　數
中　文	3.39%	2	15.07%	10
歷　史	2.86%	2	6.63%	4
哲　學	4.40%	3	7.23%	5
圖　館	1.62%	1	8.70%	6
大　傳	9.04%	6	18.31%	10
應　心	4.30%	3	3.62%	2
體　育	10.63%	7	4.18%	3

〔其他各學院之抽樣分佈省略之〕

2.問卷結構

本次研究所用之收集工具為問卷。共分為三大部分：

⑴面　函

說明本問卷之目的和研究之對象，請求受訪者提供時間和意見，以協助填答問卷。

⑵內　容

共計九題，附帶開放詢問意見一題。為本次研究所欲探討之內容和研究要項。

⑶基本資料

受訪者之基本資料，包含有性別、學院別、可支配所得三部分，其中可支配所得為在支付生活必需以後，可自由支配花用之金錢為主。

以下為問卷結構之流程。

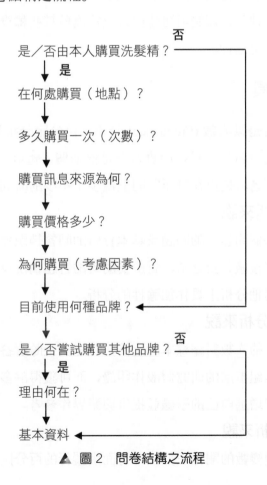

▲ 圖 2　問卷結構之流程

3.收集資料之方式

本次研究採用人員訪問法收集初級資料，藉由已設計印製之問卷，透過人員詢問交付予受訪者以獲取其態度與意見。

問卷之設計已於前項說明，不再重複。問卷之內容亦請參見第 322 頁之詳細內容。此次之問卷採用結構化問卷，並以人員訪問方式，將直接之研究目的告知受訪者。

決定採用之訪問人員，係以本組研究人員與已抽樣之各系代表協助完成。由於問卷內容並不似一般數量，故未先行舉行人員訓練，只以範例和問卷內容做一口頭說明。

考慮使用訪談，乃是由於若以電話或郵件方式，一則資料取得不易（地址、電話號碼），再則成本過高，亦非本研究小組所能負擔，故考量之下，以人員訪談方式，最能收有效之結果。而用結構式問卷，可使所欲知之行為條理化，規範所可能出現之行為於某些標準化詞句之下，以便利分析作業之進行。

▶ ㈣分析工具

本次的報告是以次數 (Frequence) 分析、百分比分析及卡方 (Chi-square) 分析，作為輔助分析的工具；而實質上是借助個人電腦上的 SPSS 軟體作為分析的資料處理者，是以在分析時間上減少了不少的時間。

1.就次數分析來說

此分析將每個問卷上的問題及基本資料的回答情況作一單變數的分配，使我們能於整體分析之前，對於受訪者的答題情況及特性作一初步的瞭解，再以其他分析工具作加強性的分析。

2.就百分比分析來說

藉問題回答的次數對總樣本的比例，方能真正瞭解答題者的整體傾向，並得以與本組事前的研究假設作印證，而可獲得許多行銷方面的現象及觀念，進而增進自己的學識並提供與業界作參考。

3.就卡方分析來說

鑑於研究雙變數的關係上無法單方面由縱行的百分比分析及橫列的百分

比分析得到瞭解，即使我們作了此雙變數的關聯表之後，亦可能因為此二變數的相關性不夠而使得分析的結論上有所疏失。

卡方獨立性檢定是解決此項問題的方法。卡方分析是先由研究者假設交叉表的兩變數彼此獨立。

獨立的定義：「若一個觀察值落於某一方格的機率恰等於決定此方格兩類別之邊限機率的乘積，則此二變數獨立。」

再以皮爾森卡方 (Pearson Chi-square)：

$$\chi^2 = \sum_i \sum_j \frac{(O_{ij} - E_{ij})^2}{E_{ij}}$$

O_{ij}：理論值

E_{ij}：期望次數

自由度：(行變數個數 – 1)(列變數個數 – 1)

與卡方理論之理論分配臨界點比較 (Critical Point) 即可預估若二變數實際上獨立的話，這個數值是否可能。

SPSS 上提供了檢定的觀測顯著水準 (Observed Significance) 作為分析的標準，若此機率夠小，則兩變數獨立的假設即被拒絕，亦即二變數有相關之意。

小結：本報告以基本資料上的變數與各有關題目 (由本組學生共同假設) 作相關分析，配合觀測顯著水準以鑑定此二變數是否相關，除此之外，亦考慮題與題之間的關聯性，並將其百分比較高者挑出，以作為日後行銷觀念的更新及研討。

五　研究結果分析與討論

▶ ㈠基本資料的分析

1.性別的分析

▼　表 3　受訪者性別次數分配表

性　別	次　數	百分比
男　生	108	43.5
女　生	140	56.5
合　計	248	100.0

受訪者當中有男學生 108 位，占受訪者總數之 43.5%；女學生則為 140 位，占總數之 56.5%。由於女生多於男生，故按兩者間之比例，女生受訪者比男生受訪者多 32 人。

〔以下各項分析之表格皆省略之〕

2.學院別的分析

受訪者當中文學院的學生有 59 人，占總數之 23.8%；法學院的學生有 40 人，占 16.1%；理工學院的學生有 53 人，占 21.4%；管理學院的學生有 58 人，占 23.4%；外語學院的學生有 30 人，占 12.1%；藝術學院的學生有 8 人，占 3.2%。

各院人數的分配是針對該院人數，占學校日間部總人數之比例取決，因為藝術學院人數最少，故只訪問了 8 名學生。

3.個人每月可支配所得的分析

受訪者當中，個人每月可支配所得 3,000 元以下者有 38 人；3,001～4,000 元者有 60 人；4,001～5,000 元者有 65 人；5,001～6,000 元者有 31 人；6,001～7,000 元者有 21 人；7,001～8,000 元者有 14 人；8,001 元以上者有 19 人。

在各可支配所得階層中，所得數多集中於 3,001～4,000 元及 4,001～5,000 元者最多，占總比例之 50.4%。至於 8,001 元以上者亦不少，占有 7.7%，可見學生的消費所得有日趨提高的現象。

▶ ㈡問題分析

1.「洗髮精是否自己購買」的分析

受訪的 248 名學生中，有 196 名是自己購買，占大多數；非自己購買者有 52 人。因此得知，學生大部分都習慣自己選購洗髮精。

2.「最常在那裡購買洗髮精」的分析

受訪者當中，有 31.5%，78 人在量販店購買洗髮精最多；16.5%，41 人在便利商店購買居次；12.5%，31 人在藥妝店購買居第三位。

目前由於量販店競爭激烈，展店數量也越來越多，故一般學生大多親自到量販店購買；便利商店購買的數量次之，原因來自於對學生而言，便

利性是一項非常重要之因素，藥妝店價格特價時比一般其他商店便宜，故於該處購買的人不少。

3.「多久購買一次洗髮精」的分析

購買洗髮精的頻率中，以 1～2 個月，占 30.2%，75 人最多，其次則是 2～3 個月，占 19.8%，49 人次多，此二者占總比例的 50%，顯示一般學生多在 1～3 個月便購買一次洗髮精。

4.「購買訊息來源」的分析

顯而易見的，「電視廣告」乃是受購買訊息來源影響最大的來源處，占比例的 35.1%，有 87 人。至於「親朋好友介紹」、「商店陳列」皆占有 16.1%，40 人，都是影響購買時的重要訊息來源，尤其「商店陳列」被列為重要訊息來源，可見洗髮精之擺置位置若是利於消費者拿取或明顯易見，將會使得消費者進而採用並購買。

5.「洗髮精的單位價格」的分析

在洗髮精的購買價格中，以 101～150 元的單位價格最多人購買，其次是 51～100 元的價格次多人買，151～200 元則居第三，此三種價格之比例和為 65.7%，顯示大部分的學生在購買洗髮精時，單位價格多集中於 51～200 元之間。

6.「購買考慮因素」的分析

(1)第一考慮因素

第一考慮因素中，「清潔效果」與「滋養效果」在人數與比例上相差甚小，故為第一順位中最重要的兩個考慮因素，各占比例 20.6%、22.6%。「香味」亦是重要的考慮因素，占 10.5%。一般也會考慮「價格」是否合理才進行購買，占 6.9%。

(2)第二考慮因素

在第二考慮因素中，以「香味」、「清潔效果」、「潤絲效果」三者比例極為相近 (14.1%、15.7%、15.3%)，顯見對於這三個考慮因素都認為相等重要，與第一考慮因素多有相同處。惟此「滋養效果」亦被列為第二順位中頗為重視之考慮因素。

(3)第三考慮因素

第三考慮因素中，仍以「香味」、「潤絲效果」、「滋養效果」、「價格」這幾個為主要的考慮因素。因此綜合三個考慮先後，多不出這幾個，可見一般學生的考慮情形多為相似，且都重視個人毛髮的清潔與美觀健康。

7. 洗髮精的使用頻率

受訪的學生中，有 144 位皆是「1～2 天」洗一次頭髮，占 58.1%，顯然一般的衛生習慣都頗為相近的。再者「3～4 天」者占 23.4% 為次多者。對於「每天」都洗髮的人數亦不在少數，占有 16.1%。

8. 「是否願意改用其他品牌」的分析

「是否願意改用其他品牌」，幾乎大多的人都願意更換品牌，有 221 人，占了 89.1%，只有 27 人，10.9% 不願意改用其他品牌，顯見一般對洗髮精此種「消費財」之品牌忠誠度都不高。

9. 「願意改用其他品牌的原因」分析

願意改用其他品牌的原因裡，有 95 人，38.3% 都是因為「同種品牌用久了不好」而改換其他品牌，想見大家對頭髮的照顧頗費周章。至於「好奇」、「新鮮刺激」皆占 22.2%，是以洗髮精不斷的推陳出新，故造成新鮮好奇，致使學生多願意嘗試使用。

【以下的相關分析與卡方分析皆省略】

 問卷內容

親愛的同學：

您好。我們是××大學企管系的學生，目前正從事調查某大學學生對洗髮精購買行為的研究計畫，希望能借用您寶貴的數分鐘時間，接受以下的訪問。您在問卷上表示的意見，將對我們的研究有重要的影響，非常謝謝您的協助。

一、請問您現在使用的洗髮精是不是自己購買的?（若答不是，請直接跳答第七題）

　　1.□是　　2.□不是

二、請問您最常在那裡購買洗髮精? (請單選)

　　1.□藥妝店　　　　　2.□超級市場　　　3.□量販店

　　4.□百貨公司專櫃　　5.□便利商店　　　6.□美妝／生活雜貨專賣店

　　7.□其他

三、請問您多久購買一次洗髮精?

　　1.□2星期以內　　　2.□2星期～1個月以內　　3.□1～2個月以內

　　4.□2～3個月以內　　5.□3～6個月以內　　　　6.□6個月以上

四、請問您購買洗髮精主要是受什麼訊息來源的影響? (請單選)

　　1.□電視廣告　　　2.□雜誌廣告　　　3.□報紙廣告

　　4.□廣播廣告　　　5.□親朋好友介紹　6.□商店陳列

　　7.□網路廣告　　　8.□其他

五、請問您購買1罐洗髮精的價格為?

　　1.□50元以下　　　2.□51～100元　　3.□101～150元

　　4.□151～200元　　5.□201～250元　　6.□251～300元

　　7.□301元以上

六、請問您購買洗髮精時的考慮因素?(請按考慮順序填寫1, 2, 3於空格內,
　　至多填三項)

　　1.□香味　　　　　2.□顏色(液體)　　3.□容量

　　4.□包裝精美　　　5.□清潔效果　　　6.□潤絲效果

　　7.□滋養效果　　　8.□廣告效果　　　9.□治療效果

　　10.□價格　　　　　11.□特殊成分　　　12.□攜帶方便

　　13.□進口品牌　　　14.□購買地點　　　15.□泡沫多

　　16.□容易沖洗　　　17.□他人推薦　　　18.□贈獎促銷

　　19.□其他

七、請問您通常多久使用洗髮精一次?

　　1.□每天　　　2.□1～2天　　　3.□3～4天

　　4.□5～6天　　5.□7天以上

八、請問您除了現在使用的品牌外,是否願意改用其他品牌?

　　1.□願意　　　2.□不願意

　　　　　　(跳至基本資料)

九、請問您願意改用其他品牌的原因為何？（請單選）

  1.□不滿意現在使用的品牌　　2.□跟隨流行

  3.□好奇　　　　　　　　　4.□新鮮刺激

  5.□他人推薦　　　　　　　6.□廣告影響

  7.□同種品牌用久了不好　　8.□其他

本問卷的題目是否有題意不清者，敬請指出：

_____

基本資料

性　別：

    1.□男　　　　　　　　　2.□女

學　院：

    1.□文學院　　　　　　　2.□法學院

    3.□理工學院　　　　　　4.□管理學院

    5.□外國語文學院　　　　6.□藝術學院

個人每月可支配所得：

    1.□ 3,000 元以下　　　　2.□ 3,001～4,000 元

    3.□ 4,001～5,000 元　　4.□ 5,001～6,000 元

    5.□ 6,001～7,000 元　　6.□ 7,001～8,000 元

    7.□ 8,001 元以上

                    再度謝謝您的協助與合作！

                     民國 1××年×月

行動通訊服務市場顧客滿意度之探討 —— 以個案通訊行為例

 前　言

近年來顧客滿意度已經變成企業為達成永續經營及獲利的首要目標，衡量顧客滿意度也成為目前企業與行銷研究人員的重要議題，透過各種市場調查的方式，企業期盼能夠不斷提升顧客滿意度來達到高品牌忠誠度的目的。

在國內行動電話普及率已達 96.55% 的今天，新用戶的開發將日益困難，留住既有顧客將是行動通訊服務業者最重要的經營課題，可預期的是，廠商將透過提升顧客滿意度，來增加企業的收益。因此，本研究選擇以行動通訊產業作為研究對象，探討其顧客的滿意度。

二　文獻回顧

由於本項調查目的在於探討行動通訊市場之顧客滿意度，因此在文獻這部分我們有必要先界定行動通訊市場、顧客滿意度的定義與構面等。然而本實例僅是舉例性質，且為避免占過大的篇幅，因此僅作本調查研究所使用之顧客滿意度構面進行簡單說明。

本研究顧客滿意度的衡量標準主要參酌 Parasuraman, Zeithaml & Berry 三位學者在 1991 年修正後的服務品質量表、Zeithaml, Parasuraman & Malhotra (2002) 的網站服務品質衡量構面與吳文雄 (2003) 的研究架構，並考慮實體服務門市、電話客服中心、服務網站三項服務通路所具有的共同特性，發展出有形性 (Tangibles)、可靠性 (Reliability)、反應性 (Responsiveness)、關懷性 (Empathy)、保證性 (Assurance) 等 5 大構面。

三　研究架構與設計

本研究目的主要是以相關文獻探討為基礎，藉由研究架構推論出本研究所要瞭解的研究假設，再透過問卷設計就樣本部分來蒐集初級資料，藉以瞭

解顧客對於行動通訊行的整體服務滿意度。調查方式採以人員訪問方式，以個案通訊行為例，研究對象是針對到個案通訊行消費的顧客進行調查。

➤ ㈠研究架構

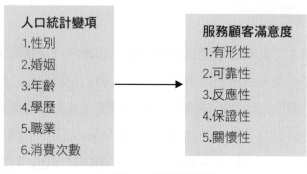

人口統計變項
1.性別
2.婚姻
3.年齡
4.學歷
5.職業
6.消費次數

服務顧客滿意度
1.有形性
2.可靠性
3.反應性
4.保證性
5.關懷性

▲ 圖 3　研究架構圖

➤ ㈡研究假設

H_0：不同的人口統計變項與服務顧客滿意度的五個構面是有差異的。

➤ ㈢問卷設計

問卷設計包括兩大部分，第一部分為受測者的基本資料，第二部分為消費者對於個案通訊行的服務顧客滿意度。第一部分的基本資料調查包含性別、婚姻、年齡、學歷、職業、消費次數等資料。第二部分服務顧客滿意度的衡量方式採用 Likert's 五點尺度，包括「非常滿意」、「滿意」、「普通」、「不滿意」、「非常不滿意」等，並依序給予 5、4、3、2、1 分。藉由 5 大構面發展出 20 題評量標準，問卷內容如第 332 頁的實例所示。

➤ ㈣研究對象

此次研究目的主要是針對個案通訊行的顧客滿意度進行調查，因此在調查研究對象上，主要為針對到個案通訊行購買的消費者。

▶ ㈤抽樣樣本數

本次樣本數之大小，乃是根據抽樣公式：

$$n = \frac{Z^2 P(1-P)}{e^2}$$

n：樣本數、Z：常態定值、e：容許誤差值、P：預測問卷之成功機率、

1 – P：失敗機率，故依此公式推得：

常態定值為 Z = 1.96（取 95% 之信賴度）

成功機率為 P = 0.5（由預測而得）

容許誤差值為 e = 0.05

$$n = \frac{1.96^2 \times 0.5 \times 0.5}{0.05^2} = 384.16 \cong 385$$

經由以上計算得出預計發放問卷約為 385 份，實際發放問卷數為 400 份。

▶ ㈥調查實施

本研究樣本抽樣在設計時，因研究時間的限制，採用「簡單隨機抽樣法」，讓母體內每一元素被選擇機會皆相等。採用「人員訪問調查法」收集受測者的資料。本研究於民國 100 年 10 月間利用營業時間至個案通訊行向受測者說明意圖及填答說明發放問卷，填完當場回收。總計發出 400 份問卷，共回收 400 份，因由人員直接訪問發放，因此回收率高達 100%。

▶ ㈦資料處理與分析

本研究獲致之調查資料後，將資料以 SPSS 統計軟體在個人電腦上執行，先求出：

1. 研究樣本中消費者之性別、婚姻狀況、年齡、教育程度、職業、消費次數之分佈情形。

2. 研究樣本中對於 5 個不同構面：有形性、可靠性、反應性、保證性、關懷性等各題項之分佈情形。

3. 之後以下述統計方式進行資料處理：

(1)以平均數瞭解顧客的各項服務滿意度的現況。

(2)以獨立樣本 T 檢定檢驗性別變項在有形性、可靠性、反應性、保證性、關懷性之差異。

(3)以單因子變異數分析求不同婚姻狀況、年齡、教育程度、職業、消費次數，在有形性、可靠性、反應性、保證性、關懷性上之差異。

四 資料分析

▶ ㈠基本資料分析

1.性別的分析

▼ 表 4　性別百分比

性　別	人　數	百分比	累積百分比
男	209	52.3%	52.3%
女	191	47.7%	100.0%

性別百分比

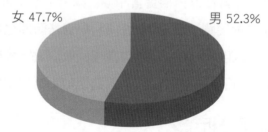

女 47.7%　　　　　　　　　　　男 52.3%

▲ 圖 4　性別百分比圓餅圖

在回收的 400 份有效問卷中，男性為 209 人，占 52.3%；女性為 191 人，占 47.8%，顯示個案通訊行的消費者男女數量差異不大，但以男性居多。

【以下其他基本資料分析皆予以省略之】

▶ ㈡服務顧客滿意度分析

本研究透過敘述性統計對其研究之題項，使用平均數與標準差，進行概

括性的敘述。

1.個別分析

⑴有形性

顧客服務滿意度之有形性共有 A1. 至 A5. 五個問項；平均分數介於 4.0175～4.1525 之間，如下表所示，在服務滿意度的問項中，顧客對於有形性的 A3. 動線規劃平均數最高，為 4.1525，標準差為 0.56572，由數據上顯示出顧客對於有形性的滿意程度差距不大，普遍沒有太大的不滿意，但相較之下，A2. 店內空調的平均數最低，為 4.0175，標準差為 0.74739，業者必須針對在店內空調這部分做改進，由於天候不穩應隨時注意空調溫度是否過高或過低，以提高顧客的滿意程度。

▼ 表 5　有形性的敘述統計分析

	個　數	最小值	最大值	平均數	標準差
A1. 店內燈光	400	3.00	5.00	4.0525	0.74910
A2. 店內空調	400	3.00	5.00	4.0175	0.74739
A3. 動線規劃	400	3.00	5.00	4.1525	0.56572
A4. 店外環境整潔	400	3.00	5.00	4.0725	0.61497
A5. 門市據點便利性	400	3.00	5.00	4.1300	0.64742
A. 有形性平均值	400	3.00	5.00	4.0850	0.41954

【以下其他個別分析，皆予以省略之】

2.整體性分析

由表 6 整體性分析得知，顧客對於個案通訊行在整體滿意度方面，在問卷項目中，A.有形性的平均值 4.0850，B.可靠性的平均值 3.8480，C.反應性的平均值 4.2725，D.保證性的平均值 4.0262，E.關懷性的平均值 4.2494，可得知本研究問卷的顧客，普遍對於 B.可靠性的滿意程度偏向不滿意，該業者應針對可靠性問項中，送修速度的服務項目做補強改進，以提高顧客對服務的整體滿意度。茲將上述資料整理於表 6、表 7。

▼ 表 6　整體性的敘述統計分析

	個　數	最小值	最大值	平均數	標準差
A.有形性	400	3.00	5.00	4.0850	0.41954
B.可靠性	400	2.80	4.80	3.8480	0.42773
C.反應性	400	3.00	5.00	4.2725	0.55476
D.保證性	400	3.00	5.00	4.0262	0.45327
E.關懷性	400	3.00	5.00	4.2494	0.60400

▼ 表 7　可靠性的敘述統計分析

	個　數	最小值	最大值	平均數	標準差
B1. 於允諾的時間內完成	400	3.00	5.00	3.8625	0.69628
B2. 信譽	400	3.00	5.00	4.0800	0.70700
B3. 售後服務	400	3.00	5.00	4.2075	0.72854
B4. 送修速度	400	2.00	4.00	2.9700	0.62856
B5. 符合您的需求	400	3.00	5.00	4.1200	0.68686
B. 可靠性平均值	400	2.80	4.80	3.8480	0.42773

3.性別敘述統計

本研究針對有效問卷進行性別分布狀態分析如表 8 性別的敘述統計分析得知，在此次回收的問卷中，填寫問卷的男性顧客群，對於這五個構面的 A.有形性，平均值 4.0756，滿意程度比女性顧客群低，推測通常男性顧客群開車的比較多，然而門市據點前有擺設攤位因此停車的空間有限，業者應針對門市據點的便利性列為考量。

▼ 表 8　性別的敘述統計分析

性　別		A.有形性	B.可靠性	C.反應性	D.保證性	E.關懷性
男	平均數	4.0756	3.8565	4.2775	4.0287	4.2524
	個　數	209	209	209	209	209
	標準差	0.40836	0.40817	0.55645	0.44575	0.59747
女	平均數	4.0953	3.8387	4.2670	4.0236	4.2461
	個　數	191	191	191	191	191
	標準差	0.43229	0.44905	0.55432	0.46251	0.61263
總　和	平均數	4.0850	3.8480	4.2725	4.0262	4.2494
	個　數	400	400	400	400	400
	標準差	0.41954	0.42773	0.55476	0.45327	0.60400

【以下其他個別分析，皆予以省略之】

▶ ㈢差異分析

此部分乃採用「獨立樣本 T 檢定」或「單因子變異數分析」，探討個人屬性在有形性、可靠性、反應性、保證性、關懷性之差異情形。

根據表 9 性別 T 檢定所示，顧客的性別對於整體的 A. 有形性、B. 可靠性、C. 反應性、D. 保證性、E. 關懷性的 T 檢定分析結果沒有顯著差異，因此細分問項得知，男性顧客對於 C2. 立即處理抱怨有顯著差異，可能的原因是男服務人員比較不會主動服務男性顧客，導致男性感到不滿意，建議該業者面對男性顧客的時候可主動一點加以改善。

▼ 表 9　性別獨立樣本 T 檢定

		變異數相等的 Levene 檢定		平均數相等的 T 檢定		
		F 檢定	顯著性	T	自由度	顯著性
A.有形性	假設變異數相等	0.141	0.708	−0.468	398	0.640
	不假設變異數相等			−0.467	389.582	0.641
B.可靠性	假設變異數相等	2.426	0.120	0.413	398	0.680
	不假設變異數相等			0.412	384.832	0.681
C.反應性	假設變異數相等	0.065	0.799	0.189	398	0.850
	不假設變異數相等			0.189	395.045	0.850
D.保證性	假設變異數相等	0.531	0.466	0.113	398	0.910
	不假設變異數相等			0.113	391.671	0.910
E.關懷性	假設變異數相等	0.394	0.531	0.104	398	0.917
	不假設變異數相等			0.104	392.776	0.917

▼ 表 10　性別針對 C.反應性的獨立樣本 T 檢定

		變異數相等的 Levene 檢定		平均數相等的 T 檢定		
		F 檢定	顯著性	T	自由度	顯著性
C1. 耐心回答問題	假設變異數相等	0.085	0.771	0.425	398	0.671
	不假設變異數相等			0.425	394.985	0.671
C2. 立即處理抱怨	假設變異數相等	6.919	0.009	−0.149	398	0.882
	不假設變異數相等			−0.148	380.800	0.882

【以下其他個別分析，皆予以省略之】

五 結論與建議

　　本研究結論依據問卷結果分析，普遍的顧客對於個案通訊行的服務滿意程度幾乎都是滿意的，但是整體而言，男性顧客對於立即處理抱怨有顯著差異，可能的原因是男服務人員比較不會主動服務男性顧客，導致男性感到不滿意，建議該業者面對男性顧客的時候可主動一點加以改善。

　　學歷較低的顧客對於店內燈光有顯著差異，可能的原因是以前的年代裡就學率低，因此推論學歷低的普遍是年紀較大的長輩們，長輩們因為年紀的增長，視覺較容易受燈光影響，建議該業者在燈光方面能選購柔和光線的燈管加以改善。

　　現今社會中服務行業愈來愈多的情況下，顧客的選擇也增多，相對的對服務的要求也愈來愈吹毛求疵，在上述調查報告中，可以瞭解顧客在同等情況下會優先選擇服務較好的店作消費，若公司想提升顧客回流率、績效及擴大客源就必須加強可靠性有助於提升公司在同行中的競爭優勢，方能在這片服務業的戰國時代中，建立一個屹立不搖的霸業！

六 實 例

親愛的先生、小姐：

　　您好！很高興您能抽空填寫這份問卷，在此先感謝您的熱心協助。目前我們正在進行一項關於行動通訊產業之顧客滿意度調查，這份問卷所有資料僅作為學術性研究使用，您的資料不對外公開，請安心填答。您的填答對研究成果將有莫大的幫助，誠摯地感謝您的協助！

一、基本資料：

　　1.請問您的性別為何？　　　　□男　□女

　　2.請問您的婚姻狀態為何？　　□未婚　□已婚　□離婚

　　3.請問您的年齡為何？　　　　□20 歲以下　□21～30 歲

　　　　　　　　　　　　　　　　□31～40 歲　□41～50 歲

　　　　　　　　　　　　　　　　□51 歲以上

　　4.請問您的教育程度為何？　　□國小　□國中　□高中　□專科

　　　　　　　　　　　　　　　　□大學　□研究所

5. 請問您的職業為何?　　　　□軍公教　□製造業　□服務業
　　　　　　　　　　　　　　　□農漁業　□自由業　□其他: ____

6. 請問您來消費的次數為何?　□1次　□2次　□3次　□4次以上

二、客戶服務滿意度調查:

服務滿意度衡量	非常滿意	滿意	普通	不滿意	非常不滿意
1.您對該業者的店內燈光是否滿意?					
2.您對該業者的店內空調是否滿意?					
3.您對該業者的動線規劃是否滿意?					
4.您對該業者的店外環境整潔是否滿意?					
5.您對該業者門市據點交通便利性是否滿意?					
6.您對該服務人員申請門號於允諾的時間內完成是否滿意?					
7.您認為該業者的信譽好不好?					
8.您對該業者售後服務是否滿意?					
9.您對該業者送修產品的速度是否滿意?					
10.您對該業者推薦符合您需求的產品是否滿意?					
11.您對該業者服務人員的回答問題是否滿意?					
12.您對該業者服務人員立即處理顧客抱怨問題是否滿意?					
13.您對該業者服務人員的專業知識是否滿意?					
14.您對該業者服務人員的產品解說是否滿意?					
15.您購買手機及其他配備，對該業者服務人員的交機說明是否滿意?					
16.您對該業者提供的產品價格是否滿意?					
17.您對該業者服務人員主動協助顧客是否滿意?					
18.您對該業者服務人員主動關心顧客是否滿意?					
19.您對該業者服務人員接待顧客的態度是否滿意?					
20.您對該業者服務人員能以顧客的利益為優先是否滿意?					

📷 圖片資料來源

- ➤ 圖 1.1　Shutterstock
- ➤ 圖 1.3　Shutterstock
- ➤ 圖 2.5　Shutterstock
- ➤ 圖 2.6　Shutterstock
- ➤ 圖 2.8　Shutterstock
- ➤ 圖 3.2　Shutterstock
- ➤ 圖 3.4　Shutterstock
- ➤ 圖 4.1　Shutterstock
- ➤ 圖 4.4　Shutterstock
- ➤ 圖 4.5　Shutterstock
- ➤ 圖 4.6　Shutterstock
- ➤ 圖 5.2　Shutterstock
- ➤ 圖 5.4　Shutterstock
- ➤ 圖 6.1　Shutterstock
- ➤ 圖 6.2　Shutterstock
- ➤ 圖 7.2　Shutterstock
- ➤ 圖 7.4　Shutterstock
- ➤ 圖 8.2　Shutterstock
- ➤ 圖 8.3　Shutterstock
- ➤ 圖 8.4　Shutterstock
- ➤ 圖 8.6　Shutterstock
- ➤ 圖 9.2　Shutterstock
- ➤ 圖 9.4　Shutterstock

消費者行為

沈永正／著

　　本書特色如下： 1.強調理論的應用層面，在每個主要理論之後設有「行銷一分鐘」及「行銷實戰應用」等單元，舉例說明該理論在行銷策略上的應用； 2.納入同類書籍較少討論的主題，如認知心理學中的分類、知識結構的理論與品牌管理及品牌權益塑造的關係。另外，並納入了近年來熱門的主題，如網路消費者行為、體驗行銷及神經行銷學等； 3.各章結束後皆設有選擇題及思考應用題，強調概念與理論的應用，期使讀者能將該章的主要理論應用在日常的消費現象中。本書內容兼具消費者行為的理論與應用，適合大專院校學生與實務界人士修習之用。

投資學

張光文／著

　　本書以投資組合理論為解說主軸，並依此理論為出發點，分別介紹金融市場的經濟功能、證券商品以及市場運作，並探討金融市場之證券的評價與運用策略。

　　此外，本書從理論與實務並重的角度出發，將內容區分為四大部分，依序為投資學概論、投資組合理論、資本市場的均衡以及證券之分析與評價。為了方便讀者自我測驗與檢視學習成果，各章末均附有練習題。本書除了適用於大專院校投資學相關課程外，更可為實務界參考之用。

國際金融理論與實際

康信鴻／著

　　本書主要是介紹國際金融的理論、制度與實際情形。在寫作上強調理論與實際並重，文字敘述力求深入淺出、明瞭易懂，並在資料取材及舉例方面，力求本土化。全書共分為十六章，循序描述國際金融的基本概念及演進，其中第十五章「歐債危機對全球及臺灣金融及經濟影響」和第十六章「量化寬鬆政策對全球及臺灣金融及經濟影響」介紹重要金融議題。此外，每章最後均附有內容摘要及習題，以利讀者複習與自我測試。

　　本書敘述詳實，適合修習過經濟學原理而初學國際金融之課程者，也適合欲瞭解國際金融之企業界人士，深入研讀或隨時查閱之用。

國際貿易法規

方宗鑫／著

　　本書主要分為四大部分：一、國際貿易公約： 1.關稅暨貿易總協定 (GATT)； 2.世界貿易組織 (WTO)； 3.聯合國國際貨物買賣契約公約； 4.與貿易相關之環保法規，如華盛頓公約 (CITES)、巴塞爾公約等等。二、主要貿易對手國之貿易法規：介紹美國貿易法中的 201 條款、301 條款、337 條款、反傾銷法及平衡稅法。三、國際貿易慣例： 1.關於價格條件的國貿條規 (Incoterms)； 2.關於付款條件的信用狀統一慣例 (UCP)、國際擔保函慣例 (ISP)、託收統一規則 (URC) 及協會貨物保險條款 (ICC) 等。四、其他貿易法規： 1.貿易法； 2.管理外匯條例； 3.商品檢驗法； 4.關稅法。

簡明經濟學

王銘正／著

本書特色如下：一、舉例生活化：本書利用眾多生活化的例子來說明理論。例如以林書豪的投籃命中率以及陳偉殷的防禦率說明邊際概念與平均概念間的關係。另外也與時事結合，說明「一例一休」新制的影響等等。二、視野國際化：除介紹「國際貿易」與「國際金融」的基本知識外，也說明歐洲與日本中央銀行的負利率政策等重要的國際經濟現象與政策措施。三、重點條理化：在每一章的開頭列舉該章的學習重點，每章章前也以時事案例或有趣的內容作為引言，激發讀者繼續閱讀該章內容的興趣。

初級統計學：解開生活中的數字密碼

呂岡玶、楊佑傑／著

本書特色如下：一、生活化：以生活案例切入，避開艱澀難懂的公式和符號，利用簡單的運算推導統計概念，最適合對數學不甚拿手的讀者。二、直覺化：以直覺且淺顯的文字介紹統計的觀念，再佐以實際例子說明，初學者也能輕鬆理解，讓統計不再是通通忘記！三、應用化：以應用的觀點出發，讓讀者瞭解統計其實是生活上最實用的工具，可以幫助我們解決很多周遭的問題。統計在社會科學、生物、醫學、農業等自然科學，還有工程科學及經濟、財務等商業上都有廣泛的應用。